エネルギー・熱量の単位換算

kJ	kcal	kgf·m	kW·h	Btu
1	0.2388459	101.972	1/3600	0.9478170
4.1868	1	426.936	1.16300×10^{-3}	3.968320
9.80665×10^{-3}	2.34228×10^{-3}	1	2.72407×10^{-6}	9.29489×10^{-3}
3600	859.8452	3.670978×10^{5}	1	3412.141
1.055056	0.2519958	1.07586×10^{2}	2.930711×10^{-4}	1

$1\,\mathrm{J} = 1\,\mathrm{N} \cdot \mathrm{m} = 1\,\mathrm{W} \cdot \mathrm{s} = 10^{7}\,\mathrm{erg}$

伝熱量・仕事量・動力の単位換算

W	kgf·m/s	PS	ft·lbf/s
1	0.1019716	1.359622×10^{3}	0.7375621
9.80665	1	1/75	7.233014
735.4988	75	1	542.4760
1.355818	0.1382550	1.843399×10^{-3}	1

$1\,\mathrm{W} = 1\,\mathrm{J/s} = 1\,\mathrm{N} \cdot \mathrm{m/s}$ 　　PS：メートル馬力

温度の換算

$$t\,(\mathrm{℃}) = T\,(\mathrm{K}) - 273.15$$
$$t_F\,(\mathrm{℉}) = 1.8\,t\,(\mathrm{℃}) + 32$$
$$t_F\,(\mathrm{℉}) = T_F\,(\mathrm{℉R}) - 459.67$$
$$T_F\,(\mathrm{℉R}) = 1.8\,T\,(\mathrm{K})$$

長さの単位換算

m	mm	ft	in
1	1000	3.280840	39.37008
10^{-3}	1	3.280840×10^{-3}	3.937008×10^{-2}
0.3048	304.8	1	12
0.0254	25.4	1/12	1

面積の単位換算

m^2	cm^2	ft^2	in^2
1	10^{4}	10.76391	1550.003
10^{-4}	1	1.076391×10^{-3}	0.1550003
9.290304×10^{-2}	929.0304	1	144
6.4516×10^{-4}	6.4516	1/144	1

体積の単位換算

m^3	cm^3	ft^3	in^3	リットル L	備　考
1	10^{6}	35.31467	6.102374×10^{4}	1000	英ガロン：
10^{-6}	1	3.531467×10^{-5}	6.102374×10^{-2}	10^{-3}	$1\,\mathrm{m}^3 = 219.9692\,\mathrm{gal(UK)}$
2.831685×10^{-2}	2.831685×10^{4}	1	1728	28.31685	米ガロン：
1.638706×10^{-5}	16.38706	1/1728	1	1.638706×10^{-2}	$1\,\mathrm{m}^3 = 264.1720\,\mathrm{gal(US)}$
10^{-3}	10^{3}	3.531467×10^{-2}	61.02374	1	

圧力の単位換算

Pa $(\mathrm{N} \cdot \mathrm{m}^{-2})$	bar	atm	Torr (mmHg)	$\mathrm{kgf} \cdot \mathrm{cm}^{-2}$	psi $(\mathrm{lb} \cdot \mathrm{in}^{-2})$
1	10^{-5}	9.86923×10^{-6}	7.50062×10^{-3}	1.01972×10^{-5}	1.45038×10^{-4}
10^{5}	1	0.986923	750.062	1.01972	14.5038
1.01325×10^{5}	1.01325	1	760	1.03323	14.6960
133.322	1.33322×10^{-3}	1.31579×10^{-3}	1	1.35951×10^{-3}	1.93368×10^{-2}
9.80665×10^{4}	0.980665	0.967841	735.559	1	14.2234
6.89475×10^{3}	6.89475×10^{-2}	6.80459×10^{-2}	51.7149	7.03069×10^{-2}	1

■ JSMEテキストシリーズ

機械材料学

Engineering Materials

日本機械学会

序

　「JSME テキストシリーズ」は，大学学部学生のための機械工学への入門から必須科目の修得までに焦点を当て，機械工学の標準的内容をもち，かつ技術者認定制度に対応する教科書の発行を目的に企画されました．

　日本機械学会が直接編集する直営出版の形での教科書の発行は，1988 年の出版事業部会の規程改正により出版が可能になってからも，機械工学の各分野を横断した体系的なものとしての出版には至りませんでした．これは多数の類書が存在することや，本会発行のものとしては機械工学便覧，機械実用便覧などが機械系学科において教科書・副読本として代用されていることが原因であったと思われます．しかし，社会のグローバル化にともなう技術者認証システムの重要性が指摘され，そのための国際標準への対応，あるいは大学学部生への専門教育への動機付けの必要性など，学部教育を取り巻く環境の急速な変化に対応して各大学における教育内容の改革が実施され，そのための教科書が求められるようになってきました．

　そのような背景の下に，本シリーズは以下の事項を考慮して企画されました．
① 日本機械学会として大学における機械工学教育の標準を示すための教科書とする．
② 機械工学教育のための導入部から機械工学における必須科目まで連続的に学べるように配慮し，大学学部学生の基礎学力の向上に資する．
③ 国際標準の技術者教育認定制度〔日本技術者教育認定機構(JABEE)〕，技術者認証制度〔米国の工学基礎能力検定試験(FE)，技術士一次試験など〕への対応を考慮するとともに，技術英語を各テキストに導入する．

　さらに，編集・執筆にあたっては，
① 比較的多くの執筆者の合議制による企画・執筆の採用，
② 各分野の総力を結集した，可能な限り良質で低価格の出版，
③ ページの片側への図・表の配置および 2 色刷りの採用による見やすさの向上，
④ アメリカの FE 試験（工学基礎能力検定試験(Fundamentals of Engineering Examination)）問題集を参考に英語による問題を採用，
⑤ 分野別のテキストとともに内容理解を深めるための演習書の出版，
により，上記事項を実現するようにしました．

　本出版分科会として特に注意したことは，編集・校正には万全を尽くし，学会ならではの良質の出版物になるように心がけたことです．具体的には，各分野別出版分科会および執筆者グループを全て集団体制とし，複数人による合議・チェックを実施し，さらにその分野における経験豊富な総合校閲者による最終チェックを行っています．

　本シリーズの発行は，関係者一同の献身的な努力によって実現されました．　出版を検討いただいた出版

事業部会・編修理事の方々，出版分科会を構成されました委員の方々，分野別の出版の企画・進行および最終版下作成にあたられた分野別出版分科会委員の方々，とりわけ教科書としての性格上短時間で詳細な形式に合わせた原稿の作成までご協力をお願いいただきました執筆者の方々に改めて深甚なる謝意を表します．また，熱心に出版業務を担当された本会出版グループの関係者各位にお礼申し上げます．

　本シリーズが機械系学生の基礎学力向上に役立ち，また多くの大学での講義に採用され技術者教育に貢献できれば，関係者一同の喜びとするところであります．

2002 年 6 月

日本機械学会
JSME テキストシリーズ 出版分科会
主 査 宇 高 義 郎

「機械材料学」刊行にあたって

　古くは製糸，鉄鋼，造船に始まり，今や電気・電子機器，自動車など各種工業分野における我が国の"ものづくり"技術は世界一の水準に達していますが，それには材料加工が基盤技術であることは言うまでもありません．材料加工とは単に製品(形状付与)を精度良く，安価に製造するだけでなく，製品の機能(例えば磁性など)や機械的特性(例えば強度やじん性など)などを向上させることも重要です．材料(素材)と加工(腕)に関しては我が国が古来より最も得意とする分野であり，近年の"ものづくり"ではそれらが融合し合って，次々に優秀な製品を作りあげています．したがって，機械系学生の諸君は，材料学と加工学はしっかりと身につけておく必要があり，後者に関しては本テキストシリーズ「加工学Ⅰ－除去加工」と「加工学Ⅱ－塑性加工」として出版されます．本書では，前者の材料学に焦点を絞り，特に「機械材料学」として多種多様な材料の特性と加工について，基礎から応用に至るまでを紹介しています．また，日本工業規格(JIS)に基づくデータを多く取り入れ，使用環境を考慮した機械設計にも役立つように編集し，卒業後も機械技術者として活用できるように編纂しました．本書が機械系学生諸君にとっての「機械材料学」のバイブル的存在となれば幸いです．

　執筆者の先生方は，本学会の「機械材料・材料加工部門」の運営にかかわってこられた方々で，執筆から出版までの期間を極めて短期(約1年間)に仕上げていただき，多大なるご協力を賜りましたこと，本紙面をお借りしまして厚く御礼申し上げる次第です．とりわけ本書の構成から執筆，総編集まで日夜を通して孤軍奮闘して頂きました湯浅栄二先生，さらには総合校閲を快く引き受けて下さいました塩谷義先生には深く感謝申し上げる次第です．

2007 年 12 月

JSME テキストシリーズ出版分科会

機械材料学テキスト

主査　三浦秀士

———————— 機械材料学　執筆者・出版分科会委員 ————————

執筆者・委員	湯浅栄二	(東京都市大学)	第 1 章、第 2 章、第 10 章
執筆者	大竹尚登	(東京工業大学)	第 3 章
執筆者	藤本浩司	(東京大学)	第 3 章
執筆者	京極秀樹	(近畿大学)	第 4 章
執筆者	品川一成	(香川大学)	第 5 章
執筆者	磯西和夫	(滋賀大学)	第 5 章
執筆者・主査	三浦秀士	(九州大学)	第 6 章、第 9 章
執筆者	酒井潤一	(早稲田大学)	第 7 章
執筆者・委員	松岡信一	(富山県立大学)	第 8 章、第 11 章
執筆者	松尾陽太郎	(東京工業大学)	第 11 章
執筆者・委員	川田宏之	(早稲田大学)	第 12 章
執筆者	吉田一也	(東海大学)	第 13 章
執筆者	原田幸明	(物質・材料研究機構)	第 14 章
総括編集者	湯浅栄二	(東京都市大学)	
総合校閲者	塩谷　義	(東京大学)	

目　次

第1章　機械と材料 1

1・1　序論 1

　1・1・1　機械材料とは 1

　1・1・2　なぜ機械工学で材料学を学ぶのか 1

1・2　材料の基本的特性 2

　1・2・1　材料の分類と種類 2

　1・2・2　材料の特性とは 3

　1・2・3　先進の機械材料 3

1・3　本書の使い方 4

1・4　単位について 5

　　　練習問題 6

第2章　材料の構造 7

2・1　原子の構造と結合 7

　2・1・1　原子構造と金属元素 7

　2・1・2　原子の結合 8

2・2　金属の結晶構造 8

　2・2・1　原子配列と結晶構造 8

　2・2・2　配位数とは 10

2・3　結晶構造の指数表示 11

　2・3・1　結晶面の表し方 11

　2・3・2　結晶方位の表し方 12

　2・3・3　六方晶における結晶面・結晶方位
　　　　　　の表し方 13

　2・3・4　結晶構造のX線解析 13

2・4　金属の結晶組織 14

　2・4・1　固溶体と合金 14

　2・4・2　結晶構造の欠陥 15

2・5　金属組織の観察法 16

　2・5・1　光学顕微鏡法 16

　2・5・2　走査電子顕微鏡法 17

　2・5・3　透過電子顕微鏡法 17

2・6　セラミックスの結晶構造 17

　2・6・1　セラミックスの結晶構造の分類 17

　2・5・2　MX型の結晶構造 18

　2・6・3　MX$_2$型の結晶構造 18

　2・6・4　ABxXy型の結晶構造 19

　2・6・5　ダイヤモンドとガラスの結晶構造 . 19

2・7　高分子材料の構造 19

　2・7・1　高分子材料の分類 19

　2・7・2　高分子の結合形態 20

　2・7・3　合成様式とその構造 21

　　　練習問題 21

第3章　材料の強さと変形 23

3・1　剛性と強度 23

　3・1・1　弾性変形時の応力とひずみ 23

　3・1・2　単軸負荷時の応力とひずみ
　　　　　　の関係 25

　3・1・3　材料の強度 27

3・2　塑性変形 29

　3・2・1　完全結晶の変形 29

　3・2・2　転位の運動と塑性変形 30

　3・2・3　すべり系 32

　3・2・4　転位の増殖 33

3・3　強化機構と強化法 34

　3・3・1　パイエルス力 34

　3・3・2　固溶強化 35

　3・3・3　析出強化と分散強化 35

　3・3・4　結晶粒微細強化 35

　3・3・5　ひずみ硬化および回復 36

3・4　材料の破壊 37

　3・4・1　破壊とは 37

　3・4・2　ぜい性破壊と延性破壊 38

　3・4・3　応力拡大係数と破壊じん性 39

3・5　材料の疲労 43

　3・5・1　疲労とS–N曲線 43

　3・5・2　疲労のプロセス 44

　3・5・3　疲労に関する補足 45

3・6　材料試験 45

　3・6・1　材料試験とは 45

　3・6・2　引張試験 46

　3・6・3　硬さ試験 46

　3・6・4　衝撃試験 47

　　　練習問題 48

第4章　平衡状態図 51

4・1　平衡状態図とは 51
4・2　相律 51
4・3　二元合金状態図 52
　4・3・1　全率固溶型 55
　4・3・2　共晶型 56
　4・3・3　包晶型 57
　4・3・4　偏晶型 58
4・4　実用材料の例 59
　4・4・1　鉄－炭素合金状態図 59
　4・4・2　アルミニウム－銅合金状態図 ... 60
4・5　三元合金状態図 60
　4・5・1　三元合金状態図の読み方 ... 60
　4・5・2　実用材料の例 61
　　　練習問題 61

第5章　拡散・高温変形 63

5・1　拡散とは 63
5・2　フィックの第1法則 64
　5・2・1　拡散の駆動力 64
　5・2・2　拡散流束 64
　5・2・3　拡散係数 64
5・3　フィックの第2法則 65
　5・3・1　定常と非定常 65
　5・3・2　連続の式 65
　5・3・3　拡散方程式 66
5・4　拡散の機構 67
　5・4・1　空孔拡散と格子間拡散 67
　5・4・2　短回路拡散 67
　5・4・3　化合物の拡散 67
5・5　自己拡散と相互拡散 67
　5・5・1　純金属における拡散 67
　5・5・2　濃度勾配下での拡散 68
　5・5・3　カーケンドール効果 68
　5・5・4　固相反応 69
5・6　高温変形とは 69
　5・6・1　動的復旧 69
　5・6・2　クリープ変形 70
　5・6・3　定常変形 70
5・7　高温変形の機構 71

5・7・1　変形機構図 71
5・7・2　拡散クリープ 71
5・7・3　べき乗則クリープ 72
5・7・4　粒界すべり 73
　　　練習問題 74

第6章　相変態と熱処理 75

6・1　相変態とは 75
　6・1・1　連続冷却変態 75
　6・1・2　恒温変態 76
6・2　熱処理 77
　6・2・1　焼ならし 77
　6・2・2　焼なまし 77
　6・2・3　焼入れ・焼もどし 78
　6・2・4　恒温（または等温）熱処理 ... 80
6・3　回復と再結晶 81
　6・3・1　回復 81
　6・3・2　再結晶 82
6・4　時効処理 83
　　　練習問題 84

第7章　材料の電気・化学的性質 87

7・1　材料の電気的性質 87
　7・1・1　電気伝導度 87
　7・1・2　オームの法則 87
　7・1・3　温度の影響 88
　7・1・4　格子欠陥の影響 88
　7・1・5　電気的特性の実用合金への活用 ... 88
7・2　材料の化学的性質 88
　7・2・1　金属材料の化学的安定性 ... 89
　7・2・2　電気化学反応 89
　7・2・3　電極電位とは 90
　7・2・4　電位－pH図 91
　7・2・5　防食法 91
　7・2・6　機械的要因と化学的要因の重畳 ... 91
　　　練習問題 92

第8章　材料の製造と加工 93

8・1　金属素材の製造法 93
　8・1・1　製鋼法 93
　8・1・2　電解精錬法 94
8・2　鋳造 94

8・3　塑性加工 96
　　8・3・1　圧延 96
　　8・3・2　押出し 97
　　8・3・3　引抜き 98
　　8・3・4　鍛造 99
　　8・3・5　せん断 100
　　8・3・6　曲げ 101
　　8・3・7　深絞り 101
　　8・3・8　その他の加工 102
8・4　粉末成形，粉末冶金 103
8・5　接合 104
8・6　射出成形 106
　　　　練習問題 107

第9章　鉄鋼材料
　　　　ーその特性と応用ー 109
9・1　炭素鋼および合金鋼の状態図と組織 109
9・2　機械構造用鋼とその特性 ... 111
　　9・2・1　機械構造用鋼 111
　　9・2・2　快削鋼 113
　　9・2・3　鋳鉄および鋳鋼 113
9・3　工具鋼とその特性 114
　　9・3・1　炭素工具鋼 114
　　9・3・2　合金工具鋼 115
　　9・3・3　高速度工具鋼 115
9・4　ステンレス鋼とその特性 117
　　9・4・1　フェライト系ステンレス鋼 118
　　9・4・2　マルテンサイト系ステンレス鋼 118
　　9・4・3　オーステナイト系ステンレス鋼 118
　　9・4・4　析出硬化および二相ステンレス鋼 118
9・5　耐熱鋼とその特性 118
　　　　練習問題 120

第10章　非鉄金属材料
　　　　ーその特性と応用ー 121
10・1　アルミニウムおよびアルミニウム合金 121
　　10・1・1　アルミニウムとは 121
　　10・1・2　アルミニウムの特性 121
　　10・1・3　アルミニウム合金の種類 122
　　10・1・4　鋳物用アルミニウム合金 123
　　10・1・5　展伸用アルミニウム合金 124
10・2　銅および銅合金 126

10・2・1　純銅の特性 126
10・2・2　黄銅の特性 126
10・2・3　青銅の特性 127
10・2・4　その他の銅合金 128
10・3　ニッケルおよびニッケル合金 128
　　10・3・1　ニッケルの特性 128
　　10・3・2　ニッケル合金の種類と特性 128
　　10・3・3　耐熱ニッケル合金 129
10・4　チタンおよびチタン合金 130
　　10・4・1　チタンの特性 130
　　10・4・2　チタン合金の種類と特性 130
10・5　マグネシウムおよびマグネシウム合金 131
　　10・5・1　マグネシウムの特性 131
　　10・5・2　鋳物用マグネシウム合金 131
　　10・5・3　展伸用マグネシウム合金 133
10・6　低融点金属とそれらの合金 133
　　　　練習問題 134

第11章　高分子・セラミックス材料
　　　　ーその特性と応用ー 135
11・1　高分子材料の種類と特性 135
　　11・1・1　熱可塑性プラスチック 135
　　11・1・2　熱硬化性プラスチック 138
　　11・1・3　加工法と製品例 138
　　11・1・4　各種プラスチックの強度特性 140
11・2　無機材料の種類と特性 141
　　11・2・1　セラミックスの結合様式と特性 .. 141
　　11・2・2　セラミックスの製造法による
　　　　　　　特性変化 142
　　11・2・3　機械構造用セラミックス 143
　　11・2・4　炭素材料 144
　　11・2・5　バイオセラミックス材料 145
　　11・2・6　セラミックスの機械的・熱的
　　　　　　　性質 145
　　　　練習問題 145

第12章　複合材料・機能性材料
　　　　ーその特性と応用ー 147
12・1　複合材料とは 147
12・2　高分子基複合材料 148
12・3　強化理論 149
　　12・3・1　複合則 149

12・3・2　応力伝達機構 …………… 149

12・4　繊維強化プラスチック材料の成形 ……… 150

12・4・1　プレス成形法 ……………… 150

12・4・2　フィラメントワインディング法 .. 151

12・4・3　オートクレーブ法 …………… 151

12・4・4　RTM 成形法 ………………… 151

12・5　金属基複合材料の成形 ……………… 152

12・5・1　電着法 ……………………… 152

12・5・2　溶浸・含浸法 ……………… 152

12・5・3　粉末成形法 ………………… 153

12・6　機能性材料 ……………………… 153

12・6・1　機能性材料とは …………… 153

12・6・2　形状記憶合金 ……………… 154

12・6・3　制振材料 …………………… 154

12・6・4　水素貯蔵合金 ……………… 155

12・6・5　アモルファス合金 ………… 155

12・6・6　超電導材料 ………………… 156

12・6・7　超塑性合金 ………………… 156

12・7　これからの課題 ………………… 156

　　　　練習問題 ……………………… 157

第 13 章　機械設計と材料技術 …………… 159

13・1　機械設計における材料の選択 ……… 159

13・2　材料選択における経済性 ………… 161

13・3　機械材料における JIS 規格 ……… 162

13・4　材料の加工法と熱処理を考慮した
　　　　機械設計 ……………………… 163

13・4　各種製品における機械材料 …………… 164

　　　　練習問題 ……………………… 167

第 14 章　環境と材料 ……………………… 169

14・1　材料への環境要請 ……………… 169

14・2　CO_2 発生の抑制 ……………… 170

14・3　循環型社会 ……………………… 171

14・4　有害懸念物質 …………………… 173

14・5　LCA ……………………………… 173

　　　　練習問題 ……………………… 174

付録 ………………………………………… 175

A・1　結晶構造の幾何学 ……………… 175

A・2　ポテンシャルエネルギーと弾性定数 ……… 176

A・3　ぜい性破壊に関するグリフィスの理論 … 178

付表 ………………………………………… 181

S・1　ギリシャ文字の読み方 ………… 181

S・2　主な物理定数 …………………… 181

S・3　主な金属元素の結晶構造 ……… 181

S・4　元素記号の読み方 ……………… 182

S・5　周期表 …………………………… 183

S・6　主な元素の特性 ………………… 184

S・7　実用金属材料の物理的性質 …… 185

S・8　絶縁材料の電気的性質 ………… 186

S・9　主なプラスチックスの強度特性 ……… 186

第1章

機械と材料
Machines and Materials

1・1　序論 (introduction)

1・1・1　機械材料とは (what is the engineering material?)

　生物の中で最も進化したのは人類であり，それは「ものづくり」から始まったと言っても過言ではない．なぜならば，人間社会の文明が石器時代から進化し続けたのであるから，石から斧をつくり，狩をする．あるいは木を削って船をつくり，漁をする(図1.1)．言い換えれば，人類は「ものづくり」することで生き続けられたと言える．人類社会以外では成しえなかったことである．

　機械工学は「ものづくり」学と言われている．石斧や木船が「もの」，すなわち製品(products)であり，その素材となる石や木が材料(materials)となる．機械文明の進んだ現代においても，地球資源から材料を創製し，日用品から最先端の人工衛星までの製品が，その用途や使用環境に適合する材料でつくられている．台所にある包丁も硬くて強い性質のみならず，さびにくい性質の材料でつくられている．同じ刃物でも，トンネルを掘る機械には固い岩盤を削ることのできる材料が使われている(図1.2)．もちろん，航空機には軽くて丈夫な材料が用いられ，宇宙往還機のスペースシャトルが大気圏突入の際に，表面が1500℃を超える温度になるため，それに耐えることや内部を保護する構造および材料が採用されている．これらの製品を考えると，機械材料とは，広義の機械，すなわち人間社会で用いられている多くの機械の材料であり，さらに，機械を使ってつくられる製品の素材まで含めると，機械材料とは固体材料のほとんどが対象となる．

1・1・2　なぜ機械工学で材料学を学ぶのか (why we study engineering materials in mechanical engineering?)

　では，なぜ機械技術者を目指す機械工学の学生は材料学に関する知識が必要なのだろうか？　機械技術者は「ものづくり」に携わる職業であるから，製品を設計し，材料を選んで加工してつくる．さらに完成した製品を扱うのも機械技術者である．このような「もの」がつくれないか？と提案されれば，機械技術者は「つくりましょう！」と意欲を示し，熱意が沸く．「ものづくり」では，図1.3に示すように，設計し，材料を選んで加工・組み立てて完成する．設計では諸力学の知識が必要であるが，形や色彩など，使用者側の要求を満たすための知識も求められる．しかし，設計して形が決められたとしても，加工や組み立てが可能な材料や形でなければ製品は完成しない．そして製品は十分に，その性能が発揮でき，使用に十分耐えられる材料で作らなけ

図1.1　古代エジプト時代の壁画に描かれた「ものづくり」の様子．(ジョン・ベインズ，ジャミール・マレック，図説　世界文化地理大百科「古代のエジプト」(1983)，朝倉書店)

図 1.2 シールドマシンの先端に取り付ける掘削刃物 (写真提供　大成建設(株))

ればならない．製品の性能は材料の特性によって限界がある．求める性能は使用している間に低下し，壊れて使用できなくなる場合もある．自動車の燃費は車両重量を軽くすることによって著しく向上する．車両の大きさや部品数が変えられないならば，設計する段階で，軽くて強い材料を選ぶ．さらに，その材料が目的の形にするための加工・組み立てが可能な材料を選べば，斬新なデザインで，性能の高い自動車が誕生する．そのためには，設計段階から材料の特性を理解した「正しい材料選択」が必要となる．どのような材料があるか，どのような特性を有するか，第 2 章以降で取り上げているが，技術は日進月歩で進んでいる．材料も複合化や新しい機能をもつ新材料が開発され，材料の特性も進化している．その材料の特性が向上すれば，選択範囲が拡大するし，その材料を使用した製品の性能も向上するであろう．

　しかし，材料選びが製品の性能向上のみを目的としてよいのであろうか？製品は使用していると故障や破損によって使用できなくなる寿命(life)がある．寿命は使用者の技術によっても左右されるが，材料の選び方によって異なってくる．故障すれば修理して使用できるが，部材(製品の一部分や部品に用いられている材料)によっては修理不能の場合がある．材料選択を誤ると部品交換すらできない．破損すると製品を廃棄するしかない．

　材料はほとんど地球に埋蔵されている資源からつくられている．使用不能になった製品をそのまま廃棄するのは資源の無駄づかいである．寿命の永い材料選びをして「ものづくり」することや，寿命を永くする使い方をすることが機械技術者に求められる知識である．さらに，「ものをつくりましょう！」と決意した段階で，寿命を考慮し，製品が使用不能となって廃棄される事態になっても，廃棄する材料は最少とし，ほとんど全てを資源として再利用できるようにしたのが，真の「ものづくり」である．そのためには，材料学が「ものづくり」に不可欠な知識であり，図 1.3 に示すような「材料の使われ方」を考慮しておくことが必要となる．

＊＊＊＊＊＊＊＊＊＊＊＊＊＊＊＊＊＊＊＊＊

1・2　材料の基本的特性 (basic properties of materials)

1・2・1　材料の分類と種類 (classification and kinds of engineering materials)

　機械材料は大別すると，図 1.4 に示すように，金属材料(metallic material)と非金属材料(non-metallic material)に大別される．金属材料は周期表(periodic table)(付表 S・5 参照)に示される金属元素を主成分とした材料で，非金属材料はそれ以外の元素から成る固体材料である．特に，構造材料として用いられるのはほとんどが金属材料で，非金属材料は部材として用いられることが多い．金属材料は一種類の金属元素から成る純金属(pure metal)として単一で用いることは少なく，多くが 2 種類以上の元素から成る合金(alloy)として用いられる．金属元素によって分類すると，鉄鋼(iron and steel)材料と非鉄(non-ferrous)材料に分けられる．鉄鋼材料は鉄(iron)を主元素とし，炭素や他の元素を含有する合金である．非鉄材料は鉄以外の金属元素を主成分とした金属材料で，さらに種々の元素が添加された合金が多種類ある．非金属材料は有

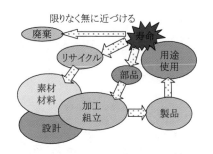

図 1.3　「ものづくり」における材料の使われ方

図 1.4　機械に用いられる材料の種類

機材料(organic material)と無機材料(inorganic material)に分けられる. 有機材料には高分子材料(high polymer material)があり, プラスチック(樹脂), ゴム, 繊維などである. 代表的な無機材料はセラミックス(ceramics)で, 酸化物, 炭化物, 窒化物などの化合物である.

1・2・2　材料の特性とは (what are the properties in engineering materials ?)

　材料を有効に利用するには, 材料の性質を理解し, その特性を十分に発揮させることである. たとえば, 容器に用いられる材料では, 図1.5に示すように, ビールや炭酸水のように圧力のかかる容器には金属やガラスが用いられる. しかし, 自動販売機では破損の恐れがあるのでガラス容器は危険である. 圧力のかからないジュースや牛乳などでは, プラスチックや紙容器が軽量で取り扱いやすいし, 紙容器であれば, 成形もリサイクルも容易となる. したがって, 選んだ材料がどのような特性を有しているか理解して, 適材適所に選択することが重要である.

　材料の基本的性質は, 機械的性質(mechanical property), 物理的性質(physical property), 化学的性質(chemical property), 電気・磁気的性質(electric・magnetic properties)に大別される. 特に, 構造物として用いられる機械材料は機械的性質が最も重要である. 機械的性質とは, 外力にどこまで耐えられるか(破断の強度)と外力によってどのくらい変形するか(弾性や塑性の性質)のように, 材料を用いる際の外力に対して現される性質である. 材料の基本的性質は, 材料の種類と構造に大きく関係する. 固体材料の構造(structure)は, 元素が組み合わさって構成されていて, 組み合わせ方が規則的に並んでいると結晶構造(crystal structure)をつくる. 不規則的に並んだ構造が非晶質(amorphous)で, 材料の性質は表1.1に示すように, 構造により大きく変化する構造敏感性(structural sensitive property)と, あまり変化しない構造鈍感性(structural insensitive property)がある. 特に, 構造は同種の材料であっても, 外力や熱的環境によって変化することがあり, 人為的に構造を変えることで構造敏感な性質を向上することができる.

1・2・3　先進の機械材料 (advanced engineering materials)

　従来からある材料を適材適所に用いても, そのままでは性能に限界がある. この限界を打破するには, 材料の性能を向上させねばならない. 金属材料では加工(working)や熱処理(heat treatment)によって構造・組織が変わり, 性能を改善することができる. また, 元素の組み合わせ方や反応を利用すると新しい性能が生み出される. あるいは1種類の材料では十分な性能が満たされないのであれば, 2種類以上の材料を組み合わせた複合材料(composite material)とすることで, 性能は一層向上する. さらに, 従来の材料がもっていない特別の機能を有する機能性材料(functional material)を用いれば, 製品の価値が高まるばかりでなく, 新製品をつくり出すことも可能となる.

＊ ＊ ＊ ＊ ＊ ＊ ＊ ＊ ＊ ＊ ＊ ＊ ＊ ＊ ＊ ＊ ＊ ＊ ＊

図 1.5　各種の材料でつくられた容器 (a)金属容器　(b)ガラス容器　(c)紙容器　(d)プラスチック容器.

　写真提供：(a)(d) 東洋製罐㈱

　　　　　　(b) 東洋ガラス㈱

　　　　　　(c) 東罐興業㈱

表 1.1　材料の構造(組織)に依存する性質

	構造に敏感な性質	構造に鈍感な性質
機械的性質	降伏強さ 塑性変形能 破壊強さ	弾性係数
物理的性質	熱伝導率	比熱 熱膨張率
電磁気的性質	電気抵抗 強磁性	常磁性

1・3　本書の使い方 (how to use this book)

　本書では，第2章で機械材料はどのようなしくみ(構造・組織)になっているかを学び，第3章から第7章で，その構造・組織が外的な熱や力によってどのように変化するか，あるいは材料の機械的性質や電気・化学的性質が構造・組織とどのような関係にあるか等について，機械材料の基本的現象を学べるように構成している．したがって，第2章から第7章に記述されている事柄には密接な関係があり，学習する際には，単なる諸現象を覚えるのではなく，それらの関係を理解することが重要である．各章で取り上げている事柄が，その時に理解できなくても，他の章をもう一度読み返すことで，より一層理解が深まる．すでに取り上げた内容は(第X章)と，また，後章で取り上げる内容は(第X章参照)と記載してある．

　第8章では材料の製造法と加工法を学習する．そして，第9章から第12章では，実用されている各種の機械材料について，その種類と特性および応用例について学習する．各種材料のもつ特性を理解すれば，実際の製品に使用されている材料を知ることができ，その理由も理解できる．さらに，第13章と第14章では，使用環境を考慮した「ものづくり」の設計を行うときの考え方を学習するので，機械技術者として身につけておきたい知識である．

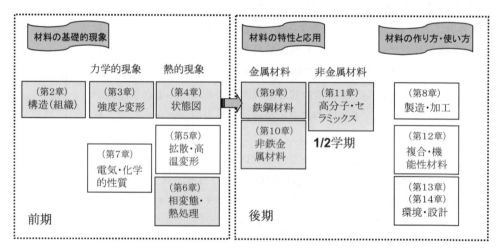

図 1.6　本書の内容と学習の流れ

　大学における「材料学」関連のカリキュラムが，半期のみである場合は，第2章と第3章の材料の構造と機械的性質の関係，および第4章と第6章で温度による構造変化，第9章～第11章で扱っている実用機械材料の種類と特性等の内容(図1.6中の■で示す章)のところを学べば，材料に関する基礎知識が得られる．1年間の通年授業あるいは前期と後期に分けられた授業であれば，前期において第7章までの材料に関する基礎的現象を学び，後期の授業で第8章以降の各種機械材料の特性について学習し，その材料に適した用い方を理解すれば，卒業後，機械技術者として十分通用する知識が得られる．本書で取り扱う機械材料は，身近にある製品に使われているので，常に「どのような材料で作られているか？」関心をもって学ぶことを推奨する．

　　　＊　＊　＊　＊　＊　＊　＊　＊　＊　＊　＊　＊　＊　＊　＊　＊　＊

1・4 単位について (on the units)

本書に記述されている物性値やデータには単位が付けられている．単位は
その値の意味を表しているので，数値とともに理解することが大切である．
　世界共通の単位として，1960 年に国際度量衡総会において採択された国
際単位系(The International System of Units) SI 単位が標準単位となっている．
SI 単位は，7 個の基本単位(表 1.2)と 2 個の補助単位(表 1.3)から成るが，SI
と併用が認められている単位(表 1.4)もある．さらに，それぞれ固有の名称で
表す組立単位(表 1.5)がある．そして数値の桁数が大きな場合は，x10^n で表し，
n を表 1.6 に示すような接頭語をつける．たとえば，1000m であれば 1km の
ように表せる．しかしながら，これらの単位が制定される以前のデータを使

表 1.2　SI 基本単位

長さ	メートル	m
質量	キログラム	kg
時間	秒	s
電流	アンペア	A
温度	ケルビン	K
物質量	モル	mol
光度	カンデラ	cd

表 1.3　SI 補助単位

平面角	ラジアン	rad
立体角	ステラジアン	sr

表 1.4　SI と併用が認められている単位

名称	記号	SI単位での値
分	min	1min=60s
時	h	1h=60min
日	d	1d=24h
度	°	1°=(π/180)rad
分	'	1'=(1/60)°
秒	"	1"=(1/60)'
リットル	l, L	1l=10^{-3}m^3
トン	t	1t=10^{3}kg
名称	記号	定義
電子ボルト	eV	1.60219x10^{-19} J
原子質量単位	u	1.66057x10^{-27} kg

表 1.6　SI 接頭語

乗数	接頭語	記号
10^{24}	ヨ タ	Y
10^{21}	ゼ タ	Z
10^{18}	エクサ	E
10^{15}	ペ タ	P
10^{12}	テ ラ	T
10^{9}	ギ ガ	G
10^{6}	メ ガ	M
10^{3}	キ ロ	k
10^{2}	ヘクト	h
10^{1}	デ カ	da
10^{-1}	デ シ	d
10^{-2}	センチ	c
10^{-3}	ミ リ	m
10^{-6}	マイクロ	μ
10^{-9}	ナ ノ	n
10^{-12}	ピ コ	p
10^{-15}	フェムト	f
10^{-18}	ア ト	a
10^{-21}	セプト	z
10^{-24}	ヨクト	y

表 1.5　SI 組立単位

量	名称	記号	定義
周波数	ヘルツ	Hz	s^{-1}
力	ニュートン	N	kg・m/s^2
圧力・応力	パスカル	Pa	N/m^2
エネルギー・仕事・熱量	ジュール	J	N・m
仕事率（工率）・放射束	ワット	W	J/s
電気量・電荷	クーロン	C	A・s
電圧・電位	ボルト	V	W/A
静電容量	ファラド	F	C/V
電気抵抗	オーム	Ω	V/A
コンダクタンス	ジーメンス	S	A/V
磁束	ウェーバ	Wb	V・s
磁束密度	テスラ	T	Wb/m^2
インダクタンス	ヘンリー	H	Wb/A
セルシウス温度	セルシウス温度	℃	t℃=(t+273)K
光束	ルーメン	lm	cd・sr
照度	ルクス	lx	lm/m^2
放射能	ベクレル	Bq	s^{-1}
吸収線量	グレイ	Gy	J/kg
線量当量	シーベルト	Sv	J/kg

表 1.7　主要単位の換算表(太枠は SI 単位)

(a) 力

N	dyn	kgf
1		1.01972x10^{-1}
1x10^{-5}	1	1.01972x10^{-6}
9.80665	9.80665x10^5	1

(b) 粘度

Pa・s	cP	P
1	1x10^3	1x10
1x10^{-3}	1	1x10^{-2}
1x10^{-1}	1x10^2	1

1P=1dyn・cm^2=1g/cm・s
1Pa・s=1N・s/m^2, 1cp=1mPa・s

(e) 仕事・エネルギー・熱量

J	kWh	kgfm	kcal
1	2.77778x10^{-7}	1.01972x10^{-1}	2.38889x10^{-4}
3.600x10^6	1	3.67098x10^5	2.38889x10^{-4}
9.80665	2.724x10^{-6}	1	8.6000x10^2
4.18605x10^3	1.16279x10^{-3}	4.26858x10^2	2.34270x10^{-3}

1J=1W・s, 1J=1N・m

(c) 比熱

J/(kg・K)	kcal/(kg・℃) cal/(g・℃)
1	2.38889x10^{-4}
4.18605x10^3	1

(d) 熱伝導率

w/(m・K)	kcal/(h・m・℃)
1	8.600x10^{-1}
1.16279	1

(f) 応力・圧力

Pa	kPa	MPa	bar	kgf/cm^2	atm	mmH$_2$O	mmHg又はTorr
1	1x10^{-3}	1x10^{-6}	1x10^{-5}	1.01972x10^{-5}	9.86923x10^{-6}	1.01972x10^{-1}	7.50062x10^{-3}
1x10^3	1	1x10^{-3}	1x10^{-2}	1.01972x10^{-2}	9.86923x10^{-3}	1.01972x10^2	7.50062x10^{-3}
1x10^6	1x10^3	1	1x10	1.01972x10	9.86923	1.01972x10^5	7.50062x10^{-3}
1x10^5	1x10^2	1x10^{-1}	1	1.01972	9.86923x10^{-1}	1.01972x10^4	7.50062x10^{-3}
9.80665x10^4	9.80665x10	9.80665x10^{-2}	9.80665x10^{-1}	1	9.67841x10^{-1}	1x10^4	7.35559x10^2
1.01325x10^5	1.01325x10^2	1.01325x10^{-1}	1.01325	1.03323	1	1.03323x10^4	7.6000x10^2
9.80665	9.80665x10^{-3}	9.80665x10^{-6}	9.80665x10^{-5}	1x10^{-4}	9.67841x10^{-5}	1	7.35559x10^{-2}
1.33322x10^2	1.33322x10^{-1}	1.33322x10^{-4}	1.33322x10^{-3}	1.35951x10^{-3}	1.31579x10^{-3}	1.35951x10	1

用している場合もあるので，SI 単位への換算表を手元に備えておくと便利である．本書の中で，しばしば用いられている単位の換算表を表 1.7 に示す.

===== 練習問題 =====================
【1・1】 天然素材の「竹」はどの分類に属するか？どのような構造か？また，「炭」にするとどのような構造変化するか調べてみよう.

【1・2】 How are amounts of iron and aluminum deposited in the earth ?

【解答】

【1・1】 竹は有機材料で，図 1.7 に示すように，その構造は表皮が強靭な繊維状で，内部には栄養分を運ぶ細い「師管」があり，これを取り巻く「維管束鞘」とたんぱく質などの「柔細胞組織」の構造となっている．竹炭にすると，これらの組織が炭化し，無機材料となる.

表 1.8 主な金属元素のクラーク数[2]

順位	元素	クラーク数
1	O	49.5
2	Si	25.8
3	Al	7.56
4	Fe	4.70
8	Mg	1.93
12	Mn	0.09
20	Zr	0.02
21	Cr	0.02
24	Ni	0.01
25	Cu	0.01
31	Zn	4x10^{-3}
36	Pb	1.5x10^{-3}
37	Mo	1.3x10^{-3}
47	Be	6x10^{-4}
69	Ag	1x10^{-5}
74	Pt	5x10^{-7}
75	Au	5x10^{-7}

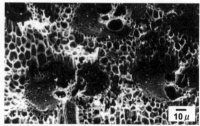

図 1.7 生竹(左)と竹炭(右)の断面の走査電子顕微鏡写真 (写真提供 吉田明(東京都市大学))

【1・2】 地球に埋蔵している金属元素の量はクラーク数(Clarke number)で表されている．クラーク数は地表から地下 16km までを平均した成分が火成岩と同じであるとみなし，さらに海水と大気の成分を加えて算出したもので，全体を 100 とした割合で示している．鉄のクラーク数は 4.70，アルミニウムは 7.56 であり，88 元素のうち第 4 位と第 3 位を占めるほど多く存在する．その他の主な元素を表 1.8 に示す.

＊＊＊＊＊＊＊＊＊＊＊＊＊＊＊＊＊＊＊＊＊

第 1 章の文献

(1) 湯浅栄二，新版機械材料の基礎，(2000)，日新出版.

(2) ウオール(増本健訳)金属なんでも小事典，(2003)，講談社.

第 2 章

材料の構造

Structure of Solid Materials

* *

　機械はどのような材料で形づくられているかは，分解すれば知ることができる．分解すれば数々の部品から組み立てられている．さらに，部品を分解すると単一の材料(物質)でつくられている．この物質を分解すれば，周期表に掲げられている元素から成る．機械材料の性質を調べる場合，元素を固有の性質をもつ単位としてみれば，ほとんど説明がつく．まさに「物質の元祖は元素なり」である．本章では，これらの元素が組み合わさって構造・組織を形成するので，実用する機械材料はどのような内部構造か，どのような組織を形成しているかを学習することで，後章で学ぶ材料の諸現象や特性を理解するための基礎知識となる．

* *

2・1　原子の構造と結合 (atomic structure and interatomic bonding)

2・1・1　原子構造と金属元素 (atomic structure and metallic elements)

　地球に存在する金属元素ではアルミニウム(aluminum)が最も多い．付表 S・5「周期表」に示されているアルミニウムの原子番号は 13 である．この原子番号は原子を構成している電子数を意味している．原子の構造は図 2.1 に示すように，原子核のまわりを電子が飛びまわっていて，その軌道は原子核に近いところから，K 殻，L 殻，M 殻，N 殻と名づけられている．各軌道の殻には，K 殻が 2 個，L 殻は 8 個のように電子の入る数が限られる．M 殻は最大 18 個まで入ることができ，$2n^2$ 個(n=1,2,3・・・)の順で増すことになる．しかし，M 殻では，その数に達する前に N 殻に移ってしまうことがある．アルミニウムの原子番号は 13 であるから，K 殻に 2 個，L 殻に 8 個，M 殻は 3 個となる．

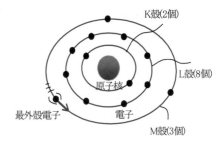

図 2.1 アルミニウムの原子構造

　最外殻の電子数がその数を満たしていないと，電子は不安定になり，放出されるか，あるいは他の原子から取り入れようとする．放出すると，全電子の電荷数と原子核のもつ電荷数との間に差が生じ，陽イオンを帯びる．逆に，電子が取り入れられると陰イオンを帯びることになる．元素の電気・磁気的性質あるいは化学的性質は，この外殻電子が放出されるか取り込まれるのかによって異なってくる．周期表(periodic table)で縦に並んでいる元素は同じ外殻電子数となるため，同族として同じような性質をもつ．金属元素はほとんどが放出型であり，金属特有の性質を示すのもこの外殻電子の数によって特徴づけられる．ヘリウム，ネオン，アルゴンなど周期表で 0 族に並んでいる元素は，外殻電子数が満たされているため，化学的に安定なガスで，不活性

ガス(inert gas)とも称されている.

2・1・2　原子の結合 (interatomic bonding)

　原子が集合すると，互いの最外殻電子を放出したり，あるいは取り込んで安定になろうとする．また，電荷もつりあいを保とうとする．そこで，最外殻電子は原子の間を自由に動きまわるので，互いの原子間で結合する．これが金属結合(metallic bond)で，自由に動いている電子を自由電子(free electron)という．その他，原子間の結びつき方には，互いの原子の電荷が正と負のイオンのときに結合するイオン結合(ionic bond)や，不完全な最外殻電子をもつ原子どうしが，同じ電荷をもつように互いに共有し合う共有結合(covalent bond)がある．ファン・デル・ワールス結合(van der Waals bond)は，正電荷と負電荷が等しくないと中心位置がずれて，互いの静電力で結合するもので，他の結合様式より結合力が極めて小さい．各結合様式の代表的な物質とその結合エネルギーを表 2.1 に示す.

＊＊＊＊＊＊＊＊＊＊＊＊＊＊＊＊＊＊＊＊＊＊

2・2　金属の結晶構造 (metallic crystal structure)

2・2・1　原子配列と結晶構造 (atomic arrangement and crystal structure)

　原子の構造が原子核を中心に，回転運動する電子からできているので，1個の原子は球形として扱うことができる．そして 2 個の原子間では，引力と反発力が働く(第 3 章参照)．引力は距離が離れるにしたがって減少するが，反発力は接近すると非常に大きく，少し離れると急減する．したがって両力の合成力は，ある一定の距離離れたところで最大となり，2 個の原子間での位置エネルギー(potential energy)が最小となる(付録 A・2「ポテンシャルエネルギーと弾性定数」参照)．すなわち，原子間ではこの位置エネルギーが最小となる間隔が最も安定した位置となる.

　原子が球形で，一定の原子間隔で集合した固体材料は，原子配列が規則正しく並んだ状態となり結晶構造を形づくる(図 2.2)．規則的な配列とは，原子が特定の方向に一定の間隔で配置することであるから，図 2.3 に示すような座標軸をとり，原子の位置を座標点とすると，

$$r = n_1 a + n_2 b + n_3 c \qquad (2.1)$$

のように，ベクトル r で表せる．ここで，n_1, n_2, n_3 は整数で，a, b, c は各軸方向の単位ベクトルである．したがって，原子配列は空間に一定のベクトルで表された原子の積み重ねとなる．このような構造を空間格子(space lattice)または結晶格子(crystal lattice)といい，最小の格子（$n_1=n_2=n_3=1$）を単位格子(unit lattice)あるいは単位胞(unit cell)という．ただし，図 2.4 に示すように，単位格子は原子が規則的に並ぶ方向と原子間隔の取り方によって様々な形となる．したがって，結晶の形は軸角 α, β, γ と原子間隔 a, b, c で定まるので(図 2.5)，これらの値を格子定数(lattice constant, lattice parameter)という.

　実在する結晶はそれぞれの格子定数で定義されるが，規則性，対称性から

表 2.1　主な物質の結合様式と結合エネルギー

結合様式	主な物質	結合エネルギ (kJ/mol)
イオン結合	塩(NaCl)	750
	フッ化リチウム (LiF)	1000
共有結合	ダイアモンド	約710
	酸化ケイ素 (SiO_2)	1185
金属結合	ナトリウム(Na)	109
	鉄(Fe)	394
ファン・デル・ワールス結合	アルゴン(Ar)	7.5
	メタン(CH_4)	10

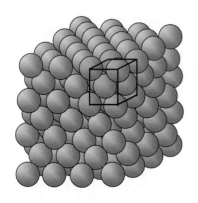

図 2.2　固体を形づくる結晶の原子配列

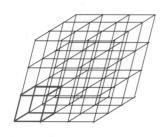

図 2.3　空間格子(赤線が単位格子)

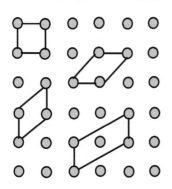

図 2.4　単位格子の選び方

分類すると，表2.5に示すように，7種類の結晶系(crystal system)と14種類の
ブラベー格子(Bravais lattice)に分けられる．最も基本的な結晶形は，原子間
隔が等しく($a=b=c$)，軸角が($α=β=γ=90°$)の立方晶であるが，これらの6つの格
子定数のうち，ひとつずつ変えると，図2.6に示すように，結晶系は立方晶
→正方晶→斜方晶のように変化する．主な金属元素の結晶構造と格子定数に
ついて付表S・3「主な金属元素の結晶構造」に示してある．

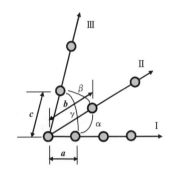

図2.5　格子定数の定義（原子が規則的
にa, b, cの原子間隔で配列している方
向をそれぞれⅠ，Ⅱ，Ⅲ軸とし，各軸
間の角度を$α$，$β$，$γ$とする）

表2.2　結晶系の格子定数とブラベー格子

結晶系	単位格子の格子定数	ブラベー格子
立方晶(cubic)	$a=b=c, α=β=γ=90°$	P(単純), I(体心), F(面心)
正方晶(tetragonal)	$a=b \neq c, α=β=γ=90°$	P(単純), I(体心)
斜方晶(orthorhombic)	$a \neq b \neq c, α=β=γ=90°$	P(単純), C(底心), I(体心), F(面心)
単斜晶(monoclinic)	$a \neq b \neq c, α=β=90° \neq γ$	P(単純), C(底心)
三斜晶(triclinic)	$a \neq b \neq c, α \neq β \neq γ$	P(単純)
菱面体晶(rhombohedral)	$a=b=c, α=β=90° \neq γ$	R(単純菱面体)
六方晶(hexagonal)	$a=b \neq c, α=β=90°, γ=120°$	P(単純), I(体心), F(面心)

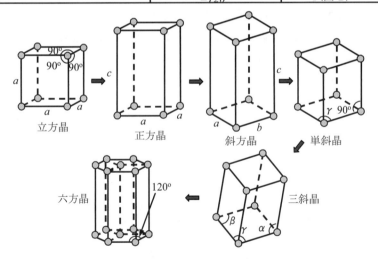

図2.6　格子定数を変えることによる結晶構造の変化

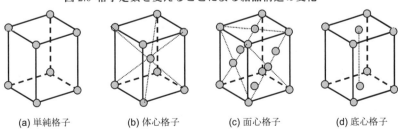

(a) 単純格子　　(b) 体心格子　　(c) 面心格子　　(d) 底心格子

図2.7　原子の配置によるブラベー格子

　ブラベー格子は，図2.7に示すように，原子の配列位置を対称性によって分類したもので，結晶系と組み合わせた形で表す．たとえば，立方晶の結晶系で，原子の配置が体心形であれば，図2.8に示すような単位格子となり，ブラベー格子では体心立方晶(body-centered cubic, bcc)と称する．また，面心形であれば，図2.9に示すような面心立方晶(face-centered cubic, fcc)と称する単位格子となる．

　金属結晶の多くは，体心立方晶と面心立方晶であるが，さらに，図2.10に示すような原子配列をしていて，a=b≠c, α=β=90°, γ=120°の体心単斜晶(図2.11の赤色)が3個で形づくる最密六方晶(hexagonal close-packed, hcp)の結晶構造をもつものがある．

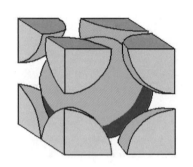

図2.8 体心立方晶の単位格子

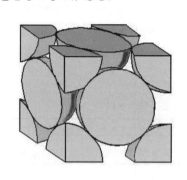

図2.9 面心立方晶の単位格子

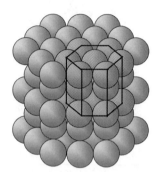

図 2.10 最密六方晶を形づくる原子の配列

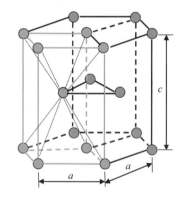

図2.11 最密六方晶の格子定数

2・2・2　配位数とは (what is the coordination number ?)

　図2.8に示すように，体心立方晶の単位胞は1個の原子を中心に周囲を8個の原子で取り囲まれている．一方，面心立方晶では，上下，左右のように3面でそれぞれ4個の原子に接しているから，合計12個の原子に囲まれている．このように，1個の原子に対し原子同士が接して囲む数を配位数という．

　配位数により単位格子中に含まれる原子数が求められる．たとえば，体心立方晶の場合，中心に1個と1/8個の原子が8個であるから，合計2個の原子で体心立方晶が構成していることになる．

　配位数を満たす原子の大きさは，図2.12に示すように，格子定数と関係する．面心立方晶の格子定数は原子間隔aのみで定義できるから，原子半径rは幾何学的に求められ，

$$r=\sqrt{2}\,a/4 \tag{2.2}$$

となる．さらに，原子半径rが求められると，原子1個の体積Vは，

$$V=(4\pi/3)r^3 \tag{2.3}$$

であるから，単位格子の原子の数をnとすると，単位格子中に原子が占める体積率(充満率)ρは

$$\rho=nV/V_0 \times 100 \quad (\%) \tag{2.4}$$

として求められる．ここでV_0は単位格子の体積とする．

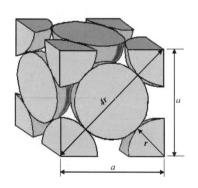

図 2.12 面心立方晶における格子定数と原子半径の関係

　代表的な結晶構造の配位数と原子の占める体積率を表2.3に示す．また，各元素の質量が判れば，充填率から密度も算出できる．ただし，得られる密度は理想的な原子配列した完全結晶(perfect crystal)の場合であり，実存する結晶の密度とは相違がある．主な元素の物性値については付表S・6「主な元素の特性」を参照すること．

【例題 2・1】 ＊＊＊＊＊＊＊＊＊＊＊＊＊＊＊＊＊＊＊＊＊＊

　ある面心立方晶(fcc)の金属元素の格子定数が a=0.362 nm とする. 単位格子中の原子が占める体積率(充満率)を求めよ.

【解答】 原子半径 r は, 式(2.2)より, r=0.128　nm

原子 1 個の体積 V は, 式(2.3)より, V=8.78x10^{-3} (nm)^3 であるから,

面心立方晶では, 単位格子の体積(V$_0$=a^3)中に原子が n=4 個含まれるので

$$\rho = 4V/a^3 = (4 \times 8.78 \times 10^{-3})/(0.362)^3 = 0.74, \quad \rho = 74\%$$

＊＊＊＊＊＊＊＊＊＊＊＊＊＊＊＊＊＊＊＊＊＊

表 2.3 結晶構造と配位数

結晶構造	配位数	原子の体積割合
面心立方晶	12	$\sqrt{2}$／6・π=0.74
体心立方晶	8	$\sqrt{3}$／8・π=0.68
単純立方晶	6	1／6・π=0.52
ダイヤモンド	4	$\sqrt{3}$／16・π=0.34
最密六方晶	12	$\sqrt{2}$／6・π=0.74

完全結晶の密度

原子の質量は1モルの質量が原子量Aから得られ, この中にアボガドロ数 **(Avogadro number)** N_0 で与えられる数の原子があるから, 密度 ρ は
$\rho = nA/N_0V_0$ 　ここで, nは単位格子中の原子の数で, V_0は単位格子の体積.

2・3　結晶構造の指数表示 (Index indication of crystallographic structure)

2・3・1　結晶面の表し方 (indication of crystallographic planes)

　原子の配列は規則性・対称性をもっているので, その規則的に配列した面を結晶面(crystallographic plane, crystal plane), 規則的に配列している方向を結晶方向(crystallographic direction)という. そして結晶面や結晶方向は一定の指数で表示することができる. これをミラー指数(Miller indices)という. ミラー指数で表す結晶面は次の手順で求められる.

(1)　空間格子の 3 軸を座標軸とする.

(2)　表そうとする結晶面と座標軸の交点の位置を, 原子間距離の大きさ a, b, c とする単位長さで表す.

(3)　各値の逆数をとる.

(4)　これらの値の最小整数比を h, k, l とし,

(5)　(hkl)として表示する.

　今, 図 2.5 で示した座標軸 I, II, III を

(1)　それぞれ x, y, z 軸の直角座標とする. そして, 図 2.13 に示すような結晶面を考えると,

(2)　x=1, y=2, z=3 であるから,

(3)　x=1/1, y=1/2, z=1/3

(4)　最小の整数比は h=6, k=3, l=2 であるから,

(5)　図 2.13 に斜線で示す結晶面は(632)と表せる.

　特に, 表そうとする結晶面が負の座標軸と交叉する場合は,

(6)　マイナス記号を h, k, l の上につけ, ($\overline{hkl}$)と表示する. ($-h$$-k$$-l$)のように表示すると誤りとなる. また, ($h$・$k$・$l$)や($h,k,l$)のように, 点やカンマを用いることも誤りとなるので注意すること.

　立方晶の場合は, a=b=c=1 であるから, 【例題 2・2】のような問題を繰り返し練習すると理解しやすい.

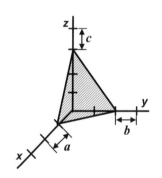

図 2.13 結晶面のミラー指数の表示法

【例題 2・2】 ＊＊＊＊＊＊＊＊＊＊＊＊＊＊＊＊＊＊＊＊＊＊

Determine the Miller indices for the planes shown in the following unit cell. (see Fig. 2.14)

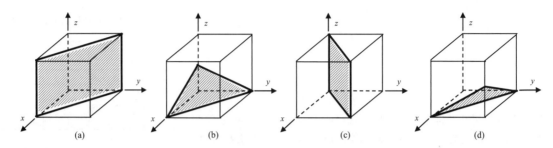

Fig.2.14　Crystallographic planes in the cubic cell.

【解答】

　　図 2.14 に描かれている結晶面(斜線面)のミラー指数は，手順にしたがって，

　　(a)　x=1，y=1，z=∞であるから，逆数をとり，h=1/1，k=1/1，l=1/∞=0,

したがって (110).

　　(b)　同様に，x=1，y=1，z=1/2 であるから，逆数をとり，(*hkl*)で表すと，

(112).

　　(c)　図 2.15 のように，-y 方向に *a*=1 移動しても，同一結晶面であるから，

x=1，y=-1，z=∞となり，逆数の整数比は，h=1/1, k=-1/1, l=1/∞=0 となって，

(1$\bar{1}$0).

(d)　与えられた面を，図 2.16 のように，z 軸に交叉するところまで拡大する

と，z=-1/2 となるので，(11$\bar{2}$).

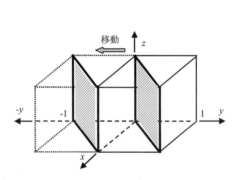

図 2.15 結晶面は平行移動できる.

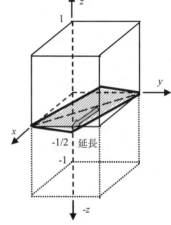

図 2.16 結晶面を広げて座標点を求める.

＊＊＊＊＊＊＊＊＊＊＊＊＊＊＊＊＊＊＊＊＊＊＊＊＊

2・3・2　結晶方向の表し方 (indication of crystallographic directions)

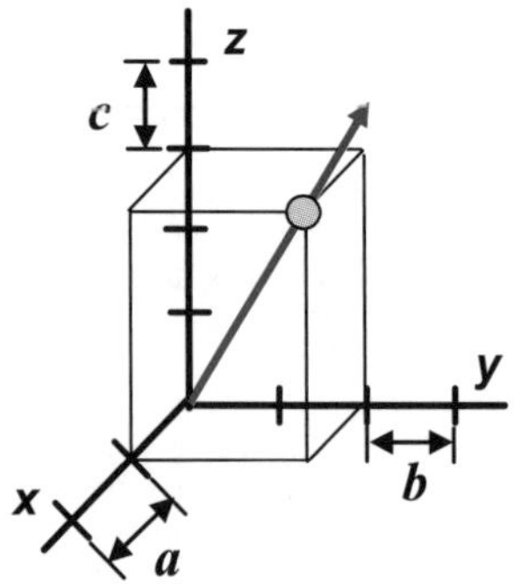

　　結晶方向も結晶面と同様にミラー指数で表示でき，その手順も同様に，

(1) 空間格子の 3 軸を座標軸とする.

(2) 座標軸の単位長さを *a*, *b*, *c* とし，表そうとする結晶方向の座標点をと

　　る. 図 2.17 に示す方位であれば，x=1，y=2，z=3.

(3) これらの値の最小整数比を *h*, *k*, *l* とする. 図 2.17 の場合は，h=1, k=2,

　　l=3.

図 2.17 結晶方向のミラー指数の表示法

(4) [*hkl*]として表示する. [123]

(5) 負の方向は[$\overline{hkl}$]のように表示する.

したがって，x，y，zの座標軸方向は，それぞれ[100]，[010]，[001]のように表示される．また，結晶面と結晶方向の定義は同じであるから，指数が同じであれば，[hkl]方向は(hkl)の結晶面の法線方向となる．

図2.18は立方晶における種々の結晶方向を示す．同じ指数[hkl]でも負の符号によって矢印の向きが異なることに注意すること．

今，座標をx，y，z軸と定めたが，原子配列が規則的，対称的であるので，座標軸は任意である．たとえば，図2.19に示すように，(100)=(010)=(001)であり，(hkl)の指数の順序は座標軸のとり方によって入れ替わる．結晶方向も同様で，向きによって正符号か負符号となる．このように，(hkl)の指数が同じであるならば，順序が入れ替わっても同じ結晶面，結晶方向を意味している．これらの面や方向を等価(equivalent)な結晶面，結晶方向と称し，座標軸を定めない場合は結晶面を{hkl}のように，結晶方向を<hkl>のような括弧の記号を用いて表示する．

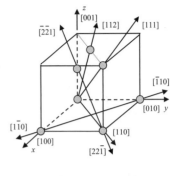

図2.18 立方晶における結晶方向

2・3・3　六方晶における結晶面・結晶方向の表し方 (indication of crystallographic planes and directions in hexagonal structure)

六方晶は単斜晶が3個で構成されているので，底面(基面(basal plane))という)が120°の回転対称となっている．したがって，六方晶の場合のミラー指数は，図2.20のように，基面がa_1，a_2，a_3の3軸とc軸の4軸から成る座標系である．表示法の手順は立方晶の場合と同じであるが，a_1，a_2，a_3の3軸を，それぞれh，k，iの指数で，c軸の指数をlで表示する．すなわち，結晶面は(hkil)のようになり，結晶方向は[hkil]と示す．図2.21に，いくつかの代表的な結晶面，結晶方向が示してある．

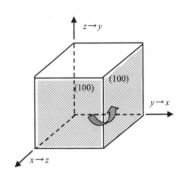

図2.19 等価な結晶面(座標軸の取り方により(100)面が移る)

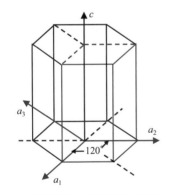

図2.20 最密六方晶の座標軸の定義

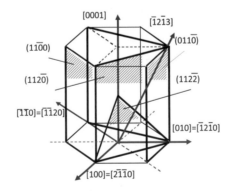

図2.21 最密六方晶の結晶面と結晶方向（単斜晶とすると(hkl)で示す）

基面の座標軸は3回転対称であるから，h+k+i=0の関係となる．したがって，hとkを表示すれば，i=-(h+k)となって，iを省略でき，(hk・l)と表示することがある．特に，六方晶であることを限定すれば，・記号も省略し，(hkl)のように表示されることがあるので，他の結晶系と混同しないよう注意が必要である．

2・3・4　結晶構造のX線解析 (X-ray analysis of crystal structure)

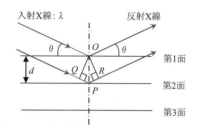

図 2.22 ブラッグの回折条件

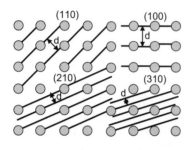

図 2.23 結晶面間隔とミラー指数

X線は非常に波長の短い放射線であり，物質に照射すると浸透するが，結晶のような構造体では，ほとんどが反射される．X線には波長に幅のある蛍光X線と波長が一定の特性X線がある．

今，図2.22に示すような面間隔 d の結晶に，波長 λ が一定の特性X線を入射させると，第1面と第2面の行路差は $(\overline{QP}+\overline{PR})$ の距離となる．この光路差が波長の整数 (n) 倍であれば，

$$n\lambda = 2d\sin\theta \qquad (2.4)$$

となって，反射X線は強められる．この式をブラッグの式(Bragg's formula)と称し，この条件を満たす角度 θ を回折角(diffraction angle)またはブラッグ角(Bragg angle)と呼ぶ．実際の測定は，入射角と反射角が同じになるようなX線回折装置(X-ray diffractometer)を用い，回折角 θ を測定して結晶面間隔 d を求める．図2.23に示すように，種々の結晶面間隔や結晶面の成す角度を測定し，結晶構造を解析する．ミラー指数と格子定数の関係は付録A・1「結晶構造の幾何学」を参照すること．

【例題2・3】　＊＊＊＊＊＊＊＊＊＊＊＊＊＊＊＊＊＊＊＊＊＊＊

純アルミニウムの結晶(fcc構造，a=0.405nm)を，銅のX線源(CuKα_1線で波長はλ=0.15405nm)を用いてX線回折したところ，2θ=38.4°に回折線が生じた．結晶面を求めなさい．

【解答】

ブラッグの式より，n=1 とすると面間隔 d は

$d=\lambda/(2\cdot\sin\theta)=0.15405/(2\cdot\sin19.2°)=0.234$ nm.

立方晶系における面間隔 d とミラー指数(hkl)の関係は

$1/d^2=(h^2+k^2+l^2)/a^2$

として表される（付録A・1「結晶構造の幾何学」参照）．したがって，

$a^2/d^2=(0.405)^2/(0.234)^2=2.99\doteqdot3=(h^2+k^2+l^2)$

であるから，(hkl)=(111)

＊＊＊＊＊＊＊＊＊＊＊＊＊＊＊＊＊＊＊＊＊＊＊

2・4　金属の結晶組織 (metallographic structure)

2・4・1　固溶体と合金 (solid solution and alloy)

実際に用いられている金属材料は，細かい粒子状の結晶が集合した状態であり，それぞれの粒子が一定の原子配列した結晶構造をもつ結晶粒(crystal grain)から成っている．各結晶粒は方向が異なるので，二つの結晶粒の境界のところに結晶粒界(grain boundary)ができる．図2.24の写真は，工業用純鉄の表面を鏡面に仕上げ，薬品で腐食して光学顕微鏡により観察した結果である．結晶粒界は結晶方向の差と不純物が多く存在するため，結晶面より強く腐食され，結晶粒界が明瞭に現れる．この純鉄の場合，各粒子の平均直径で表す結晶粒径(grain size)は約20μmである．

工業用の純金属は，ごく僅かな不純物(impurity)を含んでいるが，結晶構造や性質はほとんど変化しない．しかし，異種元素を含むことによって，結晶

図 2.24 工業用純鉄の光学顕微鏡写真（C, Si などの不純物が0.03mass%程度含まれている）．（写真提供，㈱山本科学工具研究社）

構造や性質が異なる金属材料が合金である．純鉄も極めて少量の炭素やその他の元素が含まれる．しかし，少量の炭素(C)が含まれると，鉄(Fe)とは異なった結晶が生成するので，C を 0.02%以上含有すると Fe-C 合金となり，鋼(steel)という鉄合金となる．異種元素または化合物が母相結晶に単独で(離散して)含まれる場合を固溶体という．

　図 2.25 は，銅(Cu)と亜鉛(Zn)が 7:3 の割合で構成している Cu-Zn 合金(黄銅(brass)ともいう)の光学顕微鏡写真を示す．亜鉛を多量に含むが，結晶構造は銅と同じ fcc 構造である．金属組織では，これを相(phase)と呼び，結晶粒が一つの結晶構造で構成している合金を単相(single phase)合金，二つの異なった構造の結晶粒からなる合金を二相(two-phase)合金という．

　異種元素を含む固溶体の結晶構造は，二通りの含み方がある．図 2.26 に示すように，一つは異種元素が原子の隙間に入り込む，侵入型固溶体(interstitial solid solution)で，他の一つは異種原子が，元の結晶構造の原子位置に置き換わっている置換型固溶体(substitutional solid solution)である．鋼は侵入型であり，黄銅は置換型の固溶体に属している．いずれの場合も異種元素が固溶することで格子定数は変化するが，結晶系は変わらない．しかし，合金にする元素の配合量(組成(composition)という)によっては，全く異なった結晶系の構造となる場合がある．黄銅では，銅(fcc 構造)に約 35%の質量比の亜鉛(hcp 構造)を加えた組成の合金でも銅と同じ fcc 構造の相(α 相)であるが，40%の亜鉛を加えると，bcc 構造の相(β 相)が生成し，α 相(fcc 構造)との二相合金となる．

　固溶体において，図 2.26 中の点線枠で示すように，合金元素が規則的な原子配列となっている固溶体を規則格子(superlattice)と称し，特に，その合金組成が整数比であると，異なった結晶構造をもつ相を形成することがある．これを金属間化合物(intermetallic compound)という．そして，これを A_xB_y(たとえば，Mg:Si=2:1 であれば Mg_2Si)のように表示する．

２・４・２　結晶構造の欠陥 (imperfections of crystal structure)

　実際の金属材料は，理想的な原子配列をもった結晶構造となっていない．結晶粒の内部には，原子配列の乱れた格子欠陥(lattice defects)が存在する．乱れ方には，原子の配列位置に関する点欠陥(point defect)で，原子が位置すべきところに存在しない場合や，本来ならば存在しないところにあるような欠陥である(図 2.27)．座標系で表すならば，0 次元に相当する．1 次元的な欠陥が線欠陥(line defect)で，乱れ方が線状に並び(図 2.28 で紙面に垂直方向)，これを転位(dislocation)ともいう(第 3 章参照)．ある結晶面で原子配列のずれたところが 2 次元的な面欠陥(図 2.29)で積層欠陥(stacking fault)という．

図 2.25　α 黄銅の光学顕微鏡写真(各結晶粒の結晶面によってコントラストが生じている)．(写真提供，㈱山本科学工具研究社)

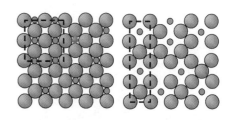

図 2.26　侵入型固溶体と置換型固溶体(大径球が溶媒原子(solvent atoms)で小径球が溶質原子(solute atoms))．

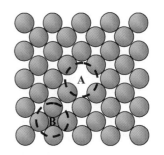

図 2.27　点欠陥，(A)空格子点(vacancy) と (B)格子間原子(interstitial atom)の二通りある．

図 2.28　線欠陥の模型 (対応しない余分な結晶面が，紙面に対し垂直方向に，線状に並ぶ．

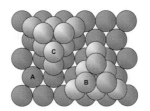

図 2.29　積層欠陥の模型(最密な原子の積層は A 層-B 層-C 層あるいは A 層-C 層-B 層-のように配列するが，-A-B-C-A-C-A-B-C-と配列するところが面欠陥となる

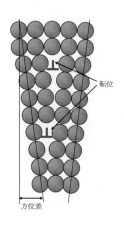

図 2.30　小傾角粒界の形成. 小傾角粒界が多数できると, 結晶は多角化する. ポリゴニゼーション(polygonization)という

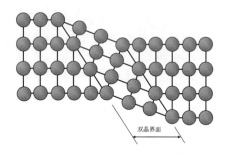

図 2.31　双晶の形態と双晶界面

図 2.30 に示すように, 転位が 1 列に並ぶと結晶方向に傾きが生じる. この傾きは結晶粒界に比較して極めて小さいので, 小傾角粒界(small angle grain boundary)あるいは亜結晶粒界(sub-grain boundary)という. 結晶粒内に多数の転位が集中すると, 亜結晶粒界が多角形状となって, 結晶粒の中に, さらに, 副結晶粒(subgrain)を形成することがある.

表 2.3　結晶の格子欠陥および類する欠陥

分類	点欠陥 （0 次元）	線欠陥 （1 次元）	面欠陥 （2 次元）
原子（イオン）的なもの	空格子点 格子間原子 異種原子 ・・・置換型 ・・・侵入型	転位 刃状・・・ らせん・・・ 混合・・・	結晶粒界 亜結晶粒界 双晶粒界 積層不整 異相境界
電子的なもの	疑自由電子 正孔		
磁気的なもの			磁壁
核的なもの	同位元素		

僅かな結晶方向差は, 図 2.31 に示すように, 鏡面対称となって形成することがある. これを双晶(twin)界面と称し, 図 2.25 の光学顕微鏡写真で見られるように, 2 本の平行線となって観察される.

これらの原子配列による欠陥以外に, 電子的なものや磁気的なものがあり, 表 2.3 に示した. いずれの欠陥も実際の金属材料には必然的に存在するもので, 結晶粒界や双晶界面は欠陥として扱わない. また, 欠陥であるからと言って, すべて排除することはなく, 金属材料には必要不可欠な役割を果たしている.

＊ ＊ ＊ ＊ ＊ ＊ ＊ ＊ ＊ ＊ ＊ ＊ ＊ ＊ ＊ ＊ ＊ ＊

2・5　金属組織の観察法 (observation technique of metallographic structure)

2・5・1　光学顕微鏡法 (technique of optical microscope)

金属や合金の結晶粒は数 10~数 100μm の大きさであるから光学顕微鏡で観察できる. まず, 材料から小片の試料に切り出し, 観察する面を鏡のように研磨する. 研磨は, あらかじめエメリー紙等で平滑な面にしておく. 鏡面に仕上げるために, 回転円盤上に研磨布を張ったバフ研磨機を用いる. バフ研磨は, 研磨剤のアルミナ微粉末などを水で薄め, 研磨布上に滴下しながら行う. 研磨剤にダイヤモンド微粉末を用いる場合は, あらかじめ研磨布に塗りこみ, アルコール系の潤滑液を随時補給しながら研磨する. 鏡面に仕上げられた観察面を薬品液で腐食すると, 結晶粒界や双晶界面, 非金属介在物, すべり線(第 3 章参照)などが光学顕微鏡で観察できる. 腐食液は材料の種類や組織によって異なるので, 適切な液を選択する. たとえば, 図 2.24 に示した純鉄では, 3%硝酸アルコール溶液が用いられる.

2・5・2　走査電子顕微鏡法 (technique of scanning electron microscope)

　走査電子顕微鏡(SEM)は，光よりも波長の短い電子線を用いることによって，より分解能(resolving power)を高くすることができる．図2.32に示すように，エミッタと呼ばれる電子源(emission source)から放射された電子線を，光学顕微鏡のレンズに相当する対物レンズ(電子レンズ)を通して集束し，試料に当て，反射される二次電子線を検出してモニタ画面に映し出して観察する方法である．観察試料に照射される電子線の大きさを10nm以下にすることで，分解能が一段と高まり，微細な組織まで観察できる．また，反射電子線であるから，観察表面は凹凸があっても観察でき，材料が破壊(第3章参照)した後の破面観察(fractography)に適し，破断の原因究明に有効な手段である．その他，走査電子顕微鏡では，二次電子線の他にX線やオージェ電子線が反射され，これらの反射電子の波長やエネルギー強度から成分分析が可能な電子線マイクロアナライザー(electron-probe micro-analyzer, EPMA)を付置した電子顕微鏡もある．

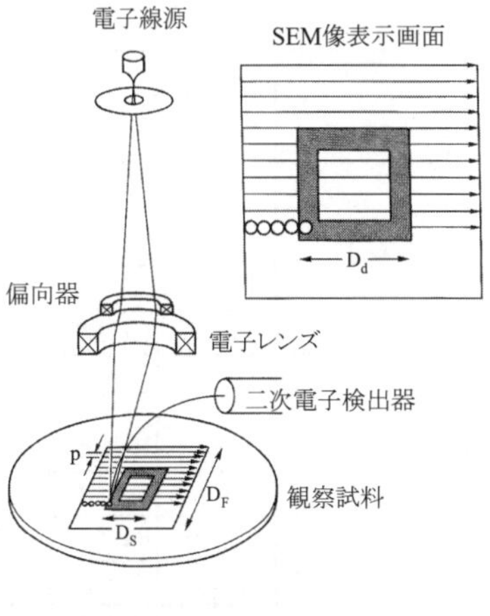

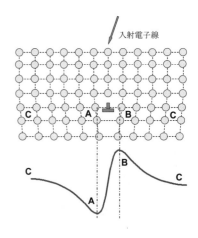

図2.32　走査電子顕微鏡の原理
p；走査間隔，D_F；走査線数 p×D_F が観察範囲，D_d/D_S が倍率となる．(日本電子顕微鏡学会編，走査電子顕微鏡，(2000))，共立出版)

2・5・3　透過電子顕微鏡法 (technique of transmission electron microscope)

　エミッタに高電圧を荷電(加速電圧(accelerating voltage)という)し，電子源から放射する電子線の強度を高めると，薄い金属であれば電子線は透過する．透過電子顕微鏡(TEM)は，図2.33に示すように，光学顕微鏡に相当する光路を電子レンズで制御し，焦点を合わせ，像を観察する．電子線の波長は原子配列によって回折され，蛍光板上に回折像が投射される．たとえば，結晶中に線状に連なる欠陥の転位が存在すると，図2.34に示すように電子波が反転され，透過電子線が線状のコントラストとなって蛍光板上に映し出される．

図2.34　転位による電子線の回折
転位のまわりの格子ひずみによって電子線波が反転(AとB)し，コントラストができる．

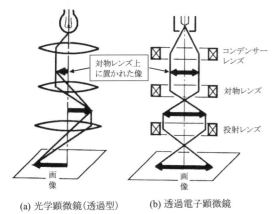

(a) 光学顕微鏡(透過型)　　(b) 透過電子顕微鏡

図 2.33　光学顕微鏡と透過電子顕微鏡の光路の比較

＊＊＊＊＊＊＊＊＊＊＊＊＊＊＊＊＊＊＊＊＊

2・6　セラミックスの結晶構造 (crystal structure of ceramics)

2・6・1　結晶構造の分類 (classification of crystal structures)

　セラミックスは非金属元素から成る無機質の固体材料であり，酸化物系，炭化物系，窒化物系など，構成元素で分類されるが，結晶構造によっても分類される．セラミックスにおける原子の結合は共有結合あるいはイオン結合

表 2.4 セラミックスの配位数比

組成 M：陽イオン X：陰イオン	配位数 x : y	結晶構造
MX	4:4	閃亜鉛鉱型，ウルツ鉱型
	6:6	NaCl型
	8:8	CsCl型
MX₂	4:2	β-クリストバライト型
	6:3	ルチル型
	8:4	ホラル石型
MX₃	6:2	ReO₃型
M₂X	4:8	赤銅鉱型
	8:4	逆ホタル石型
M₂X₃	6:4	コランダム型，希土類C型
	7:4	希土類A型
M₂X₆	6:2 6:2混合	Nb₂O₃型

で結晶構造をつくる．したがって構造の単位はイオンであり，結晶構造はイオン半径に依存する．一般に，陰イオンは陽イオン半径に比べてかなり大きい．したがって，セラミックスは，プラスの電荷をもつ小径の陽イオンが，マイナスの電荷をもつ大径の陰イオンの隙間に入り込むような結晶構造となっている．さらに，陰イオンの隙間は配位数に関係するから，セラミックスは陰イオンと陽イオンが整数比で構成する化合物である．2・4・1項で述べたように，金属間化合物の場合は，A_xB_y のように表示されるが，セラミックスは A および B あるいはそのいずれかが非金属であるので，ここでは M_xX_y と記す．表 2.4 は x:y の整数比（配位数比）で分類したセラミックスの結晶構造を示す．さらに，3 種類以上の元素から成るセラミックスがあり，ABX_3 型や AB_2X_4 型の複酸化物構造もつものがある．

2・6・2 MX 型の結晶構造 (MX-type crystal structures)

閃亜鉛鉱型(zinc blende structure)は面心立方晶系であり，図 2.35 に示すように，4 つの陰イオンに囲まれた隙間に陽イオンが入る結晶構造をもつ．β-ZnS や GaSb，β-SiC などがこの構造で β-ZnS 型とも呼ばれている．

ウルツ鉱型(wurzite structure)は最密六方晶系であり，図 2.36 に示すように，陰イオンの最大隙間は $(11\bar{2}0)$ 面上の(0003)の位置にあるので，そこに陽イオンが入った構造である．α-SiC，BeO，ZnO などがこの結晶型に属する．その他，NaCi 型は岩塩型(rock salt structure)とも呼ばれ，TiC，AgBr，KBr，LiF，NaCl，TiN など多くのセラミックスがこの構造を有している．

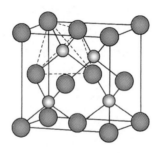
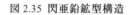
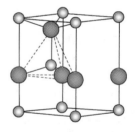

図 2.35 閃亜鉛鉱型構造   図 2.36 ウルツ鉱型構造

2・6・3 MX₂ 型の結晶構造 (MX₂-type crystal structures)

MX₂ 型の β-クリストバライト構造(β-cristobalite structure)は，図 2.37 に示すように，陽イオンが面心立方晶を形づくり，その 4 隅に陰イオンが閃亜鉛鉱型を形成した構造となっている．シリカ(silica)型とも呼ばれ石英がこの構造

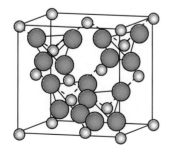
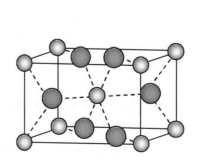
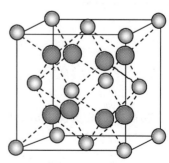

図 2.37 β-クリストバライト型構造   図 2.38 ルチル型構造   図 2.39 ホタル石型構造

を有する代表的なセラミックスである．ルチル型(rutile structure)は正方晶系で，図 2.38 に示すような構造をもち，CoF_2，NiF_2，TiO_2 などがこの結晶構造となっている．ホタル石型(fluorite structure)は，図 2.39 に示すような立方晶系で，$CoSi_2$ や CaF_2 などがある．また，ZrO_2 は高温でこの結晶構造となる．

2・6・4　AB$_x$X$_y$ 型の結晶構造 (AB$_x$X$_y$-type crystal structures)

3 種類以上の元素から構成するセラミックスで，代表的な結晶構造は，ABX_3 型の組成から成るペロブスカイト構造(perovskite structure)がある．立方晶系で，A イオンが体心型に位置する A タイプと B イオンが体心型になる B タイプがある．この構造をもつセラミックスには $BaTiO_3$，$CaTiO_3$，$PbZrO_3$ などがあるが，温度によって構造変化することもある．

2・6・5　ダイヤモンドとガラスの結晶構造 (crystal structures of diamond and glass)

ダイヤモンドは炭素でできているが，炭素の結晶体は黒鉛(graphite)で，図 2.40 に示すような最密六方晶(hcp)構造である．しかし，ダイヤモンドの結晶構造は，閃亜鉛鉱型となって，陽イオンと陰イオンの両方に炭素が位置すると，図 2.41 に示すような構造となる．これをダイヤモンド格子(diamond lattice)と呼んでいる．

ガラスの主成分は酸化ケイ素(シリカ(silica))SiO_2 であるから，MX_2 型である．その構造を 2 次元的に示すと，図 2.42 のように，陽イオンの Si^{4+} と陰イオンの O^{2-} が 1:2 の割合で網目状になる．しかし，ガラスの場合，最隣接原子間で，この結合方式を満たすが，第 2，第 3 と離れるにしたがって不規則となり，結晶構造の規則性・対称性の概念から外れる．したがって，ガラスは非晶質構造である．その他，セラミックスは構成元素によって，様々な結晶構造を形づくり，機械材料に適した硬さや高温に耐えるなどの特性を有している．

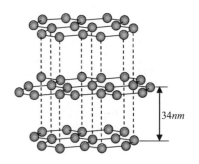

34*nm*

図 2.40　黒鉛の結晶構造

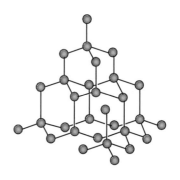

図 2.41　ダイヤモンドの
結晶構造

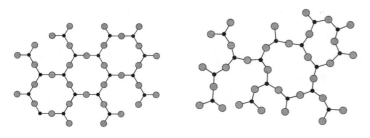

図 2.42　酸化ケイ素(SiO_2)とガラスの原子配列の比較

＊＊＊＊＊＊＊＊＊＊＊＊＊＊＊＊＊＊＊＊＊＊＊＊

2・7　高分子材料の構造 (structure of polymer)

2・7・1　高分子材料の分類 (classification of polymers)

高分子とは，分子量が極めて大きい有機化合物である．一般に，分子化合物といえば，10～1,000 の範囲であるが，高分子材料は 10,000 以上とされて

いる. しかし, 明白な定義によって決められて数値ではなく, 分子量が 10,000 以上であれば, 典型的な高分子材料の特徴となるからである. さらに, この数値は, いくつかの異なった分子量の化合物であるから, 分子量 x_i は分布をもち, 図 2.43 のような分子量分布曲線(molecular weight distribution curve)で描かれる. したがって, 分子量は統計的な数値であって, 数平均分子量 (number-average molecular weight)や重量平均分子量(weight-average molecular weight)で表されている. たとえば, 数平均分子量は(2.5)式のようになり,

$$\overline{Mn} = \sum x_i M_i \tag{2.5}$$

ここで, x_i は分子量, M_i は重量分子率である.

このような高分子材料を分類するならば, まず, 生成の仕方により,

(a)天然資源として存在する有機化合物の高分子

(b)人工的に合成された有機化合物の高分子

(c)天然有機化合物を化学処理した半合成高分子

がある.

天然有機高分子にはセルロース, デンプン, タンパク質などがあり, 生体高分子(biopolymer)とも呼ばれている. その構造は複雑であるが, 極めて巧みな周期性をもってつくられている. その上, 光や熱によって変質し, その構造が, まだ解明されていない高分子もある.

合成高分子は, 生体高分子よりも簡単な構造であるが, 合成法によって結合(重合ともいう)様式が異なり, 様々な物質となる. ポリ塩化ビニルやポリエチレン, ポリプロピレン, ポリスチレンなど数多くの種類があり, 汎用プラスチック(general purpose plastic)とも呼ばれている(第 11 章参照). これに対し, 耐熱性や高強度などの機能をもつように合成された高分子材料がエンジニアリングプラスチック(engineering plastics)である.

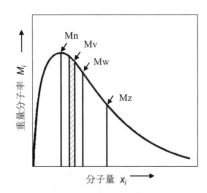

図 2.43 分子量分布曲線
Mn；数平均分子量
Mw；重量平均分子量
Mz；z 平均分子量
Mv；粘土平均分子量

2・7・2　高分子の結合形態 (polymer-chain shape)

高分子は低分子が反応・生長して合成される. 反応は種々の形態で生長するが, 開始反応から停止反応まで, ほぼ一定の平均分子量で生長する連鎖反応(chain reaction)と, 平均分子量が増加しながら生長する遂次反応(step wise reaction)が古くから知られている. その生長過程で, 図 2.44 で示した汎用プラスチックの単独重合体(monomer)における Cl や CH₃ のように, 結合位置によって, 頭－尾, 頭－頭結合のような結合様式をとる(図 2.45). このように, 結合分子が何か, 結合様式がどのようなものかによって全く異なった物性となる. 特に, ポリスチレンのように, 環状化合物(cyclic compound)(ベンゼン環ともいう)(図 2.46)と共役した二重結合すると, その構造も一層複雑である.

図 2.44 汎用プラスチックの構造. (n は重合度で, カッコ内(C-C)のモノマーが n 回繰り返す)

　モノマーの生長が，線状高分子(linear polymer) (図 2.47(a))となるか網目状高分子(network polymer) (図 2.47(d))となるかによって，高分子材料の種類や性質まで大きく異なってくる．さらに，網目状が立体的な構造になると，高い強度性能をもつようになる．

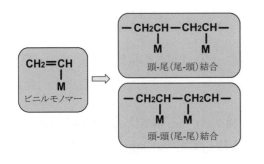

図 2.45 ポリ塩化ビニルの結合様式

図 2.46 環状化合物（フェノキシル）の構造

(a) 線 状 高 分 子 (鎖 状 高 分 子 (chain polymer))ともいう)

(b) 枝 分 か れ 高 分 子 (branched polymer)

(c) 板 状 (橋 か け 構 造) 高 分 子 (sheet polymer)(はしご状高分子(ladder polymer)ともいう)

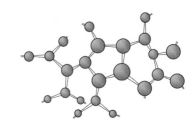

(d) 網目状(立体構造)高分子

図 2.47 種々のモノマー生長構造

2・5・3　合成様式とその構造 (polymer reaction and structures)

　合成様式にはいろいろあるが，連鎖反応で生長する付加重合がある．その連鎖の伝え方により，ラジカル重合(radical polymerization)とイオン重合(ionic polymerization)に大別できる．ラジカル重合は電気的に中性状態であるが，イオン重合では陽イオンと陰イオンが存在する．さらに，イオン重合はカチオン重合(cationic polymerization)とアニオン重合(anionic polymerization)に区別される．各合成様式で

　(a)ラジカル重合しやすいものに，

　　　　　　　アクリルロニトリル　　(CH$_2$=CHCN)

　　　　　　　アクリル酸メチル　　(CH$_2$=CCOOCH$_3$)

　　　　　　　メタクリル酸メチル　　(CH$_2$=C(CH$_3$)COOCH$_3$)

　(b)カチオン重合しやすいものに，

　　　　　　　スチレン　　(CH$_2$=CHC$_6$H$_5$)

　　　　　　　イソブテン　　(CH$_2$=C(CH$_3$)$_2$)

　　　　　　　ブチルビニルエーテル　　(CH$_2$=CHOC$_4$H$_9$)

　(c)アニオン重合しやすいものとして，

　　　　　　　塩化ビニル　　(CH$_2$=CHCl)

　　　　　　　酢酸ビニル　　(CH$_2$=CHOCOCH$_3$)

などがある．

===== 　練習問題 　======================

【2・1】　面心立方晶(fcc)と最密六方晶(hcp)の原子配列は同じである．fcc 構造の[111]は hcp 構造のどの結晶面に相当するか説明しなさい．

【2・2】　Iron has a *bcc* crystal structure (lattice parameter a=0.287 nm at room temperature) and an atomic number A=55.85. Compute and compare its density with the experimental value ρ_e=7.87x10^3 kg/m^3.

Table 2.5 Number-average molecular weight of poly-vinyl chloride.

Molecular weight range (g/mol)	Mean M_i (g/mol)	x_i
5,000-10,000	7,500	0.05
10,000-15,000	12,500	0.16
15,000-20,000	17,500	0.22
20,000-25,000	22,500	0.27
25,000-30,000	27,500	0.20
30,000-35,000	32,500	0.08
35,000-40,000	37,500	0.02

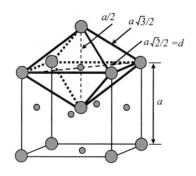

図 2.48 体心立方晶における最大隙間とその大きさ

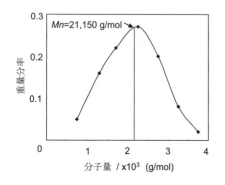

図 2.49 塩化ビニルの分子量分布曲線

【2・3】 α-鉄(Fe)の結晶構造は体心立方晶である．完全結晶とすると，格子定数はいくつか？　また，最大隙間に入り得る侵入型原子の直径を求めよ．

【2・4】 Assume that the molecular weight distributions shown in Table 2.5 are for a polyvinyl chloride material. For this material, compute the number-average molecular weight and draw a figure of molecular weight distribution curve.

【2・5】 立方晶におけるミラー指数 (hkl) を練習しなさい．

【解答】

【2・1】 原子が緻密に積層すると(図 2.29)，hcp 構造は-A-B-A-B-A あるいは-A-C-A-C と積層するので，A-B-C を結ぶ面が[0001]hcp=[111]fcc となる．

【2・2】 単位格子の体積は V=0.0234x10⁻²¹ (cm)⁻³ であるから，P.11 のコラムに示した「完全結晶の密度」の式より，アボガドロ数 N_A=6.023x10²³(付表 S・2「主な物理定数」参照)とすると，

ρ=2x55.85/(6.023x10²³)x(0.0234x10⁻²¹) =7.98,　ρ=7.98x10³ kg/m³.

したがって，実測値は完全結晶の計算値より 0.11x10³ kg/m³ 小さい値となる．これは実際の結晶には多数の格子欠陥が存在するためである．

【2・3】 【2・2】と同様に，a=0.287nm とすると，bcc 構造の原子は<111>方位に配位するので，原子半径は r=0.124nm．図 2.48 に示すように，体心立方晶における最大隙間は●の位置であるから，{100}上の<110>方向に 0.0195~0.01nm の隙間ができる．

【2・4】 ∑(x_i·M_i)=21,150 g/mol となる．分子量の分布曲線は，各分子量範囲の平均値と重量分率の関係を図示すると図 2.49 のようになる．

【2・5】 各自，ミラー指数(整数) h, k, l を自由に選択し，例題【2・2】のように描画すること．

第2章の文献

(1) 湯浅栄二, 新版機械材料の基礎, (2000),　日新出版.
(2) W.D.Callister, Jr. Fundamentals of Materials Science and Engineering, (2001), John Wiley & Sons.
(3) 幸田成康, 改訂金属物理学序論, (1982), コロナ社.
(4) 襄哲薫, 河本邦仁, セラミックス－基礎と応用, (1996), 大日本図書.
(5) 大津, 黒木, 田中, 高分子工業化学, (1968), 朝倉書店.

第 3 章

材料の強さと変形

Strength and Deformation of Materials

＊＊＊＊＊＊＊＊＊＊＊＊＊＊＊＊＊＊＊＊＊＊＊＊＊＊＊＊＊＊＊＊＊＊＊＊＊

　機械材料に求められる最も重要な特性は，「材料がどれくらい強いか」あるいは「力を加えるとどのように変形するか」である．機械部材として材料を用いる場合には，材料の耐えうる強度の範囲内の応力になるように部材を設計する必要があり，材料を所望の形に加工する場合には，材料の変形に要する以上の力を加えなければならないからである．本章は，材料に力が加わったときに，どのような変形と破壊を生じるかについて学び，さらに変形と破壊の生じる機構についてマクロ的視点とミクロ的視点から材料の力学的基礎知識を習得する．

＊＊＊＊＊＊＊＊＊＊＊＊＊＊＊＊＊＊＊＊＊＊＊＊＊＊＊＊＊＊＊＊＊＊＊＊＊

3・1　剛性と強度（stiffness and strength）

3・1・1　弾性変形時の応力とひずみ（stress and strain in elastic deformation）

　ここで扱う固体に作用する外力とは，固体の形状を変化させたり，破壊を生じさせたりする力のことである．このような外力と物体の変形との関連を材料の機械的特性(mechanical property)あるいは力学的特性という．最も重要な特性は，応力(stress)とひずみ(strain)との関係である．

　まず針金を手で曲げたときの挙動を考えてみよう．小さい力で曲げたときは，手を離すと針金は可逆的に元の真っ直ぐな状態に戻る．これを一般的に言えば，固体材料に小さい応力が作用するとき，その固体材料は弾性的に変形し，応力によって生ずるひずみは可逆的に変化すると定義できる．このような変形を弾性変形(elastic deformation)という．針金に更に力を加えると，曲がってしまって手を離しても元に戻らなくなってしまう．これを塑性変形(plastic deformation)といい，弾性変形から塑性変形へ変わるところを，後述する降伏点(yield point)という．弾性変形の範囲内ではフックの法則(Hooke's law)が成立する．これは，

$$\frac{応力}{ひずみ}=定数$$

と示すことができる．右辺の定数は弾性定数(elastic constants)である．本項で主に扱うのはこのフックの法則の成立する小さい応力が固体材料に加わる時の固体材料の挙動である．

　応力とは，固体材料に作用する力の密度，すなわち単位面積あたりの力である．もし力Fが均一に固体の面積Aに加わっているとすれば，断面Aに作用する力の密度，すなわち応力の成分はF/Aである．応力成分が断面Aに垂直に作用する場合が垂直応力(normal stress)でσと表記し，面に平行に作用する場合にはせん断応力(shear stress)といい，τと表記する．応力を概念的に

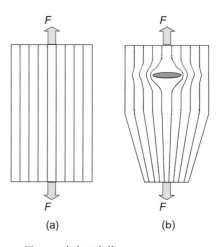

図 3.1　応力の定義
(a)は一様断面の場合．(b)は断面積が変化する場合．特に，内部に切り欠きが存在している場合．力線の密度（応力）が大きいことを表す．また，力線の障害物つまり力を伝えない部分があると，その周囲では力線の密度が急増し，局部的に大きい応力が発生する．この局部的な応力上昇を応力集中(stress concentration)といい，材料の破壊過程に重大な影響を及ぼす．

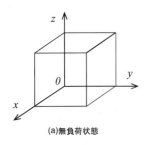

(a)無負荷状態

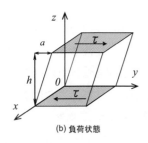

(b)負荷状態

図 3.2 せん断時の応力とひずみ

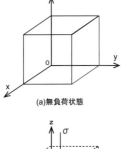

(a)無負荷状態

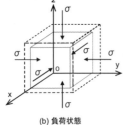

(b)負荷状態

図 3.3 体積変化時の応力とひずみ

理解するには力線を用いると良い．図 3.1 のように応力は力の密度として力線で表すことができる．

図 3.2 にせん断変形の概念図を示す．このとき体積はせん断変形によって変化しないと考える．弾性的なせん断ひずみ γ は，せん断変形 a をせん断が起きた厚さ h で除した値であり，

$$\gamma = \frac{a}{h} \tag{3.1}$$

と表される．そして，弾性的なせん断変形のみが生ずる時の応力とひずみの関係は，

$$\tau = G\gamma \tag{3.2}$$

である．ここで，G はせん断弾性係数(shear modulus)(または剛性率(rigidity)，ずれ弾性率ともいう)である．a と h は長さの単位(m)，τ は Pa(N/m^2)の単位であるので，γ は無単位であり G の単位は Pa である．

次に，ボールを水の中に沈めたときのように，等しい垂直応力 σ が固体材料に加わる状態を考える．このような状態を静水圧状態(isostatic state)という．図 3.3 に示すように，静水圧が負荷されると物体の体積は変化するが，水中でもボールの形状が変化しないと考える．この場合のフックの法則は，

$$\sigma = K\varepsilon_v \tag{3.3}$$

となる．K は体積弾性係数で，ε_v は体積ひずみである．

実際の材料は，せん断応力と垂直応力が両方加わった状態で使用される．このうち機械の設計時に最もよく用いられるのは，固体材料に単軸の引張りまたは圧縮の負荷が加わる場合である．図 3.4 のように引張応力 σ が長さ L_0 の棒の軸方向に作用する場合を考える．棒は引張られて伸び，長さが $L_0+\Delta L$ になったとしよう．引張ひずみ ε_z は変形分を元の長さで割ったものとして，$\varepsilon_z = \Delta L / L_0$ と表される．このときのフックの法則は，

$$\sigma = E\varepsilon_z \tag{3.4}$$

となる．E はヤング率 (Young's modulus)または縦弾性係数(modulus of longitudinal elasticity)である．このように z 方向に引張応力や圧縮応力が加わると，O-xyz 座標系において z 軸と垂直方向の x 方向および y 方向にもひずみが生ずる．軸方向のひずみに対する直角方向のひずみの比はポアソン比(Poisson's ratio)と呼ばれ，

$$\nu = -\frac{\varepsilon_x}{\varepsilon_z} = -\frac{\varepsilon_y}{\varepsilon_z} \tag{3.5}$$

と表される．各弾性係数間には次式のような比例関係がある．

$$\begin{aligned} E &= 2G(1+\nu) \\ E &= 3K(1-2\nu) \end{aligned} \tag{3.6}$$

弾性定数は材料によって大きく異なる，付表 S・7 に主な実用金属材料の縦および横弾性係数を示してある．各材料について式(3.6)からポアソン比を求めると，いずれも ν =0.25~0.35 となる．これらの値は，力の作用方向を考慮しないで，いずれの方向にも等しいとする等方性(isotropy)の材料としている．しかし単結晶材料のように，結晶方位の揃っている材料では，弾性係数が方向によって異なることが容易に予想される．このように方位によって物性(弾性係数に限らない)が変化することを材料の異方性(anisotropy)という．実際，

体心立方晶である鉄のヤング率は結晶方位によって130GPaから280GPaまで変化するが，通常使われる多結晶の鋼ではE=207GPaであり，通常はこのEの値が機械設計(第13章参照)に用いられる．また，弾性係数は結晶の欠陥や異種元素の混入などによる構造変化に鈍感な性質(第1章)である．したがって，硬い鉄鋼材料でも柔らかい純鉄でも室温ではほぼ同じ値をとる．一方，弾性係数は温度によって大きく変化する．

【例題3・1】　＊＊＊＊＊＊＊＊＊＊＊＊＊＊＊＊＊＊＊＊
　体積変化が生じない材料のポアソン比を求めなさい．

【解答】　体積一定条件の成り立つ場合は $\varepsilon_x+\varepsilon_y+\varepsilon_z=0$ であるから，ν=0.5である．これがポアソン比の最大値となる．
　　　　＊＊＊＊＊＊＊＊＊＊＊＊＊＊＊＊＊＊＊＊＊

　なお，弾性定数の物理的意味を理解のためにはポテンシャルエネルギー(potential energy)の理解が重要不可欠である．付録A・2「ポテンシャルエネルギーと弾性定数」を熟読することを強く勧める．

3・1・2　単軸負荷時の応力とひずみの関係 (stress-strain relation in uniaxial loading)

　次に，図3.4のような単軸引張について考えてみよう．図3.5に示すように，力Fが面積Aの丸棒に作用するとし，力の方向と角度ϕをなす面がどのようなせん断応力状態になっているかを考える．丸棒の垂直断面積Aと，角度ϕをなす面A'の面積は，$A/\cos\phi$と表される．従って，A'面上で引張方向と角度θをなす方向に作用するせん断応力τは，

$$\tau = \frac{F\cos\theta}{A/\cos\phi} = \frac{F}{A}\cos\theta\cos\phi = \sigma\cos\theta\cos\phi \qquad (3.7)$$

と表すことができる．ここでF/Aは垂直応力であり，これを引張応力σ (tensile stress)としている．また，応力が降伏点に達して塑性変形が始まる時点でのτを臨界せん断応力(critical resolved shear stress, CRSS)という．

　τの最大値を求めよう．まず，θは$\{(\pi/2)-\phi\}$から$\{(\pi/2)+\phi\}$の範囲をとるので，$\cos\theta$の最大値は，$\theta=\{(\pi/2)-\phi\}$のときであるから，

$$\tau = \sigma\cos\phi\cos(\frac{\pi}{2}-\phi) = \sigma\cos\phi\sin\phi = \frac{1}{2}\sigma\sin 2\phi \qquad (3.8)$$

となる．したがって，τが最大値τ_{max}をとるのは$\phi=\pi/4$のときであり，

$$\tau_{max} = \frac{1}{2}\sigma \qquad (3.9)$$

である．すなわち，引張方向から45°傾いた面に，そして引張方向と45°傾いた方向に作用するせん断応力が最大となる．単結晶材料が弾性変形の限界を超えて塑性変形するには，この臨界せん断応力τが材料の限界値，すなわち降伏応力(yield stress)kを超えることである．式で表せば

$$\tau_{max} \geq k \qquad (3.10)$$

となることであり，楕円A'をすべり面としてすべり方向に変形する．なお，

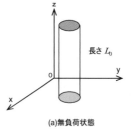
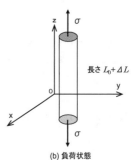

(a)無負荷状態

(b)負荷状態

図3.4　単軸引張時の応力とひずみ

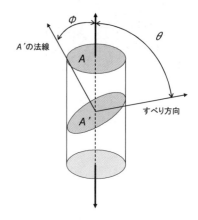

図3.5　単軸引張の場合に生じるせん断応力．
　注意したいのは，θはϕと独立に変化するが，角度θで定義されるせん断応力方向はあくまでもA'面内にあるので，θの最小値は$(\pi/2)-\phi$であり，最大値は$(\pi/2)+\phi$である．

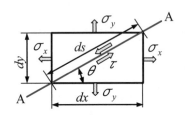

図 3.6　二軸応力状態における A-A
面のせん断応力

引張軸に平行な面では式(3,8)より $\tau = 0$ であり，せん断応力は作用しない.

　一般の材料は，この単軸引張りよりはるかに複雑な応力状態にある. そこで図 3.6 に示すような 2 軸応力状態を考え，x 方向から角度 θ 傾いた面 A－A に作用するせん断応力 τ を求めよう. 要素の厚さを dt とすれば τ 方向の力のつりあいから，

$$\tau ds dt + \sigma_x dy dt \cos\theta - \sigma_y dx dt \sin\theta = 0 \tag{3.11}$$

となり，$dt=1$ として，τ について表せば，$\dfrac{dy}{ds} = \sin\theta, \dfrac{dx}{ds} = \cos\theta$ なので，

$$\tau = (\sigma_y - \sigma_x)\cos\theta\sin\theta = \left(\frac{\sigma_y - \sigma_x}{2}\right)\sin 2\theta \tag{3.12}$$

となる. τ の最大値 τ_{max} は $\theta = \pm\pi/4$ のときに，$\tau_{max} = (\sigma_y - \sigma_x)/2$ となり，$\theta = 0$，$\pi/2$ で，$\tau = 0$ となる.

　式(3.11)でわかるように，実際の固体材料に応力が加わっているとき，適当な座標系を選ぶとせん断応力成分は消えて，垂直応力のみが残る. そのような 3 つの直交軸を応力の主軸と呼ぶ. 主軸に垂直な面に作用する垂直応力を主応力(principal stress)と呼び，σ_1，σ_2，σ_3 と記す. 主応力を求めるのは固有値問題であるので，O-xyz 座標系で考えれば

$$\det \begin{vmatrix} \sigma_x - \sigma & \tau_{xy} & \tau_{zx} \\ \tau_{xy} & \sigma_y - \sigma & \tau_{zy} \\ \tau_{xz} & \tau_{yz} & \sigma_z - \sigma \end{vmatrix} = 0 \tag{3.13}$$

より得られる σ の 3 根が σ_1，σ_2，σ_3 となる. なお，τ_{xy} は，x 面の y 方向のせん断応力を表す. ここで $\tau_{xy} = \tau_{yx}$(他のせん断応力も同様)である. 通常は $\sigma_1 > \sigma_2 > \sigma_3$ であるので，最大せん断応力 τ_{max} は，

$$\tau_{max} = (\sigma_1 - \sigma_2)/2 \tag{3.14}$$

である. 単軸引張りまたは圧縮の場合には，$\sigma_1 = \sigma$ で $\sigma_2 = \sigma_3 = 0$ であるから，$\tau_{max} = \sigma/2$ であり，式(3.9)と同じになる.

　このように材料の塑性変形は，τ_{max} がある限界値 k に達するときに生じ，この k が降伏応力に相当する. 式(3.13)を用いることにより，固体材料が降伏する条件として，

$$\tau_{max} = \frac{\sigma_1 - \sigma_3}{2} \ge k \tag{3.15}$$

すなわち，

$$\sigma_1 - \sigma_3 \ge 2k \tag{3.16}$$

が得られる. これを降伏条件(yield condition, yield criterion)という.

【例題 3・2】　＊＊＊＊＊＊＊＊＊＊＊＊＊＊＊＊＊＊＊＊＊＊
　室温で単結晶の鉄結晶の[010]方向に 100MPa の引張応力を加えた. このとき，(110)面の $[\bar{1}11]$ 方向に加わるせん断応力 τ を求めよ.

【解答】　$\tau = \sigma\cos\theta\cos\phi$ において，ϕ は明らかに 45° で，θ は[010]と $[\bar{1}11]$ とのなす角度で $\theta = \tan^{-1}(\sqrt{2}a/a) = 54.7°$ であるから，$\tau = 41MPa$.

　　　　＊＊＊＊＊＊＊＊＊＊＊＊＊＊＊＊＊＊＊＊＊＊＊

3.15式は

別名を最大せん断応力説といい，提唱したトレスカ（1864）の名前をとって，トレスカの降伏条件と呼ばれる. これに対して八面体せん断応力説を唱えたのはミーゼス（1913）で，これをミーゼスの降伏条件と呼ぶ. 詳細は別巻の材料力学を参照されたい. (3.15)の降伏条件は機械や構造物を設計するときの指針になるものであって，本式を用いることで，構造物に塑性変形を生じさせないで作用させることの出来る最大荷重を大まかに求めることができる.

3・1・3　材料の強度（**strength of engineering materials**）

固体材料の重要な強度特性の多くは，試験片に単軸負荷を加えることによって評価する．鉄鋼材料を代表とする金属材料の場合には引張試験を行う場合が多く，ぜい性(brittleness)，すなわちセラミックスのような脆い材料では圧縮試験が用いられる．

まず，材料によってどのような応力－ひずみ関係となるかを検討しよう．ほぼ全ての固体材料は，以下の3つに分類される．

(1) 弾性変形および塑性変形が生じる材料

(2) 塑性変形はほとんど起きず，わずかな弾性変形後に破壊する材料

(3) 極めて大きな弾性ひずみが生じる材料．

それぞれの典型的な応力－ひずみ曲線を図3.7に示す．(a)に示す線図は多くの金属材料に見られるが，この場合二つの形式がある．一つは軟鋼のように鋭い降伏点をもち，その後わずかに応力が減少した後に再度増加し，最終段階で減少する特徴的な線図を示す．他の多くの金属材料は，アルミニウムのように，塑性変形域で応力が緩やかに増加して最大点となり，その後減少する．これらのように，応力の最大値と破断点が一致せず，破断するひずみが大きい材料を延性材料(ductile material)という．(b)に示す線図はセラミックスやコンクリートが代表例として挙げられ，5%程度のひずみに相当する弾性範囲内で破壊(fracture)が生じ，塑性変形はほとんどみられない．このような材料をぜい性材料(brittle material)と呼ぶ．その他，このような挙動を示す金属材料には鋳鉄や高張力鋼などの鉄鋼材料(第9章参照)がある．

応力－ひずみ曲線は，通常，引張試験で得られる．引張試験は，一定の断面積と長さ（標点距離）をもつ試験片を一定の温度・湿度で，ある特定の速さで引張力を加えて行う方法である．このときの応力とひずみは以下の2種類がある．

(1) 試験片の断面積が変化しないと仮定して，応力とひずみを算出する．これらを公称応力(nominal stress)と公称ひずみ(nominal strain)という．

(2) 試験片の断面積が変化することを考慮して応力とひずみを算出する値で，これを真応力(true stress)と真ひずみ(true strain)という．

真ひずみは，対数ひずみ，実ひずみと称されることもある．算出方法は，

l_0：試験開始時の標点距離 (m)

l：ある任意の変形時点での標点距離 (m)

A_0：試験開始時の断面積 (m^2)

A：ある任意の変形時点での断面積 (m^2)

F：ある任意の変形時点での荷重 (N)

とすると，公称応力 σ_0 および公称ひずみ ε_0 は，

$$\sigma_0 = \frac{F}{A_0}, \quad \varepsilon_0 = \frac{l - l_0}{l_0} = \frac{\Delta l}{l_0} \tag{3.17}$$

と表される．これに対して，真応力 σ_a および真ひずみ ε_a は，

$$\sigma_a = \frac{F}{A}, \quad \varepsilon_a = \int_0^{} \frac{dl}{l} = ln\left(\frac{l}{l_0}\right) = ln\left(\frac{l_0 + \Delta l}{l_0}\right) = ln(1 + \varepsilon_0) \tag{3.18}$$

となる．ε_0 が十分に小さい場合には $ln(1 + \varepsilon_0) \approx \varepsilon_0$ であるから，微小な変形においては両者の値の差は小さく，どちらの表し方を用いても大きい差異は

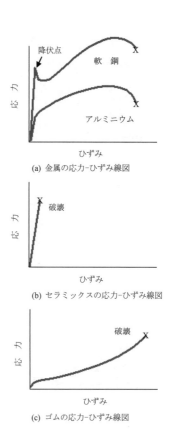

(a) 金属の応力-ひずみ線図

(b) セラミックスの応力-ひずみ線図

(c) ゴムの応力-ひずみ線図

図 3.7　代表的な応力－ひずみ線図

生じない．しかし，ひずみが10%を越えるような大変形を扱う場合には真応力と真ひずみを用いる必要がある．

【例題3・3】　＊＊＊＊＊＊＊＊＊＊＊＊＊＊＊＊＊＊＊＊＊＊

　　引張試験片の試験開始時の断面積は0.12 m²であったとする．変形前後の体積は一定として，断面積が0.10 m²となったときの真ひずみε_aおよび公称ひずみε_0を求めよ．

【解答】塑性変形においては一般に体積一定条件が成立するので，真ひずみε_aは，
$\varepsilon_a = ln(l/l_0) = ln(A_0/A)$（$\because A_0 l_0 = Al$）　より，$\varepsilon_a = 0.18$であり，$\varepsilon_0 = 0.20$である．

【例題3・4】

　　引張試験片の試験開始時の長さがl_0である試験片を2本用意する．このうち1本を長さが二倍になる$2l_0$まで引張り，もう1本を長さが1/2になる$1/2\,l_0$まで圧縮した．このときの真ひずみおよび公称ひずみをそれぞれの試験片について求めよ．

【解答】真ひずみは$\varepsilon_a = 0.69$，-0.69となり，公称ひずみは$\varepsilon_0 = 1.0$，-0.5である．このように，真ひずみは引張りと圧縮に対して同一の結果を与える点で理解しやすい．さらに，真ひずみは加法が成立することは2倍の長さに引張った後に半分の長さに圧縮したときのひずみを考えれば理解できよう．真ひずみでは$\varepsilon_a = 0$になるが，公称ひずみでは$\varepsilon_0 = 0.5$となる．

＊＊＊＊＊＊＊＊＊＊＊＊＊＊＊＊＊＊＊＊＊＊

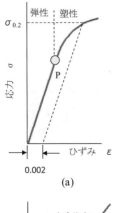

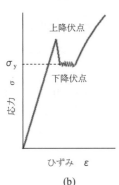

図 3.8　(a)アルミニウム合金および(b)軟鋼の応力－ひずみ線図．

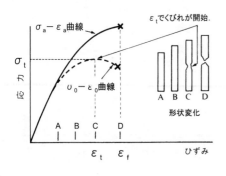

図 3.9　アルミニウム合金の公称応力－公称ひずみ曲線と真応力－真ひずみ曲線．

　図3.7(a)に示したように，アルミニウムと軟鋼の降伏現象は異なる．図3.8はその現象の詳細を示す．なお，これは温度Tが$T < 0.5 T_m$（T_mは材料の融点）を満足する相対温度(homogeneous temperature)の場合である．(a)の弾性範囲では，応力－ひずみの関係はフックの法則に従う比例関係が成り立って可逆的であり，除荷すれば原点に戻る．この関係を満たす上限(P)の応力が降伏応力(yield stress)である．しかし，P点を超えるひずみを加えた後に除荷すると，フックの法則を満たさず，除荷した点から弾性線に平行に降下してひずみ軸に到達する．このときのひずみを永久ひずみ(permanent strain)といい，P点以上のひずみの範囲が塑性変形である．しかしP点は鮮明に現れないので，実験的には永久ひずみが0.2%生じる点における応力$\sigma_{0.2}$を耐力(proof stress)とし，降伏応力に相当する降伏強さ(yield strength)として評価する．(b)の軟鋼の場合のように鋭い降伏点を示す材料では，頂点に相当する上降伏応力(upper yield stress)ではなく，下降伏応力(lower yield stress)を降伏強さとする．

　図3.9にアルミニウム合金の公称応力－公称ひずみ曲線，真応力－真ひずみ曲線を示す．ひずみが大きくなるほど両者の差は大きくなる．そして塑性領域では，変形に要する応力が増加する．これを加工硬化(work hardening)またはひずみ硬化(strain hardening)という．加工硬化により試験片の負荷能力は上昇するが，断面積が減少するので，あるひずみ値において試験片は，もは

やそれ以上の荷重を負担できなくなる．これを塑性不安定(plastic instability)という．塑性不安定の状態になると，材料中のわずかな不均質部（不純物や欠陥など）が起点となってひずみが集中し，くびれ(necking)が発生する．そして，これ以上のひずみを加えても荷重は低下する．公称応力－公称ひずみ曲線における最大の公称応力σ_tを，引張強さ(tensile strength)という．引張強さは材料特性として，しばしば用いられる重要な値である．また，破壊時の応力σ_fを破断応力(rupture stress)，ひずみε_fを破断ひずみ(rupture strain)といい，これらもしばしば用いられる値である．ε_fは公称ひずみと真ひずみで異なる．図3.9の実線では真ひずみをとっている．降伏強さ，引張強さ，破断応力，破断ひずみとともに，材料の延性(ductility)とじん性(toughness)も重要な力学的特性である．

【例題3・5】　＊＊＊＊＊＊＊＊＊＊＊＊＊＊＊＊＊＊＊＊＊

　ニッケルの試験片の引張試験を行った．弾性域で真応力が200MPaであるとき，試験片に蓄えられている単位体積あたりのひずみエネルギーE_sを求めなさい．

【解答】真ひずみ$\varepsilon_a=\sigma_a/E$であるから，真応力σ_a，真ひずみε_aの状態においての弾性ひずみエネルギーは，

$$E_s = \int_0^\varepsilon \sigma_a d\varepsilon_a = \int_0^\varepsilon E\varepsilon_a d\varepsilon_a = \frac{1}{2}E\varepsilon^2 = \frac{\sigma^2}{2E}$$

である．ニッケルは$E=214$GPaであるから(付表 S・5「主な元素の特性」参照)，単位体積あたり$E_s=93$kJである．

＊＊＊＊＊＊＊＊＊＊＊＊＊＊＊＊＊＊＊＊＊＊

3・2　塑性変形 (plastic deformation)

　材料の変形について，主に引張試験における応力とひずみの関係から述べてきた．そして，通常の材料では，せん断応力τが臨界せん断応力(せん断降伏応力kともいう)を超えると降伏して塑性変形することを示した．実は，この塑性変形は材料中の欠陥が原因で生ずるものである．塑性変形を生じさせるのは一次元欠陥(第2章)である転位(dislocation)であり，材料のなかを転位が動くことにより，針金は曲がり，自動車のドアは美しい曲面に加工される．ここでは，「塑性変形がどのように生ずるか」を材料の微視的観点から説明する．

3・2・1　完全結晶の変形 （**deformation of perfect crystals**）

　まず，すべての原子が規則的に並んだ状態の固体すなわち完全結晶(perfect crystal)(第2章)の変形について考えよう．図3.10は単純正方晶がせん断応力τを受けて変形する様子を示している．相対移動距離をxとすると，$x=b$では当然τは0であるが，上層の原子が下層の原子位置の中間のところまで移動した場合，すなわち$x=b/2$においても左右の原子との間で生ずる力が釣り合うので$\tau=0$となる．結局，nを整数として$x=n\cdot b/2$のときに$\tau=0$となる．また，$0<\tau<b/2$においては，移動した原子をもとの原子位置に戻そうとする

材料の延性は

破断時点でどの程度断面積が減少したかで表され，
$$A_R=(A_0-A_f)/A_0$$
で与えられる．ここで，A_0は変形前，A_fは破断時の断面積である．A_Rが50%以上であれば延性に富む材料であり，10%以下の材料はもろい材料であると評価される．

材料のじん性は

破断・破壊するまでに材料に加えられるひずみエネルギーの総和で与えられる．ひずみエネルギーE_sは，
$$E_s = \int_0^{\varepsilon_f} \sigma_a d\varepsilon$$
で与えられるので，じん性は真応力－真ひずみ曲線の下側の面積に相当する．これは，破壊に要するエネルギーを表していると思っても良い．鉄よりも硬くヤング率の大きいお茶碗を落とすと破壊してしまうのは，材料内部に必ず存在する欠陥により，鉄よりもお茶碗の破壊に要するエネルギーが小さいからである．

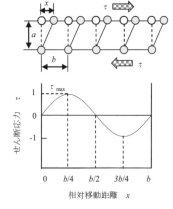

図3.10　完全結晶の単純正方格子がせん断応力τを受けて変形する様子と，変形に要するせん断応力τと相対移動距離xとの関係

ので，正の τ が必要であるが，$b/2 < x < b$ においては，右側の原子位置に移動した方が安定なので，τ は負になる．結局，図3.10に示すように，せん断応力 τ は正弦波で表され，

$$\tau = \tau_{\max} \sin\left(\frac{2\pi x}{b}\right) \tag{3.22}$$

と書くことができる．ただし，実際に原子間に加わる力は複雑で，式(3.22)は近似式である．式(3.22)の最大値 $\tau_{\max}$ 以上のせん断応力が作用すれば，原子は元の位置に戻ることなく移動でき，結晶は塑性変形する．そこで，$\tau_{\max}$ を導出することによって完全結晶のおおまかなせん断降伏応力を求めてみよう．通常の材料では1%以下のひずみであるから x が小さい場合を考えれば，

$$\tau \approx \tau_{\max} \frac{2\pi x}{b} \tag{3.23}$$

である．さらに，$a \approx b$ であるとし，$\tau = G\gamma$ であることを考慮すれば，

$$\tau_{\max} = G\left(\frac{x}{a}\right) / \frac{2\pi x}{b} \approx \frac{G}{2\pi} \tag{3.24}$$

となり，完全結晶の場合，せん断降伏応力 k_i は大まかに $k_i = G/2\pi \fallingdotseq G/6$ であることを意味する．たとえば，銀は $G=27\mathrm{GPa}$ であるので，完全結晶の銀は $k_i \approx 4.3\mathrm{GPa}$ と求められる．しかし，実際の銀の単結晶のせん断降伏応力は $k=0.59\mathrm{MPa}$ であって，実に $k/k_i = 1.4 \times 10^{-4}$ の大きい差のあることがわかる．これは，実際の材料の塑性変形が図3.10に示したような，結晶面が隣の結晶面に対して一度にすべる完全結晶モデルでは説明できないことを意味している．

3・2・2　転位の運動と塑性変形（dislocation motion and plastic deformation）

では，なぜ完全結晶モデルで実際の材料の塑性変形を説明することはできないのだろうか．また，どのようにして材料は変形するのであろうか．実は，格子欠陥の一つである線欠陥，すなわち転位の運動が塑性変形の本質である．転位が移動しない限り材料は塑性変形しない．今，図3.11に示すように，完全結晶の単純立方晶の中に A の部分のような一層の余分な原子層を考える．この時の「⊥」記号で示すところは紙面の垂直方向に生じた線欠陥である．この原子層による欠陥は，余分な原子層が刃のようなので，刃状転位(edge dislocation)という．A層の余剰原子層が見かけ上 B 層に移動することは十分に可能である．このとき，実際には原子が A から B に移動しているのではなく，もともと B 層の下3層分にあった原子が A 層の原子層と新たに結合しているので，A層が B 層に移動しても系のエネルギーは変化しない．すなわち，必要な正味の仕事は0である．このように余剰原子層が B から C，D と移動し，自由表面まで到達すると，原子間距離分だけ変位したことになる．この転位の動きがたくさん集まって塑性変形が眼に見える形で進行することになる．転位による変形は，完全結晶のように結晶面全体でなく，1原子層が1原子距離分動くだけであるから，塑性変形が開始するためのせん断応力 τ は完全結晶の変形モデルに比べて極めて小さく，$1/10^3 \sim 1/10^4$ 位になる．不純物を含まない fcc 結晶および hcp 結晶は，結合の方向性があまりないので，1MPa程度の低い応力で転位が移動することが確認されている．これに対して，結

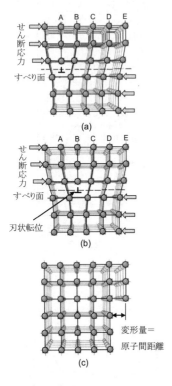

図3.11　せん断応力 τ が加わった状態での転位による単純立方晶の変形原理．(a)完全結晶の A の部分が余分な原子層(b)この原子層が A から B に移動する．(c)さらに右の端面まで移動すると，完全結晶に戻り1原子層の結合距離分変形したことになる．

合の方向性の大きい bcc 結晶，イオン結晶，共有結合結晶では転位が移動し
にくいので 100MPa 以上の応力が必要となるが，それでも完全結晶を仮定し
た場合より極めて小さく，実際の材料のせん断降伏応力 k の値とほぼ等しい.

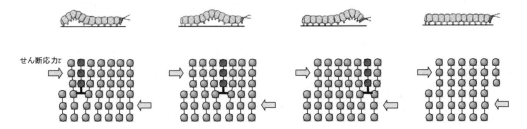

図 3.12　尺取り虫の運動と転位の運動との対比

　刃状転位の動きは図 3.12 に示すように尺取り虫の運動になぞらえると理
解しやすい. せん断応力 τ によって左側から刃状転位が導入され，右方向に
移動して最後は右側の自由表面に到達する. これによって図 3.11 と同様にす
べり面の上側が下側に対して変位することになる. 尺取り虫も同様で，形を
保って一度に前に進まず，まず尾部に圧縮部分をつくって，それを順繰りに
頭部の方に移動させる. そして最終的には頭部が進行方向に移動して 1 サイ
クルの運動が終了する. これを繰り返すことで尺取り虫は前に進むことがで
きる.

　線欠陥である転位には 2 種類がある. 一つは既に述べた刃状転位であり，
もう一つはらせん転位(screw dislocation)である. 両者を比較して図 3.13 に示
す. 転位の大きさは，たとえば刃状転位の場合，図 3.13(a)に示す A 点を始点
とし，「⊥」で示す転位線のまわりを矢印の方向へ右回りに一周してみる. す
なわち，A 点から右に 3 原子分，下に 4 原子分，左に 3 原子分，上に 4 原子
分の距離を移動すると，転位のない完全結晶では A 点に戻る. しかし，転位
が存在する結晶では，余剰原子層の分の b で表されるベクトルが不足する.
この不足分のベクトル b をバーガースベクトル(Burgers vector)といい，転位
の大きさを表している. このような転位線回りの経路をバーガース回路
(Burgers circuit)という. バーガースベクトルの大きさ b は原子間距離程度で
あるから，ほぼ 10^{-10}m の大きさである. 刃状転位の b の方向は転位線の方向
と垂直となる. すなわち，転位線方向の単位ベクトルを s とすれば，

$$b \cdot s = 0 \tag{3.25}$$

となる. この関係は，バーガース回路の始点の位置や経路に依らない.

　らせん転位の場合のバーガース回路は，図 3.13(b)に示すように，A 点から
順次→の方向へ移動すると，b がバーガースベクトルとなる. そして b は転
位線と平行になっている. すなわち，このらせん転位の場合

$$(b / |b|) \cdot s = 1 \tag{3.26}$$

が成立する. らせん転位とは，バーガース回路をらせん状に一周することで，
バーガースベクトル b の大きさが定義されるところから称されている. らせ
ん転位には，右回りと左回りがある. 図は右回りのバーガース回路で b と s
の方向が一致するので右回りのらせん転位である. 刃状転位，らせん転位お
よびそれらの混合した混合転位(mixed dislocation)によって材料の変形する様
子を図 3.14 に示す.

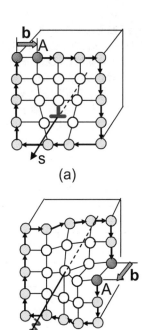

図 3.13　刃状転位(a)およびら
せん転位(b)のバーガース回路，
バーガースベクトル b と転位線
ベクトル s

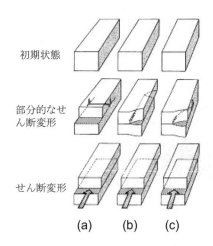

初期状態

部分的なせ
ん断変形

せん断変形

(a)　　(b)　　(c)

図 3.14　刃状転位(a),らせん転位(b)および(c)混合転位による変形.
混合転位は,転位線が曲がっていて,ある面では刃状転位になり,その面と 90° をなす面でらせん転位になっている.このように混合転位を生成するのは実材料では必然であり,曲がった転位線が閉じて円を形成した転位ループ(dislocation loop)もよく見られる.

【例題 3・6】　＊＊＊＊＊＊＊＊＊＊＊＊＊＊＊＊＊＊＊＊＊
　バーガースベクトルが逆方向の二つの刃状転位が出会うと,どのようなことが生ずるか述べよ.また,右回りのらせん転位と左回りのらせん転位が出会ったときはどうか.

【解答】　刃状転位,らせん転位の場合とも両方の転位は消失する.逆方向の転位が出会うと完全結晶の原子層が生成することを確認してみよう.
　　　　　＊＊＊＊＊＊＊＊＊＊＊＊＊＊＊＊＊＊＊＊＊

3・2・3　すべり系（slip system）

　転位はどの方向にでも動くわけではなく,特定の結晶面を移動する.転位の動く結晶面をすべり面(slip plane)という.すべり面は原子が最も緻密に並んでいる結晶面であることが多く,すべり方向(slip direction)は最も緻密な結晶方位となる.すべり面とすべり方向は,その面間距離が大きく,原子間距離が最も短いためで,すべり方向はバーガースベクトルの方向に一致する.このすべり面とすべり方向の組み合わせをすべり系(slip system)という.各結晶の代表的なすべり系を表 3.1 に示す.
　fcc 金属では,すべり面が {111} で単位格子中に 4 つあり,それぞれのすべり面上にすべり方向の<110>が 3 つあるので,すべり系の全数は 12 である.すべり面は 8 つが書けるが,4 つは残り 4 つと等価な面なので結局すべり面は 4 つとなることに注意する.
　さて,転位の存在によって生じるエネルギー増加(自己エネルギー(self energy)という)は弾性論によって求められるが,転位の単位長さあたりのエネルギー E_d は近似式として,

$$E_d \approx Gb^2 \tag{3.27}$$

と表される.G は横弾性係数であり,b はバーガースベクトルの大きさである.もし bcc 中に a[110] の転位があったとすると,

$$a[110] \rightarrow \frac{a}{2}[111] + \frac{a}{2}[11\bar{1}] \tag{3.28}$$

の反応によって右辺の 2 つの転位に分かれる.これは,左辺の

表 3.1　各結晶の主なすべり面とすべり方向

結晶構造	材料の例	すべり面	すべり方向	b
fcc	Al, Au, Ag, Cu, Ni, ステンレス鋼のほとんど, 黄銅	{111}○	<110>	$\frac{a}{2}$<110>
bcc	Fe, 鉄鋼のほとんど, Mo, W, Ta, Cr, V, Mn	{110}○	<111>	$\frac{a}{2}$<111>
		{112}	<111>	$\frac{a}{2}$<111>
		{123}	<111>	$\frac{a}{2}$<111>
hcp	Mg, グラファイト, Zn, Sn, Ti, Co, Be,	{0001}○	a<11$\bar{2}$0>	<11$\bar{2}$0>
		{10$\bar{1}$0} *	<11$\bar{2}$0>	a<11$\bar{2}$0>
		{10$\bar{1}$1}*	a<11$\bar{2}$0>	<11$\bar{2}$0>
ダイヤモンド	ダイヤモンド, Si, Ge, c-BN	{111}○	<110>	$\frac{a}{2}$<110>
NaCl	NaCl, MgO, AgCl	{110}○	<110>	$\frac{a}{2}$<110>

○最も転位の動きやすいすべり系　＊常温では転位の動かないすべり系

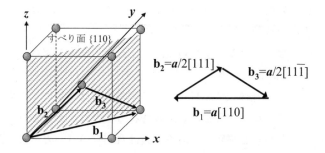

図 3.15　bcc 結晶のすべり面上のバーガースベクトルの分解

エネルギーは $2Ga^2$ であるのに対して,右辺は $3/2Ga^2$ であって,右辺の方が

エネルギーの低い状態だからである．このように，ひとつの転位が分解し，よりエネルギーの低い複数の転位になることを転位の分解といい，生成した転位を部分転位(partial dislocation)という．

【例題3・7】　＊＊＊＊＊＊＊＊＊＊＊＊＊＊＊＊＊＊＊＊＊
　bccの｛110｝上の<111>のすべり系の全数を求めなさい．

【解答】　　｛110｝はbcc単位格子中に6つある．それぞれの面上で<111>は2つあるのですべり系の全数は12である．わかりにくい場合には作図して確認してみるのも良い．

　　　　＊＊＊＊＊＊＊＊＊＊＊＊＊＊＊＊＊＊＊＊＊＊＊

3・2・4　転位の増殖 （**multiplication of dislocation**）

　我々が用いている通常の金属材料には$\rho_d = 10^8$ cm/cm³程度の転位密度があるが，この初期転位だけでは大きな変形は得られない．変形中に材料内部で転位が生成しない限り，塑性変形が進むことはなく，転位はせん断応力を受けて増殖している．最もよく知られた転位の増殖機構は，フランク–リード源(Frank-Read source)である．フランク–リード源は，両端を固定された転位がせん断応力によって張り出されるもので，そのモデルを図3.16に示す．転位は図のA点とB点で固定されている．この転位にせん断応力τが加わると，転位はゴムひものように張り出す．単位長さあたりの転位に加わる力fは，$f = \tau b$と与えられるので，転位の長さをlとすれば，この転位に加わる力は$f = \tau b l$である．元の転位の位置から張り出される角度をθ，転位に働く張力をTとすると，力の釣り合いから以下の式が得られる．

$$\tau b l = 2T \sin\theta \tag{3.29}$$

ここで，Tは，δl伸びたときの仕事を考慮すれば，式(3.27)より

$$T\delta l = Gb^2 \delta l \tag{3.30}$$

であるから，$T = Gb^2$となる．したがって，式(3.29)は

$$\tau = \frac{2T}{bl}\sin\theta = \frac{2Gb}{l}\sin\theta \tag{3.31}$$

となる．ここで，τは$\theta = \pi/2$のときに最大で，

$$\tau_{max} = \frac{2Gb}{l} \tag{3.32}$$

と表される．これより大きいせん断応力が加わると，転位は図3.17に示すように転位ループが最初の転位源から次々と放出され，転位は増殖される．なお，図3.17の(f)で転位が消えているのは，バーガースベクトルの向きの逆の転位が打ち消し合っているためである．なお，同じすべり面にある転位が同

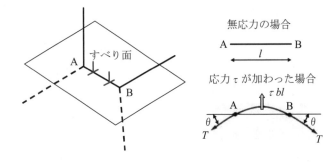

図 3.16　転位の張出しのモデル図．せん断応力τによって A点とB点で固定されている転位がすべり面内のABと垂直方向に張り出される．

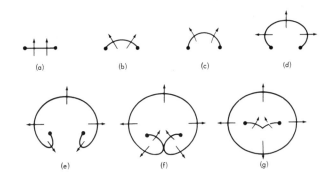

図 3.17　フランク–リード源による転位の増殖．変形に必要なτは$\theta = \pi/2$のときすなわち(c)の時に最大である．(f)においては矢印の向きの逆のバーガースベクトルを有する転位が合わさり，消失する．

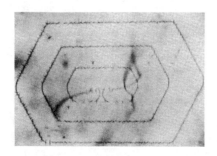

図 3.18 シリコン結晶中のフランク−
リード源の電子顕微鏡写真.．
シリコンはダイヤモンド構造であるた
めに方向性が強く，転位環が 6 角形状
になって，転位が増殖している.
(J.C.Fisher, et al. (edt.) Dislocations and
Mechanical Properties of Crystals,
(1957))

双晶による変形

bcc 結晶では，液体窒素
(−196℃)中のような低温
では双晶変形に要するせ
ん断応力 τ_t のほうが
(3.31) 式の τ_{max} より小さく，
転位が動かなくても双晶
変形により変形する．fcc
結晶では τ_t は極めて大き
く，双晶変形は生じない．
また，すべり系が常温では
3 通りとの少ない hcp 結晶
では双晶変形が比較的容
易に生ずる

方向の場合には反発する性質がある．シリコン結晶中のフランク−リード源の写真を図 3.18 に示す．材料にある程度転位があるとき，転位が転位を生むことによってはじめて塑性変形が生ずる．したがって，降伏応力に相当する応力は，式(3.32)で定義される転位の張り出しに要する応力と仮定することができる．この点で式(3.32)は重要である．なお，転位が配向せずランダムに分布しているとき，転位の平均長さ l は $l \approx \rho_d^{-1/2}$ と考えてよい．

金属材料の塑性変形は，ほとんどが転位の運動によるものである．熱応力のような場合，双晶変形(twin deformation)することがあるが，変形量は極めて小さい．

【例題 3・8】　＊＊＊＊＊＊＊＊＊＊＊＊＊＊＊＊＊＊＊＊＊

鉄結晶が密度 $\rho_d = 1.0 \times 10^8$ cm/cm^3 のランダムな転位網を含んでいる場合，この材料の室温における降伏応力を推定せよ．転位の相互作用と転位の運動に対する格子固有抵抗は無視する．なお，鉄の格子定数は $a = 0.287$nm である．

【解答】　まず，式(3.6)および表 3.1 より鉄の横弾性係数 $G = 80$GPa である．主なすべり系は {110} で $b = \dfrac{a}{2}<111>$ のバーガースベクトルを有しているので，$b = 0.25$ nm となる．式(3.32)より，

$$\tau_{max} = \frac{2Gb}{l} \approx \frac{2 \times 80 \times 10^9 \times 0.25 \times 10^{-9}}{(1 \times 10^8 \times 10^4)^{-1/2}} = 0.04 \quad \text{GPa}$$

純鉄のせん断降伏応力は $k = 0.08$GPa で，τ_{max} のほうが小さいが桁は一致する．金属材料の場合，転位の増殖をもって塑性変形が始まるとする仮説の正しいことがわかる．

＊＊＊＊＊＊＊＊＊＊＊＊＊＊＊＊＊＊＊＊＊

3・3　強化機構と強化法 (strengthening methods and mechanics)

これまで学んできたように，材料の塑性変形は転位が動くことによって生じる．したがって，転位の動きを阻止すれば材料の強度は向上する．ここでは，材料の強度を高めるための基礎事項を説明する．

3・3・1　パイエルス力 (Peierls force)

金属材料の塑性変形では，転位の増殖に要するせん断応力が加わったとき，その力を降伏応力とすることで説明できた．しかし，ダイヤモンドやセラミックスでは転位はほとんど動かない．これは，共有結合の結晶が強い方向性を有していることによる．運動中の転位線の付近(転位線から距離およそ $2b$ 以内)では，原子の変位が大きいので，方向性の強い材料では結合方向を変化させるために大きい力を要する．この結合角のゆがみによる抵抗力をパイエルス力という．パイエルス力は，共有結合結晶やイオン結合結晶においては転位の運動を阻害する主たる力になっており，式(3.32)で降伏応力を見積もることはできない．bcc 結晶も方向性が比較的強いので，特に低温ではパイエルス力は支配的になる．高温ではパイエルス力は無視でき，式(3.32)が成立する．室温においてはパイエルス力を無視できず，【例題 3・8】で調べたよう

に，転位の増殖に要するせん断応力 τ_{max} の見積もり値に対して実験値はパイエルス力分だけ大きくなる．結合の方向性の小さい fcc および hcp の結晶では，パイエルス力による抵抗は無視できるほどに小さい．

3・3・2 固溶強化 (solid solution strengthening)

置換型または侵入型の不純物原子があって，結晶にゆがみが生ずると転位がその部分を通りにくくなる．Fe 格子中の C 原子はその良い例である．このような強化機構を固溶強化という．固溶強化の降伏強さへの寄与は，以下の式で表される．

$$\tau_s = K_s c^{1/2} \tag{3.33}$$

ここで，K_s は転位と固溶している原子との間の相互作用の大きさを表す係数で，この値が大きいほど転位の動きが阻害される．また c は，固溶原子の濃度であって，平均距離 d_s をおいて，一つが n 個の固溶原子数からなる不純物原子群が存在しているとき

$$c \approx \frac{nb^2}{d_s} \tag{3.34}$$

と与えられる．したがって，不純物のないときのせん断降伏応力を τ_0 とすれば，$\tau = \tau_0 + \tau_s$ であり，固溶原子数が増大すると，その平方根に比例して固溶強化の寄与度が増加することとなる．

3・3・3 析出強化と分散強化 (precipitation strengthening and dispersion strengthening)

固溶強化は原子または原子団がマトリクスの結晶中に存在しているための強化であるのに対し，析出強化と分散強化は，いずれもマトリクスとは異なる第2相の粒子が存在することによる強化である．第2相の量が無視できない程度になると，複合強化(composite strengthening)(第12章参照)と呼ばれる．析出強化は，第2相が固溶体から析出(第4章参照)することによって生成されたものをいい，析出強化も含めて，第2相粒子がマトリクス中に分散して強化される機構を分散強化という．通常，第2相は鉄の場合の Fe₃C（セメンタイト）(第9章参照)のような相となっていると，転位によるせん断力を受けにくい．したがって，転位は図3.19のように第2相粒子のまわりに張出し，転位環(dislocation ring)を形成して通過する．この機構は転位の増殖のモデルと同一であるから，転位が通り過ぎるためには，$\tau_{max}=2Gb/l$ の応力が必要である．ただし，式(3.32)式と異なり，l は第2相粒子の最近接距離である．鉄鋼材料中の Fe₃C のように $l=50b$ 程度まで細かく分散していると，転位の通過に $\tau_{max}\approx0.04G=3.2GPa$ という大きい応力が必要であり，析出強化のない【例題3・8】と比較して降伏応力が大きく向上することになる．

3・3・4 結晶粒微細強化 (strengthening by grain size reduction)

同じ材料でも結晶粒径を小さくするとほとんどの材料の強さは増加する．これは，一つの結晶粒が転位の動きでせん断変形しているときに，隣の結晶粒に変形を伝えるせん断応力が必要で，結晶粒界の面積の大きい方，いい換えれば，結晶粒径が小さい方が隣の結晶粒に伝播する応力が小さいことによ

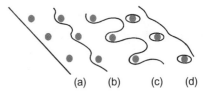

(a) (b) (c) (d)

図3.19 析出第2相の粒子を転位が通過するときの模式図

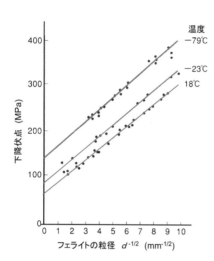

図3.20　鉄鋼材料の降伏応力と粒径との関係[4]

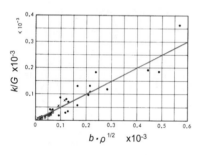

図3.21　多結晶銅のせん断降伏応力と転位密度との関係

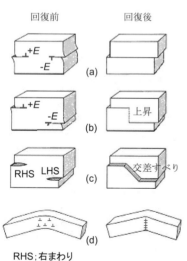

RHS；右まわり
LHS；左まわり

図3.22　転位の運動による回復の例.

る．ここでいう応力は局所的なものであって，隣の結晶粒との粒界で転位を発生させるための応力を意味している．多結晶体の結晶粒微細強化は，以下の式で表される．

$$\sigma_Y = \sigma_i + k_Y d^{-1/2} \tag{3.35}$$

ここで，σ_iは単結晶の降伏応力であり，k_Yは材料固有のパラメータ，dは平均粒径である．この式はホールペッチの式(Hall-Patch relation)と呼ばれ，材料設計によく用いられる．図3.20に鉄鋼材料の例を示す．粒径の-1/2乗に比例して降伏応力が増大することを示している．

【例題3・9】　＊＊＊＊＊＊＊＊＊＊＊＊＊＊＊＊＊＊＊＊＊＊

　鉄鋼材料の強化は，主に粒の微細化とFe$_3$C第2相の析出強化によってなされている．ある鉄鋼材料の試験の結果，結晶粒径$d=1\mu$mのとき$\sigma_Y=0.8$GPa，$d=10\mu$mのとき$\sigma_Y=0.45$GPaであった．このとき，分散第2相粒子の最近接距離lを求めよ．なお，単結晶の鉄の降伏応力σ_iと第2相の降伏応力σ_pは等しいと仮定し，$G=80$GPa，$b=0.25$nmとする．

【解答】　ホールペッチの式から，

$$\left(0.8 \times 10^9 - \sigma_i\right) \times \left(1 \times 10^{-6}\right)^{1/2} = \left(0.45 \times 10^9 - \sigma_i\right) \times \left(10 \times 10^{-6}\right)^{1/2}$$であるから，$\sigma_i = \sigma_p = 0.29$GPaとなる，よって，$\tau_{max} = 2Gb/l$に$d=1\mu$mの結果をあてはめれば，

$$l = \frac{2Gb}{\tau_{max}} = \frac{4Gb}{\sigma_p} = \frac{4 \times 80 \times 10^9 \times 0.25 \times 10^{-9}}{0.29 \times 10^9} = 2.8 \times 10^{-7}$$となり，$l=0.28\mu$mである．

＊＊＊＊＊＊＊＊＊＊＊＊＊＊＊＊＊＊＊＊＊＊＊＊

3・3・5　ひずみ硬化および回復 (strain hardening and recovery)

　針金を何度も曲げると，曲げた部分が硬くなる．これは，図3.8(b)に示すように応力−ひずみ線図において降伏点後に応力が上昇することと等しい．これをひずみ硬化または加工硬化(work hardening)と呼ぶ．

　ひずみ硬化は，転位がお互いに運動を阻害しあうために生じる．そして，ひずみ硬化した結晶の降伏応力σ_{SH}は，

$$\sigma_{SH} = \alpha G b \rho^{1/2} \tag{3.36}$$

と与えられる．ここでαは定数でρは転位密度である．材料力学では，

$$\sigma_{SH} = k\varepsilon^n \tag{3.37}$$

の近似形でよく与えられる．例えば，図3.21に多結晶銅のせん断降伏応力と転位密度の関係を示す．多少のばらつきはあるが，$\rho^{1/2}$に比例してk/Gが増加していることを意味している．高張力鋼(第9章参照)では，10^{12}cm/cm^{3}の高密度転位が存在しているために，転位はほとんど動かない．

　軟鋼の引張試験において，図3.8(b)に示したような鋭い降伏点に続く応力低下がみられるのは，このひずみ値付近で急減に転位が増殖するからである．そして，下降伏点でほぼ一定の応力を保つのは，転位の増殖部分が中央から長手方向に拡大していることに相当する．これは，転位密度が高くなると，ひずみ硬化により材料が変形しにくくなり，その外側の部分の転位の低い部分へ変形が伝達していく現象である．この現象は転位が増殖した部分が，マ

クロ的に帯状に見えることからリューダース帯(Lüders band)と呼ばれている.
　さて，加工硬化した材料には，多くの転位が存在していて結晶配列が乱れているので，完全結晶と比較して自由エネルギーの高い状態にある．たとえば転位が動きやすくなったり，空孔が拡散しやすくなると，転位が再配列したり，逆符号の転位が結合して消滅したり，空孔と転位が結合して転位が上昇したりして自由エネルギーを減少させようとする．これを回復という．回復の例を図3.22に示す．(a)は逆符号の転位が吸引力により会合して転位が消失し，塑性変形が残った例である．(b)はすべり面が平行で異なっていた刃状転位がすべり面と垂直方向に上昇して結合し，階段状の塑性変形が残った例である．この場合も回復後に転位は消失している．このような転位の上昇運動(climbing)は移動過程でも生じる．(c)は，右まわりのらせん転位(RHS)と左回りのらせん転位(LHS)が結合して転位が消失し，変形が残った例である．このような回復現象では交差すべりが生じている．(d)は(a)~(c)と異なり，転位が再配列した例である．同じ符号の転位は反発するので集合するとは考えにくいが，同符号の転位が反発するのは同じすべり面上に存在するときであって，すべり面が異なる場合にはこの例のように集合して多結晶の粒界のように振る舞い，系全体の自由エネルギーを低下させる．なお，このように転位が集中して出来た粒界が小傾角粒界(第2章)である．
　回復は温度を高くすることで実現される．さらに高温(融点の0.7倍程度)になると再結晶(recrystallization)(第6章参照)が生じて硬さが急激に減少する．

交差すべりとは

転位が他のすべり面に移動したもので，転位線ベクトルとバーガースベクトルの両方がもとのすべり面と新しいすべり面の両方に含まれていることが条件となる．転位にとってはどちらのすべり面に行っても消費するエネルギーが変わらないので，交差すべりは容易に起こる．また，交差すべりは転位線とバーガースベクトルが平行であるらせん転位のみでみられる．

【例題3・10】　＊＊＊＊＊＊＊＊＊＊＊＊＊＊＊＊＊＊＊＊＊＊
　転位密度 $1.0 \times 10^7 \mathrm{cm/cm^3}$ の鉄鋼材料がある．この材料の引張試験を行ったところ，降伏応力は0.30GPaであった．この材料の転位密度が $1.0 \times 10^8 \mathrm{cm/cm^3}$ になったときの降伏応力を見積もれ．G=80GPa, b=0.25nm とする．

【解答】　式(3.36)より，$\alpha = 4.7 \times 10^3$ で，σ_{SH} ($\rho = 1.0 \times 10^8 \mathrm{cm/cm^3}$) =0.95GPa となる．

＊＊＊＊＊＊＊＊＊＊＊＊＊＊＊＊＊＊＊＊＊＊＊＊

3・4　材料の破壊（fracture of engineering materials）

3・4・1　破壊とは（what is the fracture?）

　破壊とは，1個の固体が2個ないしはそれ以上の部分に分離する現象のことであり，破面(fracture surface)と呼ばれる新しい表面の形成を伴う不可逆現象である．
　破壊の分類法にはいくつかあるが，その形態から，ぜい性破壊(brittle fracture)と延性破壊(ductile fracture)の2種類に分類することが多い．ぜい性破壊は，破壊に際してほとんど塑性変形を伴わない破壊であり，破壊後の破片を寄せ集めると，ほぼ元の形状になる．また，き裂が極めて高速で進展して破壊が瞬時に完了するという特徴がある．これに対して延性破壊は，破壊に至るまでに大きな塑性変形をともなう破壊のことである．
　通常，破壊現象は応力の作用下で起こるが，負荷条件(応力のかかり方や破

(a)　粒界破壊

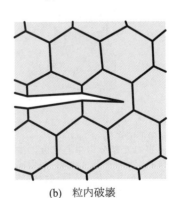

(b)　粒内破壊

図3.23　粒界破壊と粒内破壊（各6角形は結晶粒を表す．実際の結晶粒の形は6角形とは限らない）

図3.24 カップ・アンド・コーン破断面の例[2]

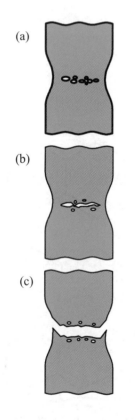

(a)

(b)

(c)

図3.25 カップ・アンド・コーン破断面の形成過程
(a)くびれた部分の中心付近に微小なボイド（空孔；void）が形成される．(b)ボイドが成長・合体し，中央面に軸方向にほぼ垂直なき裂ができる．(c)試験片の側面（自由表面）付近でき裂はせん断応力最大の面（軸方向と45°の方向）に沿って進展し，最終破断に至る．

壊時の環境)によって破壊を分類すると，静的破壊(static fracture)，衝撃破壊(impact fracture)，疲労破壊あるいは疲れ破壊(fatigue fracture)，クリープ破壊(creep fracture)などに分類できる．静的破壊は応力を徐々に増した際に起こる破壊であるのに対して，衝撃破壊は動的(衝撃的)な応力が作用したときに起こる破壊である．また，疲労破壊(疲れ破壊)は応力が繰り返し作用したときに起こる破壊であり，クリープ破壊は高温下で一定応力が長時間作用した後に起こる破壊である(第5章参照)．

さらに，金属などの結晶体の破壊では，き裂が結晶粒の粒界を伝播することによって起こる粒界破壊(intergranular fracture)と，き裂が結晶粒の内部を貫通しながら伝播して起こる粒内破壊(transgranular fracture)に分類することができる(図3.23)．

3・4・2　ぜい性破壊と延性破壊（**brittle fracture and ductile fracture**）

延性破壊では大きく塑性変形した後に破断するのに対して，ぜい性破壊ではほとんど何の予兆もなしに破断する．実用上，このような破壊は極めて危険であり，ぜい性破壊による事故や損害の例は実社会においても多々挙げられる．機械技術者が「ものづくり」を行うに際して，製品が破壊しないように設計しなければならないことはもちろんであるが，特に，ぜい性破壊は絶対に避けなければならない．ここで注意しなければならないことは，応力が負荷されたときにぜい性破壊を起こすか延性破壊を起こすかは，材料の種類のみによって決まるわけではないことである．

同一の材料であっても，温度，形状，大きさ，変形速度等によって，ぜい性破壊・延性破壊の破壊モードが変わることがある．これをぜい性-延性遷移(brittle-ductile transition)という．たとえば，常温では延性破壊するとされている炭素鋼や低合金鋼(第9章参照)などは，低い温度でぜい性破壊を起こすことがある．この現象を低温ぜい性(low temperature brittleness, cold shortness)と呼び，その境界となる温度をぜい性-延性遷移温度(brittle-ductile transition temperature)という．また，平滑な表面の材料であれば，延性破壊を起こすような状況であっても，表面に鋭い切欠が存在するとぜい性破壊となる場合がある．このような効果を切欠ぜい性(notch brittleness)という．また，大きな部材の方が小さな部材よりもぜい性破壊を起こし易い．これは，体積が大きいほど，潜在的により大きな欠陥を含んでいる可能性が大きいからであり，このような効果を寸法効果(size effect)と称する．

比較的脆い金属結晶(bcc金属やhcp金属など)のぜい性破壊の特徴は，へき開面と呼ばれる特定の結晶面に沿って破壊を起こすことであり，これをへき開破壊(cleavage fracture)という．へき開面は結晶粒毎に異なるので，その破面を観察すれば，結晶粒毎に破面の傾きが異なっている．したがって，へき開破壊を起こした破面は粒状破壊(granular fracture)の様相を呈しているのが特徴である．ぜい性破壊では，き裂が一旦成長を始めると瞬時に伝播して破断に至るが，延性破壊では外力を増加し続けない限りき裂は進展しない．これは，延性破壊の場合，き裂が進展するためには塑性変形のための大きなエネルギーが必要であるからで，ぜい性破壊に比べ危険性が少ない破壊の形態

である.

　軟鋼やアルミニウムなどの比較的ねばい材料は，これらの丸棒試験片を常温で引張ると，最大荷重に達した時点で，断面減少が試験片の一部に集中するくびれ(necking)が生じる.そして最終的にその部分で延性破壊し，図 3.24に示すような，いわゆるカップ・アンド・コーン破断面(cup-and-cone fracture surface)と称される破面となる.この破断面は上下の両破面とも，中央部が負荷方向(軸方向)に垂直な破面となっており，周辺部は軸方向とほぼ 45°の傾斜をなす円錐状の破面となっている.中央部は凹凸の大きな繊維状破壊(fibrous fracture)の様相を呈し，周辺部は中央部と比べてやや滑らかなせん断破壊(shear fracture)となる.図 3.25 にカップ・アンド・コーン破断面が形成される過程を示す.

　金属では巨視的にはぜい性破壊を起こした場合であっても，その破面を観察すれば微視的な塑性変形が観察される.ガラスのように，完全なぜい性破壊を起こす材料であっても，実際には，金属ほどではないが，破壊前の微小な塑性変形が観察されることもある.そのような意味で，巨視的にはぜい性破面と分類できても，微視的に見れば僅かな塑性変形が生じているので，完全なぜい性破面というものは存在しないと考えてよい.なお，延性が極めて大きい材料では，その丸棒試験片を引張ると，くびれがより成長して，最終的には破断面は非常に小さくなって点状破壊を起こす.図 3.26 に丸棒試験片の延性の違いによる破壊の形態の差異を示す.

　なお，ぜい性破壊に関する基本理論として提案されたグリフィスの理論(Griffith criterion)については，付録 A・3「ぜい性破壊に関するグリフィスの理論」を熟読するとよい.

図3.26　材料の延性の違いによる破壊モードの差異
(a) 点状破壊，(b) カップ・アンド・コーン型破壊，(c) へき開破壊.

【例題 3・11】　＊＊＊＊＊＊＊＊＊＊＊＊＊＊＊＊＊＊＊＊
　丸棒試験片を軸方向に引張った場合，その自由表面(側面)付近ではせん断応力最大の面が軸方向と 45°の方向をなしている.これはなぜか？

【解答】　側面は自由表面であるからせん断応力は作用しない.一般に，せん断応力が作用しない面に作用する垂直応力は主応力であるから，丸棒試験片の側面は主応力（この場合は 0 なる主応力）が作用する面であり，その作用方向は半径方向である.さらに，軸方向もまた主応力の作用方向である（主応力の作用方向は直交する）.主せん断応力が作用する面は主応力の作用方向と 45°の角度をなしているので，自由表面付近では最大せん断応力（主せん断応力）が作用する面は軸方向（および半径方向）と 45°の方向をなすことになる.

＊＊＊＊＊＊＊＊＊＊＊＊＊＊＊＊＊＊＊＊＊＊＊

3・4・3　応力拡大係数と破壊じん性（stress intensity factor and fracture toughness）

　いわゆる線形破壊力学(linear fracture mechanics)とは，き裂が存在する材料の強度を定量的に取り扱うための線形弾性論に基づいたき裂の力学のことである.ここではまず，線形破壊力学の基礎となる，き裂先端近傍の応力場に

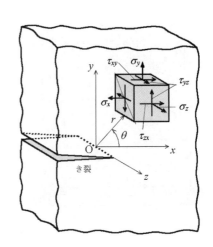

図3.27　き裂先端近傍における応力

ついて述べる．いま，図 3.27 に示すような，z 軸方向に一様な二次元のき裂先端近傍の応力場を，き裂面が自由表面であるという条件から求めることにしよう．

便宜上，負荷条件としては図 3.28 に示すように，(a) き裂面に対して面内の対称な負荷を受ける場合，(b) き裂面に対して面内の逆対称な負荷を受ける場合，(c) き裂面に対して面外の逆対称な負荷を受ける場合，の 3 通りに分けて考える．なお，それぞれの負荷モードを，(a)モード I(開口モード (opening mode))，(b)モード II(面内せん断モード(sliding mode, inplane mode))，(c)モード III(面外せん断モード(tearing mode, antiplane mode))と呼ぶ．それぞれの応力分布を示すと，

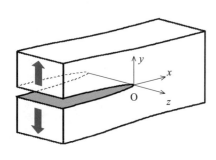

(a) モードI　(開口モード)

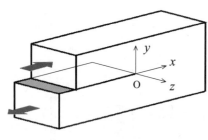

(b) モードII　(面内せん断モード)

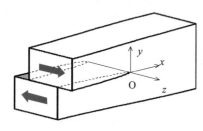

(c) モードIII　(面外せん断モード，
縦せん断モード)

図3.28　き裂に対する 3 つの負荷モード

(a) モード I(開口モード)

$$
\begin{cases}
\sigma_x = \dfrac{K_{\mathrm{I}}}{\sqrt{2\pi r}}\cos\dfrac{\theta}{2}\left(1-\sin\dfrac{\theta}{2}\sin\dfrac{3\theta}{2}\right)\\[2mm]
\sigma_y = \dfrac{K_{\mathrm{I}}}{\sqrt{2\pi r}}\cos\dfrac{\theta}{2}\left(1+\sin\dfrac{\theta}{2}\sin\dfrac{3\theta}{2}\right)\\[2mm]
\tau_{xy} = \dfrac{K_{\mathrm{I}}}{\sqrt{2\pi r}}\sin\dfrac{\theta}{2}\cos\dfrac{\theta}{2}\cos\dfrac{3\theta}{2}
\end{cases}
\tag{3.38}
$$

(b) モード II(面内せん断モード)

$$
\begin{cases}
\sigma_x = -\dfrac{K_{\mathrm{II}}}{\sqrt{2\pi r}}\sin\dfrac{\theta}{2}\left(2+\cos\dfrac{\theta}{2}\cos\dfrac{3\theta}{2}\right)\\[2mm]
\sigma_y = \dfrac{K_{\mathrm{II}}}{\sqrt{2\pi r}}\sin\dfrac{\theta}{2}\cos\dfrac{\theta}{2}\cos\dfrac{3\theta}{2}\\[2mm]
\tau_{xy} = \dfrac{K_{\mathrm{II}}}{\sqrt{2\pi r}}\cos\dfrac{\theta}{2}\left(1-\sin\dfrac{\theta}{2}\sin\dfrac{3\theta}{2}\right)
\end{cases}
\tag{3.39}
$$

(c) モード III(面外せん断モード，縦せん断モード)

$$
\begin{cases}
\tau_{xz} = -\dfrac{K_{\mathrm{III}}}{\sqrt{2\pi r}}\sin\dfrac{\theta}{2}\\[2mm]
\tau_{yz} = \dfrac{K_{\mathrm{III}}}{\sqrt{2\pi r}}\cos\dfrac{\theta}{2}
\end{cases}
\tag{3.40}
$$

また，モード I とモード II では，

$$
\sigma_z = \begin{cases}\nu(\sigma_x+\sigma_y) & \text{(平面ひずみ状態)}\\ 0 & \text{(平面応力状態)}\end{cases}
$$

となり，これら以外の応力成分はすべて 0 である．さらに，き裂先端近傍の変位分布を表す式を左の参考欄に示してある．ここで，G はせん断弾性係数，ν はポアソン比，κ は，

$$
\kappa = \begin{cases}3-4\nu & \text{(平面ひずみ状態)}\\ (3-\nu)/(1+\nu) & \text{(平面応力状態)}\end{cases}
$$

と定義される因子である．一般的に，き裂先端近傍の応力分布・変位分布はこれら 3 つのモードの重ね合わせとして表すことができる．

き裂先端近傍の応力場で重要なことは，各応力成分がき裂先端からの距離 r の平方根に反比例しているということである．r → 0 の極限で各応力成分

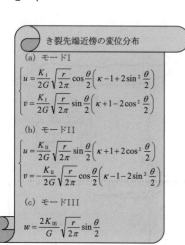

き裂先端近傍の変位分布

(a) モードI
$$
\begin{cases}
u = \dfrac{K_{\mathrm{I}}}{2G}\sqrt{\dfrac{r}{2\pi}}\cos\dfrac{\theta}{2}\left(\kappa-1+2\sin^2\dfrac{\theta}{2}\right)\\[2mm]
v = \dfrac{K_{\mathrm{I}}}{2G}\sqrt{\dfrac{r}{2\pi}}\sin\dfrac{\theta}{2}\left(\kappa+1-2\cos^2\dfrac{\theta}{2}\right)
\end{cases}
$$

(b) モードII
$$
\begin{cases}
u = \dfrac{K_{\mathrm{II}}}{2G}\sqrt{\dfrac{r}{2\pi}}\sin\dfrac{\theta}{2}\left(\kappa+1+2\cos^2\dfrac{\theta}{2}\right)\\[2mm]
v = -\dfrac{K_{\mathrm{II}}}{2G}\sqrt{\dfrac{r}{2\pi}}\cos\dfrac{\theta}{2}\left(\kappa-1-2\sin^2\dfrac{\theta}{2}\right)
\end{cases}
$$

(c) モードIII
$$
w = \dfrac{2K_{\mathrm{III}}}{G}\sqrt{\dfrac{r}{2\pi}}\sin\dfrac{\theta}{2}
$$

は無限大となるが，その特異性の度合いを表す因子が式(3.38, 3.39, 3.40)中の K_I，K_{II}，K_{III}であり，それぞれを各モードにおける応力拡大係数と称している．

【例題 3.12】　＊＊＊＊＊＊＊＊＊＊＊＊＊＊＊＊＊＊＊＊
　き裂の延長面［図 3.27における xz 平面（$x > 0$）］上における応力分布を，応力拡大係数を用いて x の関数として表しなさい．

【解答】
　式(3.38)，式(3.39)，式(3.40)で，$\theta=0$，$r=x$ とおいて，3つのモードを重ね合わせて表記すると，

$$\sigma_x = \frac{K_I}{\sqrt{2\pi x}}, \quad \sigma_y = \frac{K_I}{\sqrt{2\pi x}}, \quad \tau_{xy} = \frac{K_{II}}{\sqrt{2\pi x}}, \quad \tau_{yz} = \frac{K_{III}}{\sqrt{2\pi x}}, \quad \tau_{xz} = 0,$$

$$\sigma_z = \nu\sqrt{\frac{2}{\pi x}}K_I \text{（平面ひずみ状態）}, \quad 0 \text{（平面応力状態）}$$

と書くことができる．

　　＊＊＊＊＊＊＊＊＊＊＊＊＊＊＊＊＊＊＊＊

図3.29　遠方で一様引張応力を受ける無限板中のき裂

　なお，【例題 3.12】を参照することにより，応力拡大係数はき裂の延長面上($\theta=0$)に作用する応力を用いて次式のように定義し直すこともできる．

$$K_I = \lim_{x\to 0+}\sqrt{2\pi x}\cdot\sigma_y, \quad K_{II} = \lim_{x\to 0+}\sqrt{2\pi x}\cdot\tau_{xy}, \quad K_{III} = \lim_{x\to 0+}\sqrt{2\pi x}\cdot\tau_{yz} \tag{3.41}$$

　応力拡大係数は，負荷条件，き裂を有する材料の幾何学的形状，き裂の寸法や幾何学的形状によってさまざまな値をとる．例えば，図 3.29 に示すように，無限板中の長さ $2a$ のき裂が遠方でき裂に垂直な方向の一様応力 σ を受けている場合の応力拡大係数は，

$$K_I = \sigma\sqrt{\pi a}, \quad K_{II} = K_{III} = 0 \tag{3.42}$$

となり，また，図 3.30 に示すように，同様に遠方で τ なる面内せん断応力を受ける場合の応力拡大係数は，

$$K_I = 0, \quad K_{II} = \tau\sqrt{\pi a}, \quad K_{III} = 0 \tag{3.43}$$

となる．応力拡大係数は，(応力)×(長さ)$^{1/2}$(たとえば MPa・m$^{1/2}$)の単位を有することに注意されたい．

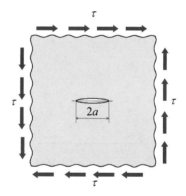

図3.30　遠方で面内の一様せん断応力を受ける無限板中のき裂

　応力拡大係数について，簡単のため，モードⅠの場合を考えてみよう．応力はき裂先端では無限大となるので，その値の大小でもってき裂が進展するか否かを判断することは無意味である．しかしながら，応力拡大係数は，き裂先端における応力の特異性の度合いを表すパラメータであるから，応力拡大係数が材料固有のある限界の値よりも大きいと，き裂が進展すると考えてよい．また，応力拡大係数の値が等しければ，き裂先端近傍の応力場は同一であるから，材料が同一である限り，応力拡大係数の値でもってき裂が進展するか否かを判断することができる．実際，K_I が材料固有の値 K_{IC} よりも大きい場合にき裂は進展するという考え方が実用的にも適用されている．すなわち，

$$K_{\mathrm{I}} = K_{\mathrm{IC}} \tag{3.44}$$

なる式が，き裂が進展するか否かの限界の条件(破壊規準(fracture criterion))
である．K_{IC} は臨界応力拡大係数(critical stress intensity factor)とも呼ばれ，こ
の値が大きいとき裂は進展しにくい，すなわち，ぜい性破壊を起こしにくい
ということになり，破壊に対するねばり強さを表す因子という意味で，K_{IC}
は破壊じん性(fracture toughness)とも呼ばれている．なお，単に「じん性」と
いう場合には，3・1・3 項で述べたように，破壊するまでの材料に蓄えられる
エネルギーの総和であり，K_{IC} 値とは異なった意味となる．K_{IC} 値は通常破壊
じん性試験(fracture toughness test)によって求める．

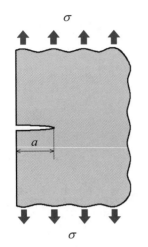

図3.31　遠方で一様引張応力を
受ける半無限板における縁き裂

【例題 3・13】　＊＊＊＊＊＊＊＊＊＊＊＊＊＊＊＊＊＊＊＊
　図 3.31 に示すように，半無限板における縁き裂(edge crack)の応力拡大係数
は，$K_{\mathrm{I}} = 1.1215 \sigma \sqrt{\pi a}$　で与えられる．いま，σ= 50 MPa なる応力が作用して
いるとすれば，き裂長さ a がいくら以上のときに，き裂は自動的に拡がり始
めるであろうか．なお，この材料の臨界応力拡大係数を 0.2 kN・mm$^{-3/2}$ としな
さい．

【解答】
　$K_{\mathrm{I}}= K_{\mathrm{IC}}$ なる条件がき裂を自動的に拡げるか否かの限界の条件である．いま，
a を m の単位で表すと，

$$K_{\mathrm{I}} = 1.1215 \sigma \sqrt{\pi a} = 1.1215 \times (50 \times 10^6) \times \sqrt{\pi a} \ [\mathrm{Pa \cdot m^{1/2}}]$$
$$= 9.939 \times 10^7 \times \sqrt{a} \ [\mathrm{Pa \cdot m^{1/2}}]$$
$$K_{\mathrm{IC}} = 0.2 \ [\mathrm{kN \cdot mm^{-3/2}}] = 0.2 \times 10^3 \times (10^{-3})^{-3/2} \ [\mathrm{N \cdot m^{-3/2}}]$$
$$= 2\sqrt{10} \times 10^6 \ [\mathrm{N \cdot m^{-3/2}}] = 6.325 \times 10^6 \ [\mathrm{Pa \cdot m^{1/2}}]$$

よって限界の条件は，

$$9.939 \times 10^7 \times \sqrt{a} = 6.325 \times 10^6$$

となるので，$a = 4.05 \times 10^{-3}$ m = 4.05 mm 以上のときにき裂が自動的に伝播す
るという結果が得られる．

＊＊＊＊＊＊＊＊＊＊＊＊＊＊＊＊＊＊＊＊

> **混合モードの場合**
>
> モードI, II, IIIの混合モードのとき，
>
> $$\mathcal{G} = \frac{\kappa+1}{8G}\left(K_{\mathrm{I}}^2 + K_{\mathrm{II}}^2\right) + \frac{1}{2G} K_{\mathrm{III}}^2$$
>
> なる関係があることが知られて
> いるが，この式が成り立つのは
> き裂が同一平面内で拡がる場合
> のみである．一般に混合モード
> の負荷条件下では，き裂は同一
> 平面内で拡がるとは限らないの
> で注意が必要である．

　き裂が単位長さ進展する際に解放される系全体のポテンシャルエネルギー
をエネルギー解放率(energy release rate)と呼び，$\mathcal{G}$ なる記号で表すことが多い
が，モード I の場合，$\mathcal{G}$ は応力拡大係数 K_{I} と

$$\mathcal{G} = \frac{\kappa+1}{8G} K_{\mathrm{I}}^2 = \begin{cases} \dfrac{(1-\nu^2)K_{\mathrm{I}}^2}{E} & （平面ひずみ状態） \\[2mm] \dfrac{K_{\mathrm{I}}^2}{E} & （平面応力状態） \end{cases} \tag{3.45}$$

なる関係がある．$\mathcal{G}$ の大小でもってき裂の進展を考えることができるという
ことがグリフィスの理論と等価であることは明白である．$\mathcal{G}$ と K_{I} の間のこの
ような関係は，K_{I} によって破壊規準を表現した式(3.44)と，グリフィスの理
論(付録 A・3 を参照)が等価であることを示している．

＊＊＊＊＊＊＊＊＊＊＊＊＊＊＊＊＊＊＊＊＊

3・5　材料の疲労（fatigue of engineering materials）

3・5・1　疲労と *S-N*曲線（**fatigue and *S-N* curve**）

　一度負荷しただけでは破壊が起こらないような小さな荷重でも，繰返し作用させると破壊が生じることがある．このような現象を疲労または疲れ，疲労による破壊を疲労破壊または疲れ破壊(fatigue fracture)という．通常，疲労に伴う材料の巨視的な変形は小さく，その進行を検出することは困難である．しかしながら，そのまま繰返し負荷の状態で放置しておくと突然破断するため，極めて危険であり，機械技術者は十分に注意を払わなければならない．

　疲労による重大事故の例として，英国デハビランド社によって開発された世界初のジェット旅客機コメットが，1954年1月と4月に続けて飛行中に空中分解し，地中海に墜落するという大事故があった．高度約1万mを飛行するジェット機では，飛行中の機体内外の圧力差が大きく，着陸時はゼロとなる．したがって，離着陸を繰り返すと，応力の負荷と徐荷が繰り返され，疲労破壊の原因となる．コメットの事故は，機体外板の孔(窓など)の隅から疲労き裂が発生・伝播して起きたものである．

　実際の構造物では規則正しい変動荷重が作用する場合の他に，ランダムな変動荷重が作用する場合も多いが，便宜上，図3.32のように，振幅一定の正弦波状振動荷重が作用すると考えることが多い．いま，1サイクル当たりの応力の最大値を σ_{max}，最小値を σ_{min}，これらの応力に対応する応力拡大係数を K_{max}, K_{min} と記すこととし，平均応力 σ_{mean}，応力振幅 S，応力比(stress ratio)R をそれぞれ

$$\sigma_{mean} = (\sigma_{max} + \sigma_{min})/2 \tag{3.46}$$

$$S = (\sigma_{max} - \sigma_{min})/2 \tag{3.47}$$

$$R = \sigma_{min}/\sigma_{max} (= K_{min}/K_{max}) \tag{3.48}$$

と定義する．$\sigma_{max} > \sigma_{min} \geqq 0$ または $0 \geqq \sigma_{max} > \sigma_{min}$ の場合を片振荷重(pulsating load)，$R < 0$ の場合を両振荷重(alternating load)という．

　応力振幅 S と破断に至るまでの荷重の繰返し数 N の関係を表したグラフを *S-N* 曲線(*S-N* curve)と称する．*S-N* 曲線は両対数グラフ，あるいは，N のみ対数の片対数グラフで表すことが多いが，その例を図3.33に示す．N に対し S が一定となっている水平部分は無限の繰返しに耐え得る応力振幅の上限値であり，これが疲労限または疲労限度(fatigue limit)である．鉄鋼材料は $N = 10^6 \sim 10^7$ 回で疲労限が観察されるが，非鉄金属材料では明瞭な疲労限が存在しないことが知られている．工業的には，$N = 10^6$ 回における応力を疲労強度(fatigue strength)とすることがある．

　応力振幅が変動するときの疲労寿命(破断に至るまでの繰返し数)については，マイナー則(Miner's law)と呼ばれる仮説がある．これは，応力振幅 S_1, S_2, S_3, $\cdots$, S_m なる繰返し荷重をそれぞれ n_1, n_2, n_3, $\cdots$, n_m 回ずつ与えたときの疲労寿命が

$$\sum_{i=1}^{m} \frac{n_i}{N_i} = 1 \tag{3.49}$$

なる条件で与えられるというものである．ここで，N_i は S_i なる応力振幅のみ

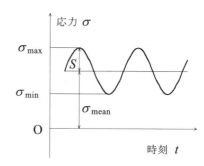

図3.32　正弦波状振動荷重

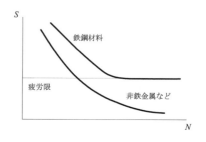

図3.33　*S-N*曲線（*S*：応力振幅，*N*：破断に至るまでの荷重の繰返し回数）

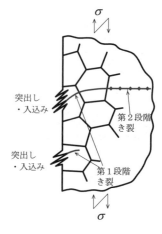

図3.34　疲労のプロセス[5]

を与えた場合の疲労寿命である.

3・5・2　疲労のプロセス（process of fatigue）

疲労のプロセスは 2 つの段階に分けて考えることができる(図 3.34).

(1) 第 1 段階：微小き裂の発生とすべり面に沿った進展,

材料が繰返し荷重を受けると，図 3.35 に示すような，突出し(extrusion)や入込み(intrusion)と呼ばれる微小な凹凸が表面に発生し，やがて微小き裂が発生し進展する．突出しと入込みのメカニズムについては諸説あるが，表面付近のすべり面(特に 45° の方向をなす面)に沿ったすべり変形(塑性変形)の繰返しによるものであるとの説が有力である.

この微小き裂がある程度の大きさ(10^{-3}~10^{-2} cm 程度)まで成長すると，しばらくの間(全寿命の 4 分の 3 以上とも言われている)成長が停止する.

(2) 第 2 段階：最大引張応力の作用面に沿った巨視的なき裂の成長,

巨視的には最大引張応力の作用面に沿ってき裂が進行し，線形破壊力学の適用が可能である．応力比 R が一定の場合，第 2 段階における疲労き裂の進展速度 da/dN は図 3.36 に示すような形で整理できる．ここに，da/dN は 1 サイクル当たりのき裂の進展長さであり，ΔK は次式で定義される.

$$\Delta K = \begin{cases} K_{\max} - K_{\min} & (K_{\min} > 0) \\ K_{\max} & (K_{\min} \leq 0) \end{cases} \tag{3.50}$$

ここで，応力振幅 S が一定の条件で繰返し荷重を掛け続けると，疲労き裂の進展に伴ってΔK の値が徐々に増大していくことに注意しなければならない．図 3.36 における A 領域ではき裂の進展速度は極めて小さく，ΔK がΔK_{th} の値よりも小さいときは，事実上疲労き裂の進展は認められない．ΔK_{th} の大きさについては，多くの鋼において，合金成分や熱処理条件によらず 3~8 MPa・$\mathrm{m}^{1/2}$ 程度の値となる．このΔK_{th} を下限界応力拡大係数範囲(threshold value of stress intensity factor range)と称している．設計の際に構造物に作用する繰返し荷重によるΔK がΔK_{th} を超えないようにすれば疲労に対して安全であると考えることができる．しかし，航空機やロケットのように極限状態で使用される構造物では，この考え方は現実的ではない.

B 領域では破面に，図 3.37 に示すようなストライエーション(striation)と呼ばれる縞模様が観察される．ストライエーションの縞は疲労き裂の進展方向に垂直であり，その間隔は荷重 1 サイクル当たりの進展量に対応する．B 領域では，疲労き裂の進展速度 da/dN に関する次式のような，パリス則(Paris equation)と呼ばれる関係が実験的に成り立っている.

$$da/dN = C(\Delta K)^m \tag{3.51}$$

ここに，C, m は材料，負荷条件(環境，応力比など)に依存する定数である．m は多くの場合，2~6 程度の値である.

C 領域でのき裂の進展速度は，き裂の進展に伴うΔK の増大とともに加速度的に大きくなるが，この領域における da/dN にはΔK だけではなくて応力拡大係数の平均値，$K_{\mathrm{mean}} = (K_{\max} + K_{\min})/2$ も影響する.

図3.35　銅表面に疲労によって発生した突出し・入込み（断面図）.
刃のように突き出た部分が「突出し」，き裂状の溝が「入込み」である.
(Cazaud, R., Pomey, G., Rabbe, P. & Janssen, Ch., 舟久保熙康・西島敏訳, 金属の疲れ, (1973), 丸善)

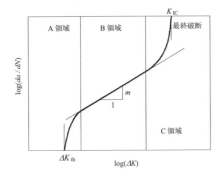

図3.36　疲労き裂進展速度 da/dN と応力拡大係数変動 ΔK の関係

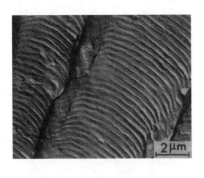

図3.37　疲労破面に観察されるストライエーションの例（アルミニウム合金2017-T3）[5]

3・5・3　疲労に関する補足（**supplement to fatigue**）

　破断に至るまでの荷重の繰返し回数Nが小さい場合(10^4~10^5程度以下)を特に低サイクル疲労(low cycle fatigue)と呼ぶ. 低サイクル疲労は, 通常, 降伏点を超えた比較的大きな塑性ひずみが繰返される場合に生じ, その寿命に対してはマンソン・コフィン則(Manson-Coffin law)と呼ばれる経験則が適用できる. なお, 低サイクルとは, 荷重の総繰返し数が少ないという意味であり, 単位時間当たりの荷重繰返し数が少ないという意味ではない.

　金属に対して腐食環境下で繰返し荷重を与えると, 通常の環境下と比べて疲労寿命が著しく短縮されるので注意が必要である. このように, 腐食環境下における疲労が腐食疲労(corrosion fatigue)で, 大気中とは異なる評価をしなければならない. また, エンジンなどでは運転, 停止の繰返しによる温度サイクルに伴って, 熱応力が繰返し作用することとなり, これが疲労の原因になり得る. これを熱疲労(thermal fatigue)という.

＊　＊　＊　＊　＊　＊　＊　＊　＊　＊　＊　＊　＊　＊　＊

3・6　材料試験（**material testing**）

3・6・1　材料試験とは（**what is the material testing?**）

　材料試験の目的は, 主として工業的目的のために材料の機械的性質を調べることであり, 得られた特性値はさまざまな機械の設計・製作のための情報として活用される.

　機械的性質には, 強度, 硬さ, 弾性, 塑性, エネルギー吸収能などがあり, 材料試験ではこれらに関する諸特性値を求めるための試験を行う. 材料試験は, 荷重の種類によって, 引張試験(tension test, tensile test), 圧縮試験(compression test), 曲げ試験(bending test), ねじり試験(torsion test)などに, さらに荷重の時間依存性に応じて静的試験(static test), 衝撃試験(impact test), 疲労試験(fatigue test), クリープ試験(creep test)などに分類でき, これらの条件の組み合わせにより, 多くの材料試験法が存在することとなる. さらに, 実用面に重点を置いた, 塑性加工試験・切削試験・溶接試験などの各種加工性試験, 摩耗試験などの方法もある.

　各試験は通常, 専用の試験機を用いて行うが, 引張, 圧縮, 曲げ試験は, 図3.38に示すような万能材料試験機で行うことができる. 試験方法は, 調べようとする材料の一部を切り出して試験片を作り, 試験機で力をかけながら荷重と変位を測定する. 重要なことは, 可能な限り, 試験片が原材料全体を代表するように選定しなければならないことである. たとえば, 太い断面を有する材料では, 表面付近と中心付近で性質が異なる(表面の方が強い)ことが多いので, その両方(表面付近と中心付近)を避けて試験片を採取することがある. また, 同一材料であっても試験片の寸法が異なると, 通常は小さい試験片の方が高強度の結果を与える. 従って, 試験片の寸法や形状を含め, 材料試験の具体的な方法については, 日本工業規格(Japanese Industrial Standards, JIS)によって規定されているものも多い.

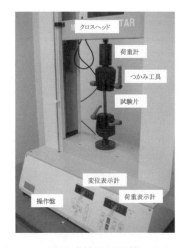

図3.38　電子式材料試験機による引張試験
ねじ方式でクロスヘッド(cross head)を移動し, 試験片に引張力を負荷する. 引張力は荷重計(load cell)によって電気信号に変えられ表示される.

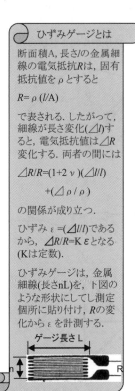

ひずみゲージとは

断面積A, 長さlの金属細線の電気抵抗Rは, 固有抵抗値をρとすると

$$R = \rho\,(l/A)$$

で表される. したがって, 細線が長さ変化(Δl)すると, 電気抵抗値はΔR変化する. 両者の間には

$$\Delta R/R = (1 + 2\nu)(\Delta l/l)$$
$$+ (\Delta\rho/\rho)$$

の関係が成り立つ.

ひずみ$\varepsilon = (\Delta l/l)$であるから, $\Delta R/R = K\varepsilon$となる($K$は定数).

ひずみゲージは, 金属細線(長さnL)を, 下図のような形状にして測定個所に貼り付け, Rの変化からεを計測する.

ゲージ長さ L

3・6・2　引張試験（tensile test）

　数多く存在する材料試験の中でも最も基本となる試験は引張試験である．引張試験では，一定の断面積で平行部長さをもつ試験片を使用し，平行部には長さの基準となる標点を刻んでおく．基準となる試験片の寸法や標点距離などは，日本工業規格(JIS Z 2201)で定められている．試験片を材料試験機に取り付け，引張力と伸び量を計測するが，伸び量はクロスヘッドの移動量とするため，つかみ部でのずれや平行部以外のところの変形を含むので留意する必要がある．正確な伸び量を計測するには，平行部の標点間に直接測長器を取り付ける方法が適している．そして，得られた引張力と伸び量から 3.1.3 項で述べた降伏応力，引張強さ，破断応力，破断ひずみなどの各種の特性値を求めることができる．なお，真応力を得るためには刻々の断面積を知る必要があるが，平行部の体積は不変であるから，局部収縮（くびれ(necking)）が発生するまでは一様伸び(uniform elongation)と考え，長さ変化より求められる．また，真ひずみは(3.18) 式を用いて算出し，真応力–真ひずみ曲線が描ける．

　局部変形が平行部のどこに発生するか事前に判断するのは困難である．そこで，局部伸びや局部収縮を測定するには，試験片の標点間を細分し，各区間の伸び量や断面積を測定し，引張方向または垂直方向ひずみを算出して標点間のひずみ分布を求めて判断する．あるいは，局部的な個所のひずみを求める方法としてひずみゲージ法が広く用いられている．

3・6・3　硬さ試験（hardness test）

　硬さ(hardness)は実用上重要な概念であるにもかかわらず統一的な定義が明確ではないが，抽象的な言い方をすれば，材料の変形(特に塑性変形)に対する抵抗であると言うことができる．硬さ試験の種類としては，押込硬さ試験，引っかき硬さ試験，反発硬さ試験の 3 種類がある．

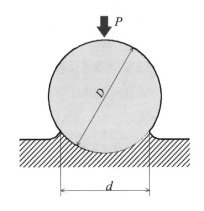

図3.39　ブリネル硬さ試験の概要

　押込硬さ試験では，圧子(indenter)をある荷重で試験片表面に押し込んで，生じた圧痕(くぼみ)の大きさから硬さを求めるもので，日本工業規格(JIS)では，ブリネル硬さ(Brinell hardness)，ビッカース硬さ(Vickers hardness)，ロックウェル硬さ(Rockwell hardness)，ヌープ硬さ(Knoop hardness)などが定義されている．いずれも試験機さえあれば手軽に測定できる．

(1) ブリネル硬さ

　図 3.39 に示すように，直径 D[mm]の極めて硬い鋼球または超硬合金球の圧子を一定の荷重 P[N]で試験片表面に押し込み，生じた圧痕(くぼみ)の直径 d[mm]から，ブリネル硬さ HB を次式のように定義する．

$$\text{HB} = 0.102\frac{2P}{\pi D(D - \sqrt{D^2 - d^2})} \tag{3.52}$$

HB は押し込み荷重を圧痕(くぼみ)の表面積で除した値であり，単位は kgf/mm^2 であるが，単位をつけないで表す．

(2) ビッカース硬さ

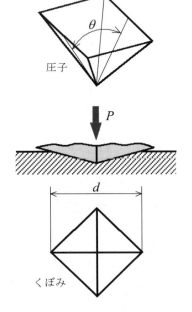

図3.40　ビッカース硬さ試験の概要

　図 3.40 に示すように，対面角 θ=136° のダイヤモンド製四角錐の圧子をその頂点から試験片表面に荷重 P[N]で押し込み，生じた圧痕の対角線長さ d[mm]から，ビッカース硬さ HV を次式のように定義する．

$$HV = 0.102 \frac{2P\sin(136°/2)}{d^2} = 0.1891 \frac{P}{d^2} \tag{3.53}$$

HV も HB と同様，押し込み荷重を圧痕(くぼみ)の表面積で除した値であり，kgf/mm² の単位を有するが，単位をつけないで表すことが一般的である.

(3) ロックウェル硬さ

いくつかのスケールがあるが，鋼球の圧子を押し込む B スケールとダイヤモンド製円錐の圧子を押し込む C スケールがよく用いられる. 硬さの範囲によりスケールを使い分ける必要がある.

引っかき硬さ試験には，試験片表面に一定の幅の引っかき傷をつける荷重を硬さとするもの，一定の荷重で試験片表面につけられた傷の幅から求めるものとがある.

反発硬さ試験には，ハンマーを試験片表面に鉛直に落下させ，そのときのハンマーの跳ね返りの高さでもって硬さとするショア硬さ(Shore hardness)などがある.

3・6・4　衝撃試験 (impact test)

材料は静的荷重に対する強さが同じでも，衝撃荷重を与えた場合には大きな抵抗を示すもの(粘り強い性質)と小さな抵抗しか示さないもの(脆い性質)とがある. 一般に，引張強さが高くかつ延性が十分で，静的荷重による引張試験で破壊に至るまでに大きな塑性変形を示す材料は，衝撃荷重に対しても大きなエネルギーを吸収するので衝撃抵抗が大きく，粘り強い性質を示す. これに対して，延性に乏しい材料ではたとえ引張強さが大きくても衝撃エネルギーの吸収能力が小さいので，衝撃抵抗の乏しい脆い性質を示す.

衝撃試験とは，試験片に衝撃的な荷重を加えることによって，破壊に対する全エネルギー，靭性，衝撃荷重による応力－ひずみ線図などを求める試験である. 与える荷重の種類によって，衝撃引張試験，衝撃圧縮試験，衝撃曲げ試験などがあるが，シャルピー衝撃試験(Charpy impact test)，アイゾット衝撃試験(Izod impact test)が広く用いられている. これらの詳細は JIS に規定されている.

シャルピー衝撃試験機の概要を図 3.41(a)に示す. この試験では図 3.41(b)に示すような切欠を有する試験片(断面 10 mm×10 mm，長さ 55 mm)を用いる. 試験機のハンマー(質量 M，回転軸からハンマー重心までの距離 R)を α なる角度まで持ち上げて振り下ろし，ハンマーが衝撃的に試験片を破壊し，β なる角度まで振り上がったとすると，破壊の前後におけるハンマーのエネルギーの差 E は

$$E = MgR(\cos\beta - \cos\alpha) \tag{3.54}$$

となる. このエネルギーは破壊に際して試験片が吸収したエネルギーと見なすことができる. E を試験片切欠部の断面積で除した値をシャルピー衝撃値(Charpy impact value)と呼び，試験片の靭性，脆性の程度を表す指標として用いることができる. この試験法は前述の

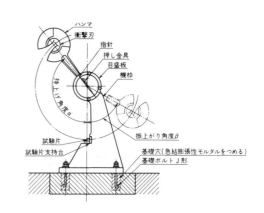

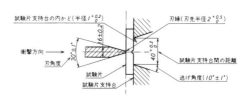

(a)　シャルピー衝撃試験機の概要

(b)　試験片形状の例

図3.41　シャルピー衝撃試験および試験片，(中澤一，金属材料試験マニュアル，(1987)，日本規格協会).

延性－脆性遷移温度を求める際にも使用されることがある.

＊＊＊＊＊＊＊＊＊＊＊＊＊＊＊＊＊＊＊＊＊＊

===== 練習問題 ======================

【3・1】 $\cos\theta\cos\phi$ in Eq.(3.7) is sometimes called "*Schmid factor*". Determine the *Schmid factor* of *fcc* crystal oriented with its [001] direction parallel to the tensile load.

【3・2】単軸引張の降伏応力が 300MPa の材料に主応力 σ_1=100MPa, σ_2=0MPa が加わっている. この材料が降伏したときの σ_3 をトレスカの降伏条件から求めなさい.

【3・3】 Attractive and repulsive energies E_a (eV) and E_r (eV) of NaCl are represented as $E_a = -\dfrac{1.436}{r}$, $E_r = \dfrac{7.320\times10^{-6}}{r^8}$, respectively; where r (nm) is the distance between the Na^+ and Cl^- ions. Describe a plot of E_a, E_r and $E_{all}=E_a+E_r$ in the range from r=0.1 to 1.0 nm, and derive the equilibrium spacing between two ions: r_0 and the bonding energy E_0 mathematically.

【3・4】引張試験を行うと, 最大荷重点は図 3.9 の点 C のひずみ値で塑性不安定となりくびれが発生する, このとき $\sigma_a - \varepsilon_a$ 線図において $d\sigma_a/d\varepsilon_a = \sigma_a$ となることを示しなさい. また, 加工硬化時の真ひずみが $\sigma_{SH} = k\varepsilon_a{}^n$ で与えられたとき, 最大荷重点における ε_a を n で表しなさい.

【3・5】fcc 結晶の部分転位生成として, 以下の反応が安定かどうかを検証しなさい.
$$\frac{a}{2}[110] \to \frac{a}{6}\left[21\bar{1}\right] + \frac{a}{6}[121]$$

【3・6】内圧を受ける直径 d = 50 mm, 肉厚 t = 1 mm の薄肉円筒がある. いま, この円筒に軸方向の長さ $2a$ = 4 mm の貫通き裂が存在する場合を考え, き裂が拡がらないための内圧の限界値を求めよ. なお, この円筒の材料の破壊靱性値を 10 MPa・m$^{1/2}$ とせよ.

【3・7】 A relatively large sheet of steel is to be exposed to cyclic tensile and compressive stresses of magnitudes 100 MPa and 50 MPa, respectively. Prior to testing, it has been determined that the length of the largest surface crack is 2.0 mm. Answer the following questions if the fracture toughness of the sheet is 25 MPa・m$^{1/2}$ and the value of m and C in Eq. (3.51) are 3.0 and 1.0×10^{-12}, respectively, for $\Delta\sigma$ in MPa and a in m, where a is the crack length. Assume that the stress intensity factor is given as $K_I = \sigma\sqrt{\pi a}$.

(a) Compute the critical crack length a_{cr} which results in unstable fracture.

(b) Estimate the fatigue life of this sheet.

【解答】

【3・1】 fcc 結晶のすべり面とすべり方向はそれぞれ {111} と <110>であるので, θ =54.7°, ϕ =45° である. 従って, シュミット因子は 0.41 となる.

3・6　材料試験

【3・2】　(3.15)式から，$\sigma_3 = 300$MPa，または$\sigma_3 = -200$MPa である．

【3・3】　付録 A・2 を参考にして，吸引，反発および合成のエネルギーを計算し，図に示すと図 3.42 のようになる．$dE_{all}/dr = 0$ であるとすれば，$r_0 = 0.236$ nm であり，このとき $E_0 = -5.32$eV と求められる．

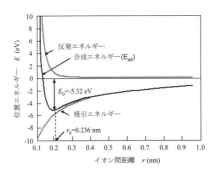

図3.42　Na+とCl-イオン間距離にともなう位置エネルギーの変化

【3・4】　荷重を F として荷重の真ひずみによる微分を考えると，

$$\frac{dF}{d\varepsilon_a} = \frac{d(\sigma_a \cdot A)}{d\varepsilon_a} = A\left(\frac{d\sigma_a}{d\varepsilon_a}\right) + \sigma_a\left(\frac{dA}{d\varepsilon_a}\right)$$

最大荷重点では，$dF/d\varepsilon_a = 0$ であるから，

$$\frac{1}{\sigma_a}\left(\frac{d\sigma_a}{d\varepsilon_a}\right) + \frac{1}{A}\left(\frac{dA}{d\varepsilon_a}\right) = 0 \quad \text{すなわち，} \quad \frac{1}{\sigma_a}d\sigma_a + \frac{1}{A}dA = 0$$

ここで，体積一定条件から $\frac{1}{A}dA = -\frac{1}{l}dl = -d\varepsilon_a$ であるから，結局

$d\sigma_a/d\varepsilon_a = \sigma_a$ となる．

また，$\sigma_{SH} = k\varepsilon_a^n$ のときは，$d\sigma_{SH}/d\varepsilon_a = nk\varepsilon_a^{n-1}$．これが σ_{SH} に等しいから，$\varepsilon_a^{n-1}(n - \varepsilon_a) = 0$　より，$\varepsilon_a = n$ である．

【3・5】　式(3.36)からエネルギーを計算する．左辺は $1/2\,Ga^2$ で，右辺は $1/3\,Ga^2$ であるから，この部分転位は安定である．この部分転位は fcc の場合によく見られるもので，$b_1 = \frac{a}{6}[21\bar{1}]$ の部分転位と $b_2 = \frac{a}{6}[121]$ の部分転位との間に $\frac{a}{2}[110]$ の転位が入り込む場合がある．このとき，b_1 で転位が動いてから b_2 で戻るまで原子面の不整合が生ずる．これが積層欠陥(第 2 章)である．

【3・6】　内圧を p (MPa)とすると，円筒に生ずる周方向応力 σ は

$$\sigma = \frac{pd}{2t} = \frac{p \times 50}{2 \times 1} = 25p \quad \text{MPa}$$

となる．き裂長さは円管の直径よりもかなり小さいので，応力拡大係数としては，近似的に無限板における K_I を表す式(3.42)を用いることができる．したがって，

$$K_I = \sigma\sqrt{\pi a} = 25p \times \sqrt{\pi \times 2 \times 10^{-3}} \quad \text{MPa} \cdot \text{m}^{1/2}$$

であり，これが与えられた破壊靭性値と等しいという

$$25p \times \sqrt{\pi \times 2 \times 10^{-3}} = 10$$

なる条件のとき，き裂が拡がるか否かの限界の条件である．よって，

$$p = 10 \div 25 \div \sqrt{2\pi \times 10^{-3}} = 5.05 \quad \text{MPa}$$

が限界の内圧である．

注意：円管の両端が閉じている場合には周方向応力以外に軸方向応力も作用する．しかし，上記の解答はこの円管の両端が閉じているか開いているかによらない．何故ならば，き裂は軸方向なので軸方向の応力は応力拡大係数に影響しないからである．

【3・7】　(a)　引張応力 σ が最大のとき，即ち，$\sigma = 100$ MPa のときに不安定破壊を起こすき裂長さを求めればよい．不安定破壊を起こすための条件(き裂

が自動的に拡がるか否かの条件)としては式(3.44)を用いる.

$$K_{\mathrm{I}} = \sigma\sqrt{\pi a_{\mathrm{cr}}} = K_{\mathrm{IC}} \quad \text{なので,}$$

$$a_{cr} = \frac{K_{IC}{}^2}{\pi\sigma^2} = \frac{25^2}{\pi\times100^2} = 0.02\text{m} = 2\text{cm}$$

が得られる.

(b)　き裂の進展速度を表す(3.51)式より,

$$dN = \frac{da}{C(\Delta K)^m}$$

疲労寿命とは, き裂が初期長さ a_0(ここでは 2.0mm)から(a)で求めた a_{cr} まで成長するまでの繰返し数 N_fなので,

$$N_f = \int_{a_0}^{a_{cr}} \frac{da}{C(\Delta K)^m}$$

と表すことができる. ここで,

$$\Delta K = \Delta\sigma\sqrt{\pi a}$$

であるが, (3.50)式を考慮すると, Δσ=100 MPa と考えて計算しなければならない. よって,

$$
\begin{aligned}
N_f &= \int_{a_0}^{a_{cr}} \frac{da}{C(\Delta K)^m} = \frac{1}{C\pi^{m/2}(\Delta\sigma)^m} \int_{a_0}^{a_{cr}} \frac{da}{a^{m/2}} \\
&= \frac{1}{C\pi^{3/2}(\Delta\sigma)^3} \int_{a_0}^{a_{cr}} \frac{da}{a^{3/2}} = -\frac{2}{C\pi^{3/2}(\Delta\sigma)^3}\left(\frac{1}{\sqrt{a_{cr}}} - \frac{1}{\sqrt{a_0}}\right) \\
&= -\frac{2}{1.0\times10^{-12}\times\pi^{3/2}\times100^3}\left(\frac{1}{\sqrt{0.02}} - \frac{1}{\sqrt{0.002}}\right) = 5.5\times10^6 \text{ [cycles]}
\end{aligned}
$$

注意：問題文中で surface crack(表面き裂)とあるのは, 物体表面から入ったき裂のことで, 一般的には三次元問題であり, 応力拡大係数の求め方は複雑である. $K_{\mathrm{I}} = \sigma\sqrt{\pi a}$ なる式は, あくまでも近似であることに注意されたい. なお, 表面き裂の特殊な場合として, 図 3.31 に示すような縁き裂の場合は, 応力拡大係数が前述のように $K_{\mathrm{I}} = 1.1215\sigma\sqrt{\pi a}$ で与えられる.

第3章の文献

(1) C.R.バレット, W.D.ニックス, A.S.テテルマン著(井形直弘, 堂山昌男, 岡村弘之 訳), 材料科学 1, 2, (1973), 培風館.

(2) W.D.Callister, Jr. Fundamentals of Materials Science and Engineering, (2001), John Wiley & Sons.

(3) C. Kittel 著, Introduction to Solid State Physics, 7th-ed., (1996), John Wiley & Sons, Inc..

(4) 天野虔一編, 鉄鋼工学(材料編), (2006), (財)JFE21 世紀財団.

(5) 日本機械学会編, 機械工学便覧, 基礎編, 材料力学, (1984), 日本機械学会.

第4章

平衡状態図

Phase Diagram

＊＊＊＊＊＊＊＊＊＊＊＊＊＊＊＊＊＊＊＊＊＊＊＊＊＊＊＊＊＊＊＊＊＊＊＊

　日常扱う材料，特に金属材料については，純金属として使用することは少なく，2元素以上からなる合金を扱うことが多い．これらの合金の特性を知る上では，その成分および組成に対応する組織がどのようになっているかを知ることが重要である．このため，本章では合金の組成と温度の関係を示す平衡状態図について，その読み方および利用の仕方について学習する．

＊＊＊＊＊＊＊＊＊＊＊＊＊＊＊＊＊＊＊＊＊＊＊＊＊＊＊＊＊＊＊＊＊＊＊＊

4・1　平衡状態図とは(what is the phase diagram ?)

　一般的に，金属材料は加工によりその形状を変化させて使用される．たとえば，鋳造(第8章参照)のように液相状態から凝固させて製品を製造したり，熱処理(第6章参照)により，その組織を変化させたりする際に，どのような相変態をともない，その最終組織がどのような状態であるかを知ることは重要である．また，粉末成形(粉末冶金)では，液相および固相状態の両方を，塑性加工では固相状態の組織の変化を取り扱う(第8章参照)．しかし，このような加工の際には，ほとんどの場合，組織は時間とともに変化していく非平衡状態であるが，この基礎となるのが，平衡状態図あるいは相図(phase diagram)であり，合金の平衡状態における組成と温度による相の状態を知ることができる．なお，これはあくまでも平衡状態(equilibrium state)，すなわち，ある物質の系が時間とともに変化しない状態での合金系の組織変化を知る上で重要な指標となるものである．

　ここで，平衡状態図で使用する重要な用語の定義をまとめて示しておく．

(a) 系(system)：独立した1つの状態を示す物質の集合．

(b) 相(phase)：系を構成する均一な部分で，同じ物理的および化学的特性をもつ．

(c) 成分(component)：系を構成する物質で，例えば，黄銅では銅(Cu)と亜鉛(Zn)が成分である．

(d) 組成(composition)：成分物質の量比．

＊＊＊＊＊＊＊＊＊＊＊＊＊＊＊＊＊＊＊＊＊

4・2　相律 (phase rule)

　物質の状態は，温度，圧力，成分という状態変数により定まる．たとえば，身近な水について考えてみると，図4.1に示すように，水のみの1成分であるので，温度と圧力により水蒸気(気相)，水(液相)および氷(固相)となること

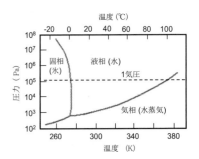

図 4.1　水の状態図

は周知のとおりである．金属材料の場合，たとえば，黄銅では(第10章参照)，CuとZnの2成分となり，これらの組成により固溶体や金属間化合物のような成分の金属とは異なった相が現れ，より複雑な系を取り扱うことになる．このような，状態変数の関係を示したのがGibbsの相律(Gibbs's phase rule)である．これはあくまでも平衡状態，すなわち熱力学的に表現される「系におけるGibbsの自由エネルギーが最小状態にある」場合に成立する関係である．

この関係は，物質を構成する相の数をp，独立な成分の数をcとすると，

$$f = c - p + 2 \qquad (4 \cdot 1)$$

で示される．fは互いに独立に変化させることのできる温度，圧力および組成の条件の数で，自由度(degree of freedom)と呼ばれる．純金属あるいは合金を取り扱う場合には，通常液相および固相状態が対象となり，気相状態については考えなくてよい．したがって，圧力については考慮する必要がないので，自由度fは次式で与えられる．

$$f = c - p + 1 \qquad (4 \cdot 2)$$

【例題4・1】　＊＊＊＊＊＊＊＊＊＊＊＊＊＊＊＊＊＊＊＊＊＊＊＊

純金属で(1)固相または液相のみの場合，(2)液相と固相が共存する場合および(3)固相のみで2相存在する場合の自由度を求めなさい．また，その意味を考察しなさい．

【解答】

(1) 純金属で固相または液相のみの場合には，成分$c=1$，相$p=1$であるので，

$$f = 1 - 1 + 1 = 1$$

すなわち，自由度は1となり，温度だけを変えることができる．

(2) 純金属(一元系で$c=1$)で液相と固相が共存する場合には，$p=2$であるので，

$$f = 1 - 2 + 1 = 0$$

$f=0$となり，温度を自由に選ぶことができない．すなわち，これは一定温度である融点を意味する．

(3) 固相のみで2相共存する場合($p=2$)にも$f=0$となり，固相における一定温度(変態温度)を意味する．

＊＊＊＊＊＊＊＊＊＊＊＊＊＊＊＊＊＊＊＊＊＊＊＊

このように，相律は平衡状態図を実験的あるいは自由エネルギーの計算から作成する際に重要な指針を与えるものである．

4・3　二元合金状態図 (binary phase diagram)

もっともよく利用される2成分系平衡状態図には，圧力を101.325kPa(1atm)一定として温度と成分の関係が示されている．この二元系平衡状態図は，大きく分けるとすべての組成で固溶する全率固溶型と，より複雑な3相の反応をともなう次のような反応がある．その状態図の形を図4.2にまとめて示しておく．

(a) 共晶反応(eutectic reaction)　　　$L \to \alpha + \beta$

冷却の過程で一つの液相(L)から二つ以上の固相(αおよびβ)が混合し

Gibbsの自由エネルギー

ある系の自由エネルギーは，

$$G = H - TS$$
$$= U + PV - TS$$

と表され，これをGibbsの自由エネルギーという．ここで，
H：エンタルピー，
U：内部エネルギー，
P：圧力，V：体積，
T：絶対温度および
S：エントロピーである．平衡状態では，Gが最小となり，

$$dG = 0$$

となる．

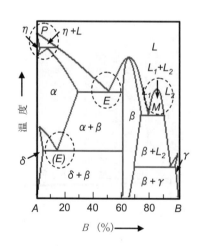

図 4.2　平衡状態図における種々の反応 (P；包晶反応，E；共晶(共析)反応，M；偏晶反応)

4・3　二元合金状態図

た組織へ変化する反応.

(b) 包晶反応(peritectic reaction)　　$\eta+L\rightarrow\alpha$

　　　冷却過程で一つの固溶体(η)と液相(L)が反応してその固溶体の外周に
別の固溶体(α)をつくる反応.

(c) 偏晶反応(monotectic reaction)　　$L_1\rightarrow L_2+\beta$

　　　冷却過程で一つの液相(L_1)が反応して固溶体(β)と別の成分の液相(L_2)
をつくる反応.

(d) 共析反応(eutectoid reaction)　　$\alpha\rightarrow\delta+\beta$

　　　冷却の過程で一つの固溶体(α)から二つ以上の固相(δ および β)が混合
した組織へと変化する反応.

その他,

(e) 包析反応(peritectoid reaction)

　　　冷却過程で二つの固溶体が反応して別の固溶体をつくる反応.

　これらのうち共晶・包晶・偏晶反応は,液相と固相間の反応であるのに対
して,共析・包析反応は固相間における反応である.

> **晶出と析出**
>
> 晶出は液相から固相が生成するときに用い,析出は固相から新しい結晶の固相が生成するときに用いる用語.同様に,共晶反応も,固相から起こる反応では共析反応というように,(晶)と(析)を使い分ける.

　以下に全率固溶型平衡状態図を例にとって,その読み方について述べる.

　平衡状態図は,図 4.3(a)に示すような熱分析曲線を用いて実験的に作成す
る場合と,最近では自由エネルギーから計算して作成する場合とがある.こ
の図において,曲線は元素 A,B とこれらを任意に混ぜた合金 C の熱分析曲
線である.純金属 A,B での停留点が融点に当り,合金 C では高温側での屈
曲点 C_1 は液相の一部が凝固を開始する温度で,低温側での屈曲点 C_2 は液相
全部が凝固を終了する温度である.図 4.3(b)が平衡状態図で,横軸に成分変
化(組成),縦軸に温度をとって,これらの関係を示す.この状態図において,
横軸は元素 B の成分変化(通常 mass%で示す)を示し,左端は元素 A=100％,
元素 B=0％,右端は元素 A=0％,元素 B=100％である.上側の液相と下側の
固相で囲まれた領域は液相と固相の共存領域で,凝固開始温度を結んだ線を
液相線(liquidus),凝固終了温度を結んだ線を固相線(solidus)という.

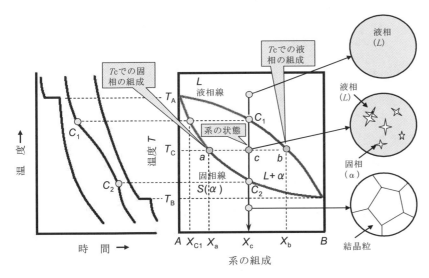

(a)熱分析曲線　　　　　(b)平衡状態図

図 4.3　全率固溶型平衡状態図

平衡状態図からは，少なくともつぎの3つの重要な情報が得られる．すなわち，

(a) 存在する相，

(b) これらの相の組成，

(c) これらの相の割合，

である．以下，それぞれについて示していく．

(a) 存在する相

どのような相が存在するかは，平衡状態図上に示されているため簡単に知ることができる．たとえば，図4.3(b)の c 点において存在する相は，固相(α 相)と液相である．

(b) 相の組成の決定法

図4.3(b)に示すように，ある任意の組成 X_c の合金を液相状態 C_L から冷却していくと点 C_1 で組成 X_c の液相から組成 X_{c1} の固相を晶出し始め，点 C_2 まで冷却するとすべて組成 X_c の固相となる．冷却途中の液相・固相共存領域において，温度 T_C(点 c)での固相と液相の組成はそれぞれ X_a(a 点)と X_b(b 点)となり，液相線および固相線との交点の値として求めることができる．このように，液相線は液相の成分変化を示すのに対して，固相線は固相の成分変化を示す．

(c) 相の割合の決定法

また，このような c 点における液相と固相の割合は，温度 T_C(点 c)での液相と固相の成分の値から求められる．それぞれの相の割合を f_L と f_S とすると，次式が成り立つ．

$$f_L + f_S = 1 \tag{4・3}$$
$$f_S X_a + f_L X_b = X_c \tag{4・4}$$

これらの式より，液相の割合 f_L と固相の割合 f_S は

$$f_S = \frac{X_b - X_c}{X_b - X_a} \tag{4・5}$$

$$f_L = \frac{X_c - X_a}{X_b - X_a} \tag{4・6}$$

$$\frac{f_L}{f_S} = \frac{X_c - X_a}{X_b - X_c} \tag{4・7}$$

により計算することができる．この関係を模式図としたものが図4.4で，てこの関係(lever rule)と呼ばれる．

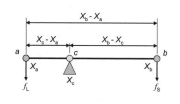

図 4.4　てこの関係

質量%とモル%の換算

A，B元素の2成分系合金において，原子量をそれぞれa，bとし，A元素の質量%をx (mass%)とすると，モル%と質量%の関係は次式で示される．

A元素のモル%＝

$$\frac{100bx}{a(100-x)+bx}$$

(mol%)

B元素のモル%＝

$$\frac{100a(100-x)}{a(100-x)+bx}$$

(mol%)

【例題4・2】　＊＊＊＊＊＊＊＊＊＊＊＊＊＊＊＊＊＊＊＊＊

2成分系における質量%，W_a および W_b を体積%，V_a および V_b に変換してみる．なお，それぞれの成分の密度を ρ_a および ρ_b とする．

【解答】

$$V_a = \frac{\dfrac{W_a}{\rho_a}}{\dfrac{W_a}{\rho_a} + \dfrac{W_b}{\rho_b}} \qquad V_b = \frac{\dfrac{W_b}{\rho_b}}{\dfrac{W_a}{\rho_a} + \dfrac{W_b}{\rho_b}}$$

* * * * * * * * * * * * * * * * * * * *

4・3・1 全率固溶型 (isomorphous system)

(1) 平衡状態(equilibrium state)

全率固溶型の場合には，2成分が完全に固溶した固溶体を形成する．図4.5に全率固溶型平衡状態図の代表例として，Cu-Ni系平衡状態図を示す．Cu-35mass％Ni合金について，1300℃から非常にゆっくりと冷却した場合の凝固過程を図4.6に示す．a点の1300℃では，35％Ni-65％Cuの組成の液相である．b点(液相線との交点)直下の温度では，35％Niの液相から46％Niの固相(α相)が晶出(crystallization)し始める．その後，冷却とともに液相の組成は液相線，α相の組成は固相線との交点で示される値とともに変化していく．d点(固相線との交点)の1220℃直上では24％Niの液相と35％Niのα相となり，この温度以下ですべて35％Ni-65％Cuのα相となる．

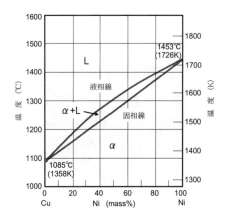

図4.5 Cu-Ni系平衡状態図

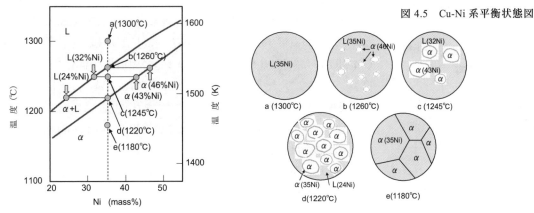

図4.6 Cu-35mass%Ni合金の平衡状態図と各温度における凝固組織

【例題4・3】　* *

A copper-nickel alloy of composition 70%Cu-30%Ni is slowly heated from a temperature of 1100℃.

(1) At what temperature does the first liquid phase form?

(2) What is the composition of this liquid phase?

(3) At what temperature does complete melting of the alloy occur?

(4) What is the composition of the last solid remaining prior to complete melting?

【解答】

(1) 1200℃,

(2) 20%Ni

(3) 1240℃

(4) 41%Ni

* *

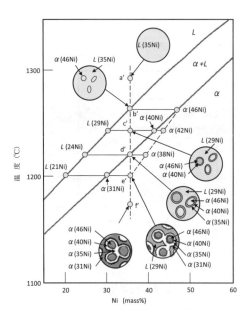

図 4.7　非平衡状態の Cu-Ni 系平衡
状態図における組織変化

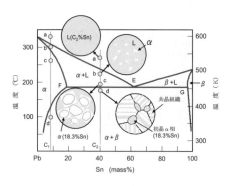

図 4.8　Pb-Sn 系平衡状態図

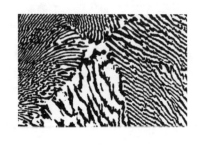

図 4.9　Pb-Sn 合金の共晶組織
黒色が α(Pb)相，白色が β(Sn)相
(ASM Handbook, Vol.9, Metallo-
graphy and Microstructures,(2004),
ASM Int.)

(2)　非平衡状態(nonequilibrium condition)

　実際の凝固過程では，時間依存，すなわち非平衡状態の組織変化が起こる．図 4.7 に Cu-Ni 系合金における非平衡状態の組織変化の例を示す．凝固過程における組織変化は拡散現象により起こるため，冷却速度が速い場合には，平衡状態に達しない状態で凝固する．このため，図 4.7 に示すような組織変化を伴い，不均質な組織となる．したがって，最終的には熱処理による均質化処理(第 6 章参照)が必要となる．

4・3・2　共晶型（eutectic system）

　2 元系合金の中でも，冷却の過程で一つの液相から二つ以上の固相が混合した組織へ変化する共晶反応を伴う合金系は多い．その代表的な例が，はんだ(solder)として利用されている Pb-Sn 系合金である(図 4.8)．その他，部分的にこの反応を示す合金も Al-Si 系，Fe-C 系など鋳造材料として使用されている合金も多い．

　Pb-Sn 系平衡状態図において，図 4.8 に示す E 点を共晶点，FEG を共晶線といい，この温度 183℃で共晶反応(L→α＋β)が起こり，液相(61.9％Sn)からα相(18.3％Sn)とβ相(97.8％Sn)の 2 つの固溶体が晶出する．ここでは，液相から Pb および Sn 原子が拡散(第 5 章参照)していき，α相とβ相に再配列して層状の共晶組織(図 4.9)を形成する．また，組成 C_1％Sn についてみると，a 点では C_1％Sn の液相で，b 点ではこの液相からα相が晶出し，これらの組成および割合はてこの関係により知ることができる．c 点では，すべて C_1％Sn のα相となるが，さらに冷却して溶解度曲線(solvus line または solubility curve)以下の d 点では，α相中に小さなβ相が析出する．これらの組成および割合についても上述した方法により知ることができる．さらに，組成 C_2％Sn についてみると，a 点では C_2％Sn の液相で，b 点ではこの液相からα相が晶出し，これを初晶α相という．共晶温度直上の c 点では，ほぼ 18.3％Sn のα相となり，この温度以下の d 点では，初晶α相と液相がα相とβ相の共晶組織となる．

【例題 4・4】　＊＊＊＊＊＊＊＊＊＊＊＊＊＊＊＊＊＊＊＊＊＊＊

　図 4.8 に示す Pb-Sn 系平衡状態図において，つぎの問いに答えなさい．
(1) 10％Sn の場合の冷却過程における組織変化について，相の種類とその組成および割合について述べなさい．
(2) 40％Sn の場合の冷却過程における組織変化について，相の種類とその組成および割合について述べなさい．

【解答】

　図 4.8 に示す各点における組織変化に対応して述べる．
(1) a 点：すべて 10％Sn の液相である．
　　b 点：10％Sn の液相から，7％Sn のα相が晶出し始める．
　　c 点：すべて 10％Sn のα相となる．
　　d 点：α相からβ相が析出し始める．
(2) a 点：すべて 40％Sn の液相である．

b 点：40％Sn の液相から，15％Sn の α 相が晶出し始める.

c 点：共晶反応が起こり，18.3％Sn の α 相と液相から α 相と β 相の共晶組
織が晶出し始める.

d 点：18.3％Sn の α 相と液相から晶出した共晶組織が，45％と 55％の割
合で存在する.

＊　＊　＊　＊　＊　＊　＊　＊　＊　＊　＊　＊　＊　＊　＊　＊　＊　＊

アルミニウム合金の鋳造材料の代表であり，共晶型の代表で
もある Al-Si 系合金の実際の組織を見てみる. その平衡状態図
を図 4.10 に，組織の例を図 4.11 に示す. 7％Si の亜共晶組成で
は，初晶 α 相の周りに共晶組織が見られる. 12.6％Si の共晶組
成では，共晶 α 相と長く伸びた共晶の Si 相が見られる. さらに，
18％Si の過共晶では，共晶組織の中に大きく成長した Si 相が見
られる.

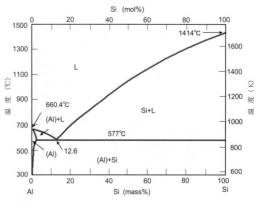

図 4.10　Al-Si 系平衡状態図

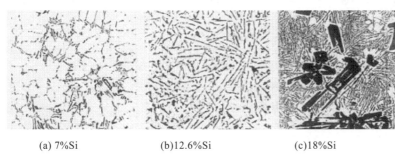

(a) 7％Si　　　　(b)12.6％Si　　　　(c)18％Si

図 4.11　Al-Si 系合金の組織，(軽金属学会編，アルミニウムの組織と性質，
(1991)，軽金属学会)

4・3・3　包晶型（peritectic system）

冷却過程で一つの固溶体と液相が反応して，その固溶体の外周に別の固溶
体をつくる反応を包晶反応といい，この反応のみの合金系では Co-Cu 系など
あまり多くないが，他の反応と複合した合金系では，Fe-C 系，Cu-Zn 系，Al-Cu
系などの多くの実用合金や Al$_2$O$_3$-SiO$_2$ 系などのセラミックスにも見られる.
包晶反応の平衡状態図の模式図を図 4.12 に示す. これまでと同様に，液相

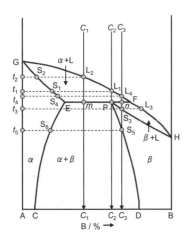

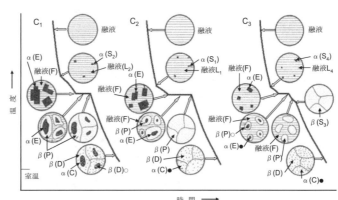

図 4.12　包晶型平衡状態図と冷却過程[1]

領域から冷却していく際の組織変化について説明する．図4.12に示すP点を包晶点，EPF線を包晶線という．P点を通る組成C_2%の場合についてみると，まず，液相線との交点直下の温度でC_2%の液相からS_1%のα相（固溶体）を晶出し始め，包晶線直上では，F%の液相とE%のα相が$\overline{PE}:\overline{PF}$の割合で存在するようになる．この温度において，包晶反応

$$\alpha\,相(\overline{PE}\%)＋液相(\overline{PF}\%)\rightarrow\beta\,相(C_2\%)$$

が起こる．この場合，3相共存状態で反応は進行するが，自由度は0であるので，温度一定の条件で進行している．ここでの反応を詳しく見ると，α相と周りの液相との間で反応が起こり，α相を包むようにβ相が成長していく．このような過程を経るために包晶反応とよばれている．最終的には，α相と液相はすべて反応しβ相となる．その後，β相中にα相が析出する．

【例題4・5】　＊＊＊＊＊＊＊＊＊＊＊＊＊＊＊＊＊＊＊＊＊＊＊

図4.12に示す包晶型平衡状態図において，C_1%およびC_3%の場合の冷却過程における組織変化について，相の種類とその組成および割合について述べなさい．

【解答】

(1) C_1%の場合，図4.12参照．

(2) C_3%の場合，図4.12参照．

＊＊＊＊＊＊＊＊＊＊＊＊＊＊＊＊＊＊＊＊＊

4・3・4　偏晶型 (monotectic system)

冷却過程で一つの液相が反応して固溶体と別の成分の液相をつくる反応を偏晶反応という．この反応をもつ合金系の代表はCu-Pb系で，軸受用合金であるケルメット合金(Kelmet)として有名である．Cu-Pb系平衡状態図を図4.13に示す．この状態図において，C_1%組成の場合について，ゆっくりと冷却していくと，液相線との交点の温度から濃度の異なる液相(L_1とL_2)に分離し始め，偏晶温度954℃になると，液相L_1は14.7mol%Pbの組成となる．ここで，偏晶反応は，

$$液相\,L_1(14.7\text{mol}\%\text{Pb})\rightarrow Cu＋液相\,L_2(67\text{mol}\%\text{Pb})$$

が進行する．M点を偏晶点といい，液相から固相と別の液相が現れる点が共晶反応と異なる．また，包晶反応と同様に，ここでは3相共存状態で自由度は$f=0$となり温度一定で反応が進行する．液相L_1の反応が終わると，温度が低下し始める．以後，Cuの晶出が進み，液相L_2の組成は液相線に沿って変化していき，共晶組成になる．ここで，共晶反応が起こり，CuとPbの2相組織となる．

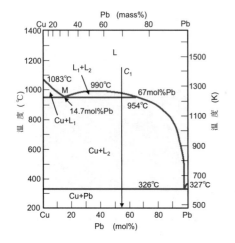

図4.13　Cu-Pb系平衡状態図

【例題4・6】　＊＊＊＊＊＊＊＊＊＊＊＊＊＊＊＊＊＊＊＊＊＊

図4.13に示すCu-Pb系平衡状態図において，5mol%Pbの場合の冷却過程における組織変化で，(1)偏晶反応により生成するL_2の割合を計算しなさい．(2)室温でのPbの割合を計算しなさい．

【解答】
　式(4.5)より，
(1) L_2 量＝7.5％
(2) Pb 量＝5％

＊＊＊＊＊＊＊＊＊＊＊＊＊＊＊＊＊＊＊＊＊

4・4　実用材料の例（examples of practical materials）

4・4・1　鉄—炭素合金状態図 (iron-carbon alloy phase diagram)

　鋼や鋳鉄は最も多く利用される材料で，これらの組織変化を知ることは重要である．その基礎となるのが Fe-C 系複平衡状態図である(図4・14)．この系は 4・3 項に示す包晶型，共晶・共析型から構成されており，実線は Fe-Fe$_3$C(セメンタイト)系平衡状態図（準安定系）を，破線は Fe-C(黒鉛)系平衡状態図(安定系)を示す．一般的に炭素量 2.14％以下を炭素鋼(carbon steel)とよび，2.14％以上，6.69％以下を鋳鉄(cast iron)と呼んでいる．

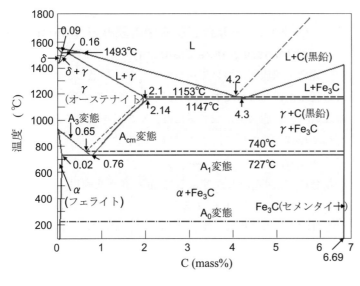

図 4.14　Fe-C 系複平衡状態図

　純鉄では低温から α 鉄(bcc)， γ 鉄(fcc)， δ 鉄(bcc)のように温度によって変化し，このような純金属において温度によって構造が変化することを同素変態(allotropic transformation)という．炭素を固溶した炭素鋼では α 固溶体(フェライト(ferrite))， γ 固溶体(オーステナイト(austenite))および δ 固溶体と Fe$_3$C(セメンタイト(cementite))が存在する．これに対して鋳鉄では α 固溶体および γ 固溶体のほかに，高炭素領域で安定系の黒鉛(graphite)と準安定系の Fe$_3$C が存在する．高温・低炭素域では， δ ＋L→ γ の包晶反応，中温・高炭素域では，L→ γ ＋C の共晶反応，低温・低炭素域では， γ → α ＋Fe$_3$C の共析反応が起こる複雑な平衡状態図である．また，727℃に示す A$_1$ 変態(A$_1$ transformation)の線は共析温度で，同様に，A$_3$ 変態はフェライトの析出温度，A$_{cm}$ はセメンタイトの析出温度を示す．A$_0$ 変態はセメンタイトの磁気変態 (magnetic transformation)温度を示し，セメンタイトが強磁性↔常磁性のように変化する．炭素鋼では Fe-Fe$_3$C 系平衡状態図により，鋳鉄では Fe-C 系平衡

状態図により組織変化を考える必要があり，セメンタイトの代わりに黒鉛が生成する(第9章参照).

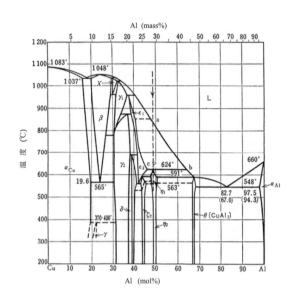

図4.15　Al-Cu系平衡状態図[(1)]

4・4・2　アルミニウム—銅合金状態図 (aluminum-copper alloy phase diagram)

　図4・15には，ジュラルミンなどのアルミニウム合金としてよく利用されるAl-Cu系合金の平衡状態図を示す．この状態図においては，2つの共晶反応，4つの包晶反応，4つの共析反応および4つの包析反応が見られ，非常に複雑な平衡状態図であることがわかる．特に，高Al側の合金は時効硬化(age hardening)型(第6章参照)となり，ジュラルミン(duralmin)として有名である(第10章参照).

＊＊＊＊＊＊＊＊＊＊＊＊＊＊＊＊＊＊＊＊＊

4・5　三元合金状態図(ternary phase diagrams)

4・5・1　三元合金状態図の読み方 (understanding of ternary phase diagram)

　これまで二元合金状態図について述べてきたが，当然のことながら実用合金には多くの元素が添加されており，三元以上で考える必要がある．しかし，現実的にはこれらの状態図を作成するには多くの労を要するために，主に実用合金について作成されている．ここでは，基本的な三元合金状態図の読み方について説明する.

　三元系の場合には，図4.16に示すように，正三角形を利用して表示される．この正三角形の各点をA，B，Cとすると，これが各成分の組成100％に対応する．それぞれの成分の変化は，各辺CA（A％），AB（B％）およびBC（C％）に対応する．したがって，3成分の混合比(組成)は正三角形上の1点で表示される．たとえば，点pの組成を通る各辺に平行な直線と各辺の交点をそれぞれa，bおよびcとすると，$\overline{Ca}$，$\overline{Ab}$，$\overline{Bc}$がそれぞれA，B，Cの組成を示す．この場合には，A：30％，B：50％，C：20％となり，合計すると100％となる.

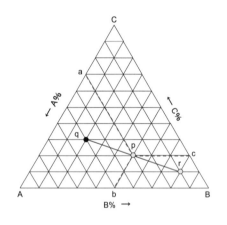

図4.16　三元系平衡状態図

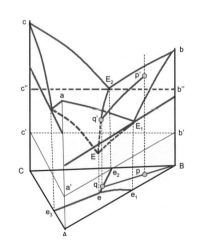

図4.17　三元共晶型平衡状態図[(1)]

【例題4・7】　＊＊＊＊＊＊＊＊＊＊＊＊＊＊＊＊＊＊＊＊＊＊

　図4.16の三元系状態図上に，組成A：50％，B：20％，C：30％となる点を示しなさい.

【解答】

　図4.16中に●で示した点q.

＊＊＊＊＊＊＊＊＊＊＊＊＊＊＊＊＊＊＊＊＊

　また，3元系の場合にも，てこの関係は成り立つ．p組成の合金がq相とr相から構成されているとすると，q相の量：r相の量＝$\overline{pr}$：$\overline{pq}$となる.

三元系状態図に温度軸を加えると，図4.17のように立体で表示できる．これは三元共晶型平衡状態図の例で，三角柱のそれぞれの側面は，二元系の共晶型状態図に対応している．二元系の場合と同様に，p 組成の合金を液相状態から冷却していくと，液相面 bE_1EE_2 で B 成分金属を初晶として晶出し始め，液相の組成は p' 点から q' 点に沿って変化していく．q' 点の共晶線で C 成分金属をも晶出し，三元共晶点である E 点では，A，B，C 成分金属が同時に晶出した共晶となる．

4・5・2　実用材料の例 (examples of practical materials)

実用合金の三元系状態図の例としては，Fe-Ni-Cr 系，Al-Si-Mg 系，Al-Cu-Mg 系などが良く利用されている．ここでは，図 4.18 に示す Al-Si-Mg 系を例にとってみよう．この合金は，鋳造用合金の代表的な合金系である．この状態図には，各組成に対応した溶融温度が液相線プロットとして示されており，合金の凝固温後を予測する上で有用である．また，この液相線プロットから凝固中の液相の組成変化を知ることができる．

【例題 2・8】　＊＊＊＊＊＊＊＊＊＊＊＊＊＊

In Fig.4.18,

(1) Locate the Al-20%Si-20%Mg on the liquidus plot.

(2) Determine the liquidus temperature.

(3) Find the primary solid phase.

(4) Predict how the composition of the liquid will change during solidification.

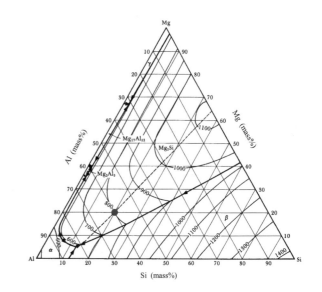

図 4.18　Al-Si-Mg 系平衡状態図　(軽金属学会編，アルミニウムの組織と性質，(1991)，軽金属学会)

【解答】

(1) 図 4.18 中に●で示した点．

(2) 図 4.18 より，800℃．

(3) 初晶は，Mg_2Si である．

(4) 液相温度は Al 量が高くなるにつれて，低温側に移動する．したがって，液相は凝固中に Al 高濃度となる．Mg_2Si が生成されるにつれて，液相の組成は Mg_2Si と β 相(ほぼ純 Si)との固相線までは破線で示した線に沿って変化していく．

＊＊＊＊＊＊＊＊＊＊＊＊＊＊＊＊＊＊＊＊＊＊＊

＝＝＝＝【練習問題】＝＝＝＝＝＝＝＝＝＝＝＝＝＝＝＝＝＝

【4・1】In Fig.4.5, determine the degree of freedom in a Cu-40mass%Ni alloy at 1300℃,1240℃ and 1205℃.

【4・2】図 4.7 において，Cu-35%massNi 合金の 1300℃，1240℃および 1205℃における平衡状態および非平衡状態における組成と各相の割合の違いについて検討しなさい．

【4・3】 図 4.10 に示す Al-Si 系平衡状態図において，7%massSi,12.6mass%Si および 18mass%Si の場合の冷却過程における組織変化を模式的に描き，相の種類とその組成および割合について，図4.11の組織とあわせて検討しなさい.

【4・4】 In the Al-Cu phase diagram, Fig. 4.15,

      (1) What reaction does occur at 32.7mass%Cu?

      (2) What are the temperature of the reaction and the compositions of each phase in the reaction?

【4・5】 図 4.18 に示す Al-Si-Mg 系平衡状態図において，

      (1) Al-20%massSi-60mass%Mg

      (2) Al-50mass%Si-20%massMg

合金における液相温度と凝固時に生成する初晶の相について答えなさい.

【解答】

【4・1】 1300℃では，液相1相であるので，$p=1$. 成分は2成分であるので，$c=2$. したがって，$f=2-1+1=2$

    1250℃では，$f=2-2+1=1$，1200℃では，$f=2-1+1=2$.

【4・2】 1300℃では，平衡状態(濃度)：L(35%Ni)，100%L，

                  非平衡状態：L(35%Ni)，100%L

    1240℃では，平衡状態：L(29%Ni)，(40−35)/(40−29)=45%L

                      α(40%Ni)，(35−29)/(40−29)=55%α

              非平衡状態：L(29%Ni)，(42−35)/(42−29)=54%L

                      α(42%Ni)，(35−29)/(42−29)=46%α

    1205℃では，平衡状態：α(35%Ni)，100%α

              非平衡状態：α(35%Ni)，100%α

【4・3】 略

【4・4】 (1) L→α＋θ，(2) 反応温度：548℃，

    各相の組成：α(Al-5.65%Cu)，θ(Al-52.5%Cu)，L(Al-33.2%Cu)

【4・5】 (1) 1000℃，Mg_2Si，(2) 1020℃，β

第4章の文献

(1) 横山享，図解合金状態図読本，(1974)，オーム社.

(2) 小原嗣朗，金属組織学概論，(1974)，朝倉書店.

(3) 阿部秀夫，金属組織学序論，(1970)，コロナ社.

(4) Callister, Jr., W. D., Materials Science and Engineering An Introduction, 7th Edition, (2007), John Wiley and Sons.

(5) 吉田総仁，京極秀樹，篠崎賢二，山根八洲男，機械技術者のための材料加工学入門，(2003)，共立出版.

(6) 湯浅栄二，新版機械材料の基礎，(2000)，日新出版.

(7) 金子純一，須藤正俊，菅又信，新版基礎機械材料学，(2004)，朝倉書店.

第5章

拡散・高温変形

Diffusion and High Temperature Deformation

＊＊＊＊＊＊＊＊＊＊＊＊＊＊＊＊＊＊＊＊＊＊＊＊＊＊＊＊＊＊＊＊＊＊＊＊

　水に落としたインクや，空気中に放出した煙は次第に広がり，薄くなっていく．このように時間と共にひろがり散ることを拡散(diffusion)という．拡散現象は気体や液体のみでなく，固体中でも現れる．高温での材料の変形や，組織を調整して特定の性質を得る熱処理においても，拡散による物質移動が重要な役割を果たしている．本章ではこれらに関する基礎的な事項について学習する．

＊＊＊＊＊＊＊＊＊＊＊＊＊＊＊＊＊＊＊＊＊＊＊＊＊＊＊＊＊＊＊＊＊＊＊＊

5・1　拡散とは　(what is the diffusion?)

　拡散は現象として観察するだけではなく，金属やセラミックスのプロセスにおいて積極的に利用されている．合金の凝固ではしばしば成分の分布が不均一となり(凝固偏析)，特性の劣化につながる．このような鋳物の不均一性は高温で長時間保持することで低減させることができ，この熱処理(第6章参照)を均質化処理(homogenizing)または拡散焼なまし(diffusion annealing)という(図 5.1(a))．　鉄鋼材料では耐摩耗性を向上するために，表面に炭素を侵入させ，表面層のみ焼入れ硬化させる方法がある(図 5.1(b))．これは炭素原子の拡散を利用しており，浸炭法(carburizing)といわれる．また，平坦な金属面同士を接触させて長時間加熱することで拡散接合(diffusion bonding)が可能である(図 5.1(c))．平坦な面同士でも初期の接合界面は原子レベルでのすき間が多いが，拡散により原子が移動してきて空隙を埋める．粉末冶金(powder metallurgy)やセラミックスの焼結(sintering)プロセス(第8章参照)においては粉末粒子同士を拡散により結合し，すき間を無くしていくことで緻密化した製品が得られる(図 5.1(d))．これらのプロセスを制御するには拡散の機構，法則を知り，拡散に係わる材料定数を把握し，物質移動，濃度分布の変化を予測することが大切である．

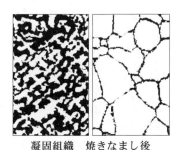

凝固組織　焼きなまし後

(a)　鋳物の微細組織，

(須藤他,金属組織学,(1972),丸善)

浸炭雰囲気　　鉄

炭素原子

(b)　鉄鋼材料の浸炭処理

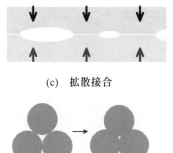

(c)　拡散接合

(d)　焼結における粉末粒子の接合

図 5.1　金属材料の各種処理で生じる拡散現象

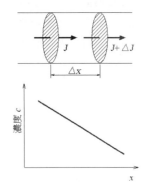

図 5.2 フィックの第1法則

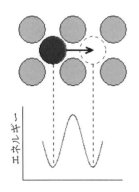

図 5.3 拡散のために原子が越えるべきエネルギーの山

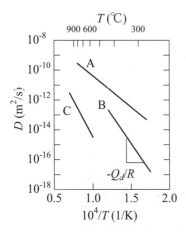

図5.4 拡散係数の温度依存性

> **活量係数とは**
>
> 理想系と実存系に存在する誤差を修正するために導入された. 理想系では $\mu = \mu_0 + RT\ln N$ が成り立っているが, 実存系では原子間の結合力があるためにこれが成り立たない.

＊＊＊＊＊＊＊＊＊＊＊＊＊＊＊＊＊＊＊＊＊＊

5・2　フィックの第1法則　(Fick's first law)

5・2・1　拡散の駆動力(driving force of diffusion)

　拡散による物質移動の仕方は熱の伝わり方に似ている. ゆでた蕎麦を早く冷やすには氷水を使った方がよい. すなわち熱の伝わる量は同じ時間ならば温度差が大きいほど多い(フーリエの法則). 拡散の場合, 一般に濃度差が大きいほど単位時間の物質移動量が増える. 同様のことは電気伝導でもいえ, 抵抗が一定ならば電流は電圧に比例する(オームの法則). このような移動を起こす"差違"はしばしば駆動力(driving force)と呼ばれ, 工学における移動現象は流量＝比例係数(伝導率)×駆動力という法則で表されることが多い. 拡散の駆動力は一般には化学ポテンシャル(chemical potential)

$$\mu = \mu_0 + RT\ln(\gamma N) \tag{5.1}$$

の差とされる. ここで R は気体定数(付表 S・2「主な物理定数」参照), T は絶対温度, N はモル濃度, γ は活量係数, μ_0 は $N=1$ のときの μ である. 例えば, 理想系 $\gamma=1$ であるとして位置 x に対するポテンシャル勾配を考えると,

$$\frac{d\mu}{dx} = \frac{RT}{N}\frac{dN}{dx} \tag{5.2}$$

となるので, 簡単には駆動力として濃度差が用いられる.

5・2・2　拡散流束(diffusion flux)

　拡散により単位時間に単位面積を通過する物質量を拡散流束という. 今, 簡単のため x 方向にのみ濃度差があるとすると, 濃度を位置(x, y, z)の関数で表せば x 方向の濃度勾配はその偏微分となり, 拡散流束はこれに比例する. これをフィックの第1法則という.

$$J = -D\frac{\partial c}{\partial x} \tag{5.3}$$

ここで, J は拡散流束, c は濃度, D は拡散係数(diffusion coefficient)である. マイナスがつくのは図 5.2 に示すように x の正方向に対して濃度が下降している場合に勾配 $\partial c/\partial x$ は負であるが, 拡散は正方向に向かうためである. 濃度 c は単位体積当たりの物質量で表され, 物質量としてモル数, 粒子数などが用いられる. モル数の場合, 濃度は $c=N$ でよいが, 粒子数を用いる場合はアボガドロ数 N_A を乗じて $c=N_A N$ であることに注意されたい. いずれにせよ式(5.3)は SI 単位で以下のようになり, 拡散係数 D の単位は m^2/s である.

$$\left[\frac{物質量}{m^2 s}\right] = \left[\frac{m^2}{s}\right]\left[\frac{物質量/m^3}{m}\right]$$

5・2・3　拡散係数(diffusion coefficient)

　拡散係数はその物質の移動の速さを表しているが, その値は温度に強く影響される. 図 5.3 に示すように拡散するには原子がある位置から次の隣接位置へ, 山を越えるようにジャンプしなければならない. ジャンプするにはそれだけのエネルギーが必要で, これを拡散の活性化エネルギー(activation energy for diffusion)という. これを越える十分なエネルギーを持つ原子の数は温度とともに指数関数的に増加するため, 全体としての移動速度も著しく増加する. 活性化エネルギーを1モルまたは1原子当たりの値としてQ_dとすると, これを得る確率は$\exp(-Q_d/RT)$で与えられ, 拡散係数の温度依存性は

$$D = D_0 \exp\left(-\frac{Q_d}{RT}\right) \tag{5.4}$$

となる. ここで, D_0は振動因子(frequency factor)と呼ばれる. 表5.1に金属のD_0, Q_dの例を示す. 図5.4のように$\log D$と$1/T$に対してグラフを描くと, 直線関係が得られ, その傾きは$-Q_d/R$となる. このような図の形式はアレニウスプロット(Arrhenius plot)といわれている.

表5.1 拡散係数の例

拡散原子と母金属	D_0 (m^2/s)	Q_d (kJ/mol)
Fe in α-Fe	2.8×10^{-4}	251
Fe in γ-Fe	5.0×10^{-5}	284
C in α-Fe	6.2×10^{-7}	80
C in γ-Fe	2.3×10^{-5}	148
Cu in Cu	7.8×10^{-5}	211
Zn in Cu	2.4×10^{-5}	189
Al in Al	2.3×10^{-4}	114

(Callister, W. D. Jr., (入戸野修訳),材料の科学と工学, (2006), 培風館).

【例題5・1】　＊＊＊＊＊＊＊＊＊＊＊＊＊＊＊＊＊＊＊＊＊＊

表5.1におけるα鉄中における炭素原子(C in α-Fe)およびの銅中の銅原子(Cu in Cu)の拡散係数についてアレニウスプロットを示しなさい.

【解答】

式(5.4)に表5.1の数値とR=8.31J/mol・Kを代入し, 任意の温度2点におけるDの値を求めて直線で結ぶと, 図5.4におけるA, Cのような結果が得られる.

＊＊＊＊＊＊＊＊＊＊＊＊＊＊＊＊＊＊＊＊＊＊

5・3　フィックの第2法則 (Fick's second law)

5・3・1　定常と非定常(steady and nonsteady)

常に流れ方が一定で, 時間的な変化のない場合を定常状態(steady state)という. この流れは式(5.3)があれば計算できる. これに対し時間とともに各位置の濃度が変化すれば, 濃度勾配も変化し, 拡散流束も変化する. これを非定常状態(nonsteady-state)といい, この場合は新たな式が必要である.

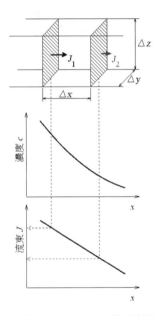

図5.5 フィックの第2法則

【例題5・2】　＊＊＊＊＊＊＊＊＊＊＊＊＊＊＊＊＊＊＊＊＊

定常状態(Jは定数)の場合, 濃度分布は直線となることを示しなさい.

【解答】

式(5.3)を積分すれば$c=ax+b$となる. ここで, $a=-J/D$, bは定数である.

＊＊＊＊＊＊＊＊＊＊＊＊＊＊＊＊＊＊＊＊＊＊

5・3・2　連続の式(equation of continuity)

非定常状態を取り扱えるように今, 図5.5のように微小体積$\Delta x \Delta y \Delta z$における物質量の増減を考える. 簡単のために$x$方向のみに流れがあるとする. 流れは連続しており, 物質が突然現れたり消えたりすることはない. 面積$\Delta y \Delta z$を通した単位時間当たりの流入量J_1と流出量J_2の差が, 単位時間の物質量の増減, すなわち濃度の時間変化$\partial c/\partial t$×体積となる.

$$\left(\frac{\partial c}{\partial t}\right)\Delta x \Delta y \Delta z = (J_1 - J_2)\Delta y \Delta z \tag{5.5}$$

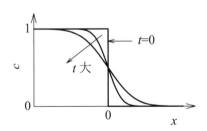

図5.6 接触させた2金属の拡散. $x<0$で$c=1$, $x>0$で$c=0$という境界条件で式(5.7)を解くと, 時間t, 位置xでの濃度

$$c(x,t) = \frac{1}{2}\left\{1 - \mathrm{erf}\left(\frac{x}{2\sqrt{Dt}}\right)\right\}$$

を得る. erfは誤差関数である. この解を用いて時間による濃度変化が計算できる.

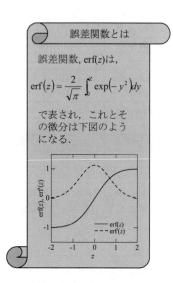

誤差関数とは

誤差関数, erf(z)は,

$$\mathrm{erf}(z) = \frac{2}{\sqrt{\pi}} \int_0^z \exp(-y^2)\,dy$$

で表され, これとその微分は下図のようになる.

表 5.2 誤差関数の値

z	erf(z)
0	0
0.1	0.1125
0.2	0.2227
0.3	0.3286
0.4	0.4284
0.5	0.5205
0.6	0.6039

これは, たとえば, 入ってくる量と出ていく量が同じ($J_1 - J_2 = 0$)ならば何も残らないことを表している. ここで, Δx が微小であるので

$$\frac{\partial J}{\partial x} = \frac{J_2 - J_1}{\Delta x} \tag{5.6}$$

と近似し, これを $J_1 - J_2$ に対する式に直して(5.5)に代入し, 両辺を体積$\Delta x \Delta y \Delta z$で割る. さらに式(5.3)を代入し, D が濃度に依存しない場合, D は偏微分の外に出て,

$$\frac{\partial c}{\partial t} = -\frac{\partial J}{\partial x} = -\frac{\partial}{\partial x}\left(-D\frac{\partial c}{\partial x}\right) = D\frac{\partial^2 c}{\partial x^2} \tag{5.7}$$

となる. これをフィックの第2法則という.

5・3・3　拡散方程式(diffusion equation)

式(5.7)は拡散方程式ともよばれている. 流れが $y,\ z$ 方向にもある場合も全く同様に導いて, 3次元の式が得られる.

$$\frac{\partial c}{\partial t} = D\left(\frac{\partial^2 c}{\partial x^2} + \frac{\partial^2 c}{\partial y^2} + \frac{\partial^2 c}{\partial z^2}\right) \tag{5.8}$$

定常状態の場合は濃度変化がないので式(5.8)において$\partial c/\partial x = 0$ とすればよく, D は消去される. すなわち, 拡散速度とは無関係に定常状態(最終状態)が計算される. これらの偏微分方程式を境界条件と共に解くことで, 拡散現象を計算することができる. 図 5.6 に例を示す. 単純な場合は解析的に解くこともできるが, 計算機の発展と共に数値解析による方法が一般的になっている.

【例題 5・3】　＊ ＊ ＊ ＊ ＊ ＊ ＊ ＊ ＊ ＊ ＊ ＊ ＊ ＊ ＊ ＊ ＊ ＊ ＊ ＊

炭素濃度 c_0 の鋼板を 900℃に加熱し表面の炭素濃度を c_s で維持する. この境界条件での式(5.7)の解は, 誤差関数 erf を用いて以下のように与えられる.

$$c(x,t) = (c_s - c_0)\left\{1 - \mathrm{erf}\left(\frac{x}{2\sqrt{Dt}}\right)\right\} + c_0$$

c_0=0.2mass%, c_s=0.8mass%として t=4 時間後, 表面から x=0.48mm の深さでの炭素濃度を計算しなさい. ここで, 900℃での炭素の拡散係数は $1.6 \times 10^{-11}\mathrm{m^2/s}$ とし, いくつかのzに対する erf(z)の値を表5.2に示すのでこれを用いること.

【解答】

$$\frac{x}{2\sqrt{Dt}} = \frac{0.48 \times 10^{-3}}{2\sqrt{1.6 \times 10^{-11} \times 4 \times 3600}} = 0.5 \ \text{であるので, erf(0.5)=0.5205 より,}$$

$$c = (0.8 - 0.2)(1 - 0.5205) + 0.2 \fallingdotseq 0.5\mathrm{mass\%}.$$

参考として濃度分布全体を計算した結果を図 5.7 に示す. ただし, このモデルでは鋼の厚さを半無限としている.

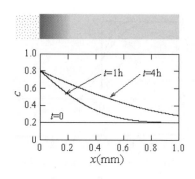

図 5.7 浸炭過程の計算

【例題 5・4】　＊ ＊ ＊　＊ ＊ ＊ ＊ ＊ ＊ ＊ ＊ ＊ ＊ ＊ ＊ ＊ ＊ ＊

【例題 5・3】において鋼の厚さを有限とし, 反対側の面の炭素濃度を c_f に維持するとしたら, 長時間後の濃度分布はどうなっているだろうか.

【解答】
c_sとc_fを結ぶ直線分布となっている．すなわち，定常状態となる．

＊＊＊＊＊＊＊＊＊＊＊＊＊＊＊＊＊＊＊＊＊

5・4　拡散の機構 (mechanism of diffusion)

5・4・1　空孔拡散と格子間拡散(vacancy diffusion and interstitial diffusion)

原子が移動する道筋を拡散経路(diffusivity paths)という．結晶内の原子拡散を体積拡散(volume diffusion)あるいは格子拡散(lattice diffusion)という．置換型固溶体において溶質原子がどのように結晶格子の中を移動するかについては，いくつかの機構が考えられている．その中でも空孔拡散(vacancy diffusion)が重要とされ，これは図 5.8(a)に示すように結晶格子中の点欠陥，すなわち空孔と原子が入れ替わることで次々に移動していく機構である．

図5.8(b)に示すように溶質原子が小さく，侵入型固溶体となっている場合，溶質原子は結晶格子のすき間を次々と移動することができる．これを格子間拡散(interstitial diffusion)という．この機構は水素，炭素，窒素，酸素のような小さな原子に限られる．格子間原子は小さくて動きやすく，また，格子間のすき間も多いので，空孔拡散よりも拡散係数が大きくなる．

5・4・2　短回路拡散(short circuit diffusion)

図 5.9 に示すように，原子移動は結晶粒界や表面，転位に沿っても起こり，それぞれ粒界拡散(grain boundary diffusion)，表面拡散(surface diffusion)，転位拡散(dislocation diffusion)という．これらは拡散速度が結晶格子内のものより大きく，短回路拡散とも呼ばれる．粒界，表面，転位は一般に原子構造が乱れているために活性化エネルギーが低く，このため高速拡散路(high diffusivity paths)といわれるが，多くの場合，その断面積は小さいので，全体への影響はそれほど大きくないとされている．

5・4・3　化合物の拡散(diffusion in compounds)

セラミックスのような化合物での拡散物質はイオンとなる．陽イオンと陰イオンの遅いほうが拡散現象を支配するが，どちらであるかは化合物により異なる．イオン結晶は全体的には電気的に中性でなくてはならないため，図5.10 に示すように，陽イオン空孔と陰イオン空孔がペアになって生成するショットキー欠陥(Schottky defect)と，格子間にイオンが入り込んで空孔と格子間イオンを形成するフレンケル欠陥(Frenkel defect)がある．このほか不純物や定比組成からずれることによる点欠陥が多量に導入される場合があり，その影響も受ける．金属よりも構造が複雑で，拡散機構は明確になっていない．

＊＊＊＊＊＊＊＊＊＊＊＊＊＊＊＊＊＊＊＊＊

5・5　自己拡散と相互拡散 (self diffusion and interdiffusion)

5・5・1　純金属における拡散(diffusion in pure metals)

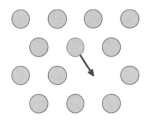

(a)空孔拡散

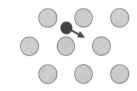

(b)格子間拡散

図 5.8 主要な拡散機構

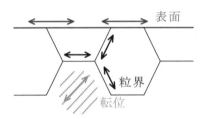

図 5.9 高速拡散路

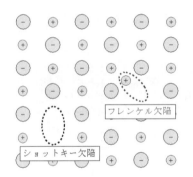

図 5.10 イオン結晶の欠陥

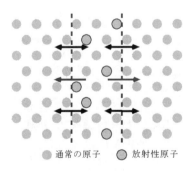

図 5.11 放射性同位元素による自己拡散係数の測定

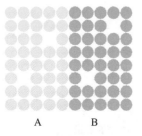

(a) 初期状態

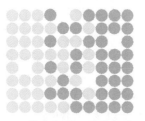

(b) 濃度勾配のできた途中の状態

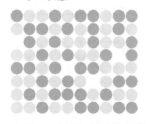

(c) 均一に混ざった最終状態

図 5.12 全率固溶する元素の拡散

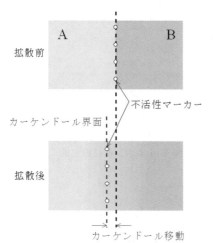

図 5.13 カーケンドール効果の実験.
　不活性マーカーは金属 A, B と反応しない他の金属で，初期の接合位置（カーケンドール界面）を示すために挿入される．B より A の方が拡散係数は大きく，より多くの A 原子がマーカーを越えて B 側に移動する．

原子の偏った分布が次第になくなっていくことが観察できれば拡散現象を実感できるであろう．しかし，右に移動する量と左に移動する量が等しく，見た目は何も変わらない場合でも，原子の移動は行われている．純金属の場合にも原子はたえず位置を変えていて，このように濃度勾配のない状態での拡散は自己拡散といわれている．拡散速度は放射性同位元素を用いて調べることができ(図 5.11)，このときの拡散係数である自己拡散係数(self diffusion coefficient)が決定される．純金属に，それと異なる元素が固溶して拡散する場合も，微量であれば溶媒原子中でのその溶質原子の自己拡散として扱う．ただし，それを不純物と見る場合は不純物拡散(impurity diffusion)として区別している．

5・5・2　濃度勾配下での拡散(diffusion in a concentration gradient)

　図 5.12 に示すように A, B の金属を接合させた場合を考える．両者が互いに溶けあう場合(全率固溶体)，A 原子と B 原子が均一に混ざるまで移動が起こる．この過程はある金属が別の金属の中に拡散していることから相互拡散あるいは化学拡散(chemical diffusion)と称す．A, B は一般に異なる固有の拡散係数をもち，これらを固有拡散係数(intrinsic diffusion coefficient)という．しかし，式(5.7)あるいは式(5.8)における D を相互拡散係数(interdiffusion coefficient)と呼ばれるひとつの値 $\overline{D}$ に置き換え，濃度に依存するとすれば($\overline{D}$ を偏微分の外に出さない)，拡散方程式をそのまま使える．相互拡散係数はボルツマン－マタノの解析法(Boltzmann-Matano analysis)を基に，実験による濃度分布から決定できる．

　$\overline{D}$ と固有拡散係数 D_A, D_B, さらに自己拡散係数 $D_A{}^*, D_B{}^*$ との理論的関係は次式のようになる．

$$\overline{D} = \left(N_B D_A + N_A D_B\right) = \left(N_B D_A{}^* + N_A D_B{}^*\right)\left(1 + \frac{d\ln\gamma_A}{d\ln N_A}\right) \qquad (5.9)$$

ここで，N_A, N_B は原子分率，γ_A は固体中の A の活量係数である．これはダーケンの式(Darken's equation)と呼ばれている．固有拡散係数の濃度依存性は，式(5.1) に基づいている．すなわち，原子間の結合力の変化による影響である．

5・5・3　カーケンドール効果(Kirkendall effect)

　相互拡散において A, B の固有拡散係数が異なる場合，本来の拡散による物質移動とは別に材料自体の流動を生じ，初めの位置とずれてくる．これは図 5.13 に示すように，接合界面の移動として観察され，カーケンドール効果とよばれている．式(5.9)における相互拡散係数と固有拡散係数の関係はこの影響を考慮して導出されている．

　カーケンドール効果は，界面を通して左へ移る原子と右に移る原子の数が同数でなく，全体として質量移動が起きている．しかし，原子がその位置を直接交換すると仮定すると，これを説明できないため，この場合の拡散機構が空孔拡散であることを証明している．また，拡散の早い原子側の界面付近で多数の空洞が見られる場合がある(図 5.14). これをカーケンドールボイド(Kirkendall void)と称し，拡散量の差により流入した空孔が粒界や転位などで

吸収しきれず，集まって形成した空洞と考えられている．

5・5・4　固相反応(solid state reaction)

　図 5.15 のように，相互拡散によって化合物が生成する場合は反応拡散(reaction diffusion)と呼ばれる．異相間での反応は，基本的に成分の反応界面への移動，反応界面における化学反応からなる．このうちの遅い方が全体の反応速度を支配する．すなわち反応生成物は真ん中にあるので，この生成物中を通過する原子の移動が遅ければ，これが化合物の成長速度を決めてしまう．これを拡散律速(rate-controlling)という．

＊＊＊＊＊＊＊＊＊＊＊＊＊＊＊＊＊＊＊＊＊＊

5・6　高温変形とは（what is the high temperature deformation ?）

　材料はその種類を問わず，特殊な例を除いて一般的に温度が高くなるほど強度が低下し軟化する．また，金属材料では，温度による組織変化が機械的性質に大きな影響を与える．高温で塑性変形させると，変形中に組織が動的に変化し，材料特性も組織にともなって連続的に変化することになる．ここで用いる「高温」とは室温を基準とした温度ではなく，その材料の融点(絶対温度)に対してどの程度であるか，すなわち融点 T_m で徐した相対温度(homogeneous temperature)T/T_m が重要となる．T/T_m が約 1/2 程度以上になると拡散が容易となり，材料強度も急激に低下する．この$(1/2)T_m$ 以上の温度が「高温」の一応の目安となる．

　熱間加工(hot working)と冷間加工(cold working)(第 8 章参照)は，その加工温度によって区別され，再結晶温度以上(通常 $1/2・T_m$ 程度)での加工を熱間加工としている．したがって，低融点の金属では室温での加工も熱間加工となる場合がある．すなわち，高温変形は拡散が促進されている状態下での変形であるから，低温変形とは異なる金属材料の変形のしくみとなっている．

5・6・1　動的復旧(dynamic restoration)

　通常，金属材料は室温での塑性変形によって加工硬化が生じる．これに対し，高温下で変形すると，加工硬化と同時に変形中に回復(recovery)や再結晶(recrystallization)(第 6 章参照)により材料は軟化する．これを熱処理による静的な現象と区別し，動的回復(dynamic recovery)，動的再結晶(dynamic recrystallization)という．高温変形は硬化と同時にこれら動的復旧過程の軟化現象が生じながらの変形となる．一定速度の高温引張試験において，それぞれの動的復旧過程が作用した場合の応力-ひずみ線図の概略を図5.16に示す．加工硬化と動的回復が釣り合うと，ほぼ一定応力で材料が変形する定常変形(steady deformation)が現れる(図 5.16(c))．これに対して，動的再結晶が生ずると応力が極大値を示した後に軟化する．変形中に連続的に動的再結晶が生ずる場合(図 5.16(a))と加工硬化と再結晶による軟化を繰り返す場合(図 5.16(b))とがあり，特有の応力-ひずみ線図を示す．すなわち，組織変化が材料の変形挙動に大きな影響を及ぼすことが応力-ひずみ線図に現れる．再結晶を引き起

図 5.14 カーケンドールボイド

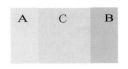

図 5.15 反応拡散
(C は A と B の反応により生じた化合物)

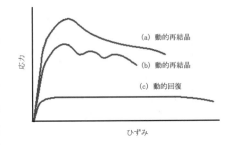

図 5.16　一定引張速度での高温変形における動的復旧と応力-ひずみ線図との関係の模式図

こすには駆動力が必要になるため，加工硬化が顕著なアルミニウムなどは積層欠陥エネルギー(stacking fault energy)が大きく，動的回復型の高温変形挙動を示しやすい．

5・6・2　クリープ変形(creep deformation)

　試験片に一定荷重を負荷した時のひずみと経過時間との関係を模式的に図 5.17 に示す．通常，T/T_m 温度を基準にした低温で荷重を負荷した場合，与えた負荷に対応するひずみが瞬間的に生じ，その後にひずみの増加は停止する．これに対して高温下では，時間の経過にともないひずみがしだいに増加していく．すなわち，変形は時間依存性を有することになる．高温状態で塑性ひずみが時間の経過とともに増加していく現象をクリープ(creep)という．一定応力下で行うクリープ試験(creep test)によって得られるひずみ-時間の関係がクリープ曲線(creep curve)である(図 5.17(b))．純金属の典型的なクリープは，図 5.17(b)に示したように，負荷直後の瞬間的な変形に続き，遷移クリープ(transient creep)，(一次クリープ(primary creep)ともいう)，定常クリープ(steady creep)，(二次クリープ(secondary creep))，加速クリープ(accelerating creep)，(三次クリープ(tertiary creep))を経て破断に至る．

　このようなクリープ変形は，加工硬化の動的回復によって律速されることから，回復クリープ(recovery creep)と称している．荷重負荷直後の変形によって，結晶組織は方向性を有する下部組織(substructure)が形成され，変形(遷移クリープ領域)の進行とともに次第に等軸的な副結晶粒(subgrain)組織に整えられる．組織変化と同時にクリープ速度は低下し，ほぼ一定のひずみ速度を示す定常クリープ段階となる．これに対して，固溶体の場合は固溶原子の影響(固溶強化)によって S 字型あるいは逆遷移型と呼ばれる異なった遷移クリープの様相を示す．

5・6・3　定常変形(steady state deformation)

　定常状態は，加工硬化と動的回復がつり合って変形する領域であり，一定のひずみ速度を示す．定常クリープ(図 5.17(a))と一定ひずみ速度試験における定常変形(図 5.16(c))は現象的には同等の変形であり，変形の機構に関わらず定常変形速度は次式のような構成式で表される．

$$\dot{\varepsilon} = A\left(\frac{Gb}{kT}\right)\left(\frac{\sigma}{G}\right)^n\left(\frac{b}{d}\right)^p D \tag{5.10}$$

ここで，A, n, P は定数，G は剛性率，b はバーガースベクトル，k はボルツマン定数(付表 S・2「主な物理定数」参照)，T は温度，σ は応力，D は式(5.4)で示した拡散係数である．すなわち，金属材料の塑性変形のひずみ速度は，大まかではあるが $\dot{\varepsilon} = f(T,\sigma,d)$ と表されることになる．そして，定常変形速度に対する温度依存性は，拡散の温度依存性に従うことになることから，特定の材料の定常変形は次のような熱活性化過程として簡略的に表わせる．

$$\dot{\varepsilon} = K\sigma^n \exp\left(\frac{-Q}{kT}\right) \tag{5.11}$$

すなわち，拡散の場合と同様に，実験結果をアレニウスプロットすることにより，高温変形における見かけの活性化エネルギー(Q)を求めることができる．

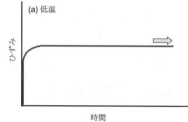
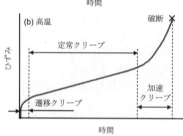

図 5.17　クリープ曲線
低温域(a)と高温域(b)において純金属に一定応力，あるいは荷重を負荷した時のひずみの時間的変化の線図

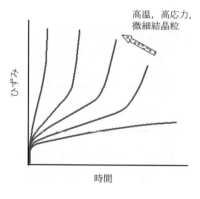

図 5.18　クリープ曲線の温度，応力，結晶粒径依存性

　各変形機構を律速する拡散の活性化エネルギーに近い値を示すことから，式(5.11)に示す応力指数 n は変形機構を推定するための実験上有用な情報となる．この変形速度の応力と温度依存性について，クリープ曲線の変化として模式的に図 5.18 に示す．また，同様に結晶粒径依存性もあわせて示す．高温，高応力，微細結晶粒であるほどクリープ曲線はより高い変形速度を示すようになる．

＊ ＊ ＊ ＊ ＊ ＊ ＊ ＊ ＊ ＊ ＊ ＊ ＊ ＊ ＊ ＊ ＊ ＊ ＊

5・7　高温変形の機構（mechanisms of high temperature deformation）

5・7・1　変形機構図（deformation mechanism map）

　高温における材料試験は，通常，一定ひずみ速度(クロスヘッド速度で代替することが多い)(第 3 章)，あるいは一定応力(荷重)下で行われる．塑性変形挙動を決定する実験変数は，式(5.10)に示したように温度(T)，応力(σ)，ひずみ速度($\dot{\varepsilon}$)であり，材料試験では，このうち 2 変数を設定することによって，残りの 1 変数が決定される．たとえば，クリープ試験では温度と応力を設定することによって，ひずみ速度，すなわち定常クリープ速度が決まってくる．これらの実験変数の組み合わせによって，支配的に働く変形機構が決定されることになる．これを図示したのが変形機構図であり，純ニッケルについて一例を図 5.19 に示す．相対温度(T/T_m)と相対せん断応力(τ/G)の 2 次元平面上に支配的な変形機構の領域とひずみ速度を図示することができる．変形機構は，高応力域においても時間依存性のない塑性変形(転位のすべり運動による，低温領域と同等と考えてよい)，べき乗則クリープ，拡散クリープに大別される．これらは，いずれも結晶粒内に生じる変形である．その他に微細結晶粒からなる材料においては，特定の変形条件下で粒界すべりが支配的となる，超塑性変形(superplasticity)(第 12 章参照)と呼ばれる特異な変形が生ずる．これを変形機構図に組み入れる場合もある．

5・7・2　拡散クリープ(diffusion creep)

　高温変形における拡散は重要な現象である．5・4・1 項で述べたように，拡散は空孔と隣接原子が原子の熱振動の助けを借りて位置交換を行う現象である．このような空孔機構(vacancy mechanism)による原子の移動は方向性をもたず，金属材料の外観形状の変化には結びつかない．しかし，応力が負荷された状態では，負荷応力に応じて原子の移動が生じる．引張応力が働く結晶粒界で空孔が生成するため，その近傍で高い空孔濃度となり，逆に圧縮応力が作用する結晶粒界で低空孔濃度となる．この濃度差によって原子の移動(逆方向が空孔の移動で，空孔は結晶粒界で消滅する)が生じる．図 5.20 に引張応力が負荷された場合の原子の流れと結晶粒の変形を示す．このような機構によって材料が変形する場合，その変形速度は極めて遅いことは容易に理解される．したがって，転位が運動できないような低応力域において拡散は変形の律速機構となり，各結晶粒は負荷応力の方向に応じて変形することになる．これが拡散クリープである．拡散クリープでは遷移クリープがほとんど

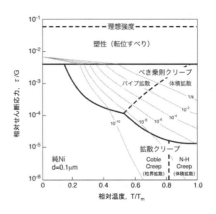

図 5.19　平均結晶粒径 0.1mm の純 Ni の変形機構図

(Frost, H. J. and Ashby, M. F., Deformation-Mechanism Maps, The Plasticity and Creep of Metals and Ceramics, (1982), Pergamon Press.)

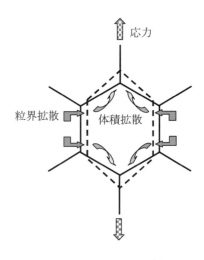

図 5.20　応力下での原子の移動

現れず，定常クリープ領域が持続するのが特徴的である.

　拡散クリープでは，原子の拡散経路から体積拡散(または格子拡散)が律速する体積拡散クリープ(volume diffusion creep)と粒界拡散が律速する粒界拡散クリープ(grain boundary diffusion creep)に分類される. これらはそれぞれ，ナバロ-ヘリングクリープ(Nabbaro-Herring creep)とコブルクリープ(Coble creep)とも呼ばれる.

　体積拡散クリープ速度は

$$\dot{\varepsilon} = K_1 \frac{D_\mathrm{V} \Omega}{kT} \frac{\sigma}{d^2} \tag{5.12}$$

粒界拡散クリープ速度は

$$\dot{\varepsilon} = K_2 \frac{D_\mathrm{GB} \Omega}{kT} \frac{\sigma}{d^2} \frac{\delta}{d} \tag{5.13}$$

で表される. 式(5.12)と式(5.13)において K_1, K_2 は結晶粒の形状に依存する定数，Ω は1原子の容積，D_V と D_GB はそれぞれ体積拡散および粒界拡散係数，δ は粒界の厚さ(バーガースベクトルの約2倍)である.

　拡散クリープ領域において，どちらのクリープが変形を支配するかは，上式の $D_\mathrm{GB}\delta$ と $D_\mathrm{V}d$ の大小関係で決まることになる. 通常 D_GB は D_V より小さく約1/2程度である. したがって，低温域では粒界拡散クリープが，高温域では体積拡散クリープが優勢となる. また，両機構の応力依存性はいずれも応力指数が $n=1$ であることから，図5.19に示したように境界は応力に依存しないことになる. また，式(5.12)と(5.13)を比較すると，結晶粒径依存性が異なることより，結晶粒の微細化によって粒界拡散クリープが優勢となり，温度軸に垂直な両者の境界はより低温側に移動する.

5・7・3　べき乗則クリープ(power-law creep)

　高応力の転位すべりの領域と低応力の拡散クリープとの間に位置する. 転位の運動が重要な役割を果たす変形領域である. この領域における定常クリープ速度は一定温度下において，応力指数(stress exponent)n を用いて

$$\dot{\varepsilon} \propto \sigma^n \tag{5.14}$$

で表されることから，べき乗則クリープと称している. 5・6・2項で述べた回復クリープがこれに相当する. 応力依存性は拡散クリープの $n=1$ とは異なり n は3以上の値になる. 材料によって種々の値をとるが，純金属ではおおよそ $n=4\sim5$，固溶強化が明確な合金では約3，分散強化材料では非常に大きな $n=10$ 以上の値となる. 試験片へ応力を負荷すると，まず降伏するまでひずみが増加するが，その後は時間の経過とともに変形が進む (図5.18の遷移クリープ). ひずみ量の増加，すなわち転位の運動と転位密度の増加によって，転位は互いにその運動を妨げ合うようになる(第3章). このような転位のもつれ(tangling)等の障害物がすべり面上存在すると，後続する転位の堆積(pile-up)が生じる. したがって，転位が運動し続けるためには，この障害物を乗り越えることが必要となり，たとえば，クリープ変形では図5.17に示したように遷移クリープ域でのひずみ速度の低下として現れる. しかし，高温下では交叉すべり(cross slip)や図5.21に示す転位の上昇運動(climbing, climbing motion)，転位の再配列や消滅が生じ，結果として転位は再度すべり

運動をすることができるようになる．加工硬化と動的回復とが釣り合った状態で変形，すなわち一定ひずみ速度を示す定常クリープでは，このような変形が進行する．べき乗則クリープは転位の運動によって変形するが，クリープ速度を律速するのは回復速度である．すなわち，べき乗則クリープにおいても拡散が関与することになる．

　純金属のべき乗則クリープでは，転位の上昇運動が動的回復に主要な働きをしていると考えられている．十分な高温では体積拡散，比較的低温では転位芯を経路とするパイプ拡散(pipe diffusion)によって転位の上昇運動が起こる．べき乗則クリープの定常クリープ速度は次式で表される．

$$\dot{\varepsilon} = K_3 \frac{DGb}{kT}\left(\frac{\sigma}{G}\right)^n \tag{5.15}$$

ここで，K_3 は結晶粒の形状に依存する定数，D は体積拡散係数 D_V あるいはパイプ拡散係数 D_P（ほぼ D_{GB} に等しい）で，G は剛性率である．したがって，温度によって変形を律速する拡散が異なることより，変形の見かけの活性化エネルギーは異なる値を示す．純金属のべき乗則クリープを，転位の運動に注目すると次のような考え方ができる．定常変形時のひずみ速度 $\dot{\varepsilon}$ は 転位密度 ρ，バーガースベクトル b，転位の上昇速度 v から，

$$\dot{\varepsilon} = \rho b v \tag{5.16}$$

で表される．ここで，転位密度と転位の上昇運動速度について，

$$\rho \propto \sigma^2 \tag{5.17}$$

$$v \propto \sigma \tag{5.18}$$

の仮定を適用すると，

$$\dot{\varepsilon} \propto \sigma^3 \tag{5.19}$$

となる．このような理論的な考察と比較して，実験的に求められた応力指数，(n=4~5)は遥かに大きな値を示している．この点に関して多くのモデルが提案されている．

5・7・4　粒界すべり(grain boundary sliding)

　図 5.17 に示した拡散クリープおよびべき乗則クリープ変形は結晶内部の変形によって起こる．すなわち，結晶粒の変形が材料全体の変形をもたらす．結晶粒の形状が変化するには，これを補うための結晶粒の粒界すべりが必要となる．たとえば，べき乗則クリープにおいて，生じた全ひずみ量の5~30%が結晶粒界のすべりによるとされている．このように粒界すべりは各種クリープにおいて重要な機構である．また，粒界すべりは温度上昇によって容易となり，結晶粒径の微細化とともに材料強度が低下する原因となる．微細結晶粒を有する材料において超塑性流動として現れる．

　粒界は滑らかな直線あるいは曲線状ではなく，図 5.22 に示すように，凹凸や段差があり粒界すべりの障害となっている．また，粒界の構造は図 5.22(b)に示すような原子配列となっている．障害物を乗り越えて粒界すべりを起こすためには，(1)原子の拡散による物質移動，(2)粒界上あるいは近傍の転位の運動が必要と考えられている．両機構が単独で働く場合には，粒界すべり速度は異なった応力依存性(応力指数)と活性化エネルギーを示す．(1)の拡散機構の場合，応力指数は n=1 で，活性化エネルギーは粒界拡散の活性化エネル

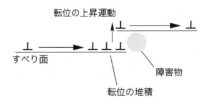

図 5.21　転位の上昇運動の模式図

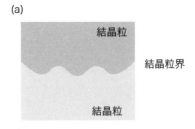

(a)

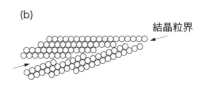

(b)

図 5.22　粒界の構造．(a)粒界の全体像，(b)ミクロな粒界の構造

ギーに近似し，(2)の転位機構では，*n*=2 となり，体積拡散の活性化エネルギーに近い値となる．

＊＊＊＊＊＊＊＊＊＊＊＊＊＊＊＊＊＊＊＊＊

＝＝＝＝＝　練習問題　＝＝＝＝＝＝＝＝＝＝＝＝＝＝＝＝＝＝＝

【5・1】 Equation (5.2) gives a chemical potential gradient along the *x*-axis $d\mu/dx$ for $\gamma=1$. Derive a general expression of $d\mu/dx$ under the condition of $\gamma\neq1$.

【5・2】 The diffusion coefficients for a metal are $D=6.6\times10^{-17}$ m^2/s at 600K and $D=9.0\times10^{-14}$ m^2/s at 800K. Calculate the magnitude of D at 700K.

【5・3】 Indicate the 3-dimentional, steady state diffusion equation.

【5・4】高温変形の見かけの活性化エネルギーを求めるにはどのような実験をしたら良いか考えなさい．

【解答】

【5・1】 $\mu=\mu_0+RT\ln(\gamma N)=\mu_0+RT(\ln\gamma+\ln N)$ を微分することにより，

$$\frac{d\mu}{dx}=RT\left(\frac{d\ln\gamma}{dx}+\frac{d\ln N}{dx}\right)=RT\left(1+\frac{d\ln\gamma}{d\ln N}\right)\frac{d\ln N}{dx}=\frac{RT}{N}\left(1+\frac{d\ln\gamma}{d\ln N}\right)\frac{dN}{dx}$$

となる．式(5.9)と比較してみるとよい．

【5・2】 $\ln(6.6\times10^{-17})=\ln D_0-Q_d/(8.31\times600)$ と $\ln(9.0\times10^{-14})=\ln D_0-Q_d/(8.31\times800)$ を連立させて解くことで，$Q_d=144$ kJ/mol，$D_0=2.3\times10^{-4}$ m^2/s が得られる．これより，700K では $D=2.3\times10^{-4}\exp\{-144000/(8.31\times700)\}=4.1\times10^{-15}$ m^2/s.

【5・3】 $\dfrac{\partial^2c}{\partial x^2}+\dfrac{\partial^2c}{\partial y^2}+\dfrac{\partial^2c}{\partial z^2}=0$．この式はラプラス方程式として知られる．

【5・4】 高温変形のひずみ速度は $\dot{\varepsilon}=A\sigma^n\exp[-Q/(kT)]$ の形で表現される．定ひずみ速度(一定クロスヘッド速度)あるいは一定応力(一定荷重)の実験を複数の温度について行う．定常変形を生じた領域で流れ応力あるいはひずみ速度を温度の逆数に対してプロットしその傾きから活性化エネルギーを求める．

第5章の文献

(1) Callister, W. D. Jr., (入戸野修訳),材料の科学と工学[1]，(2006)，培風館.

(2) Shewmon P. G.，(笛木，北澤訳),固体内の拡散，(1994)，コロナ社.

(3) Heumann, Th. and Mehrer H.，(藤川辰一郎訳)，金属における拡散，(2005),シュプリンガー・フェアラーク東京.

(4) J.P.Poirier，小口譲訳，結晶の高温塑性，(1980)，養賢堂.

(5) 鈴木平，転位のダイナミックスと塑性，(1985)，裳華房.

第6章

相変態と熱処理

Phase Transformation and Heat Treatment

＊＊＊＊＊＊＊＊＊＊＊＊＊＊＊＊＊＊＊＊＊＊＊＊＊＊＊＊＊＊＊＊＊＊＊＊＊＊＊

材料の機械的性質はその組織に依存するため，温度による材料の組織制御を行うことは材料加工の分野において非常に重要である．本章では，材料加工において重要な相変態と熱処理について，鉄鋼材料を例にして学習し，さらに，熱処理における回復と再結晶，時効と析出のような組織制御に関する基礎的な事項についても学習する．

＊＊＊＊＊＊＊＊＊＊＊＊＊＊＊＊＊＊＊＊＊＊＊＊＊＊＊＊＊＊＊＊＊＊＊＊＊＊＊

6・1　相変態とは　(what is phase transformation?)

第4章で学んだ平衡状態図では，ある組成のある温度での平衡状態の組織がどのような状態(様相)であるかを知ることができる．しかし，平衡状態図に示す温度であっても，保持時間や冷却速度によって平衡相ではなく，非平衡状態の組織が生成することがある．これは第5章で学んだ拡散に関与しており，このような条件で生じる組織変化を相変態という．

6・1・1　連続冷却変態　(continuous cooling transformation)

鋼の熱処理では，γ固溶体(オーステナイト)の温度域に加熱し，冷却速度を変化させて組織を制御する．オーステナイト領域から連続的に冷却したときに得られる組織変化を示した図を連続冷却変態図(continuous cooling transformation diagram)，CCT曲線(CCT curve)という．約0.7~0.8%C の炭素鋼(共析鋼)では，共析温度(A_1変態点)以下に冷却すると，共析反応によりフェライトとセメンタイトの共析組織(第9章参照)となる．この組織は，鏡面に研磨すると真珠のような輝きを呈することからパーライト(pearlite)と呼ばれている．しかし，実際は冷却する温度や速度によってパーライトの生成は異なる．図6.1は共析鋼の連続冷却変態図を示す．ここで，黒線が連続冷却曲線，赤線が6・1・2項で説明する等温(恒温)変態曲線である．また，両曲線の短時間側のP_S(P はパーライト，添字 s は start を意味する)はパーライト変態開始線，長時間側のP_f(添字 f は finish を意味する)は変態終了線を示す．図6.1において，赤破線は冷却曲線で，①，②，③の順で冷却速度が遅くなる．それぞれの冷却曲線がP_S あるいはP_f 線と交叉しているかどうかで，次のような組織変化が起こる．

①の冷却速度では，P_s 線に交叉せず，オーステナイトがM_s点以下で，直接マルテンサイト変態する．

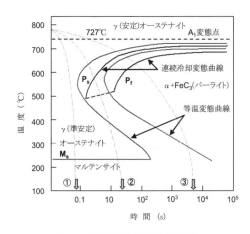

図 6.1 連続冷却変態図(共析鋼)

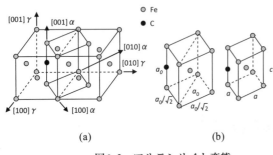

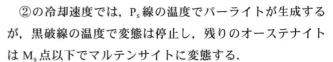

(a)　　　　　　　　　　(b)

図6.2　マルテンサイト変態

②の冷却速度では，P_s線の温度でパーライトが生成するが，黒破線の温度で変態は停止し，残りのオーステナイトはM_s点以下でマルテンサイトに変態する．

③の冷却速度では，全てがオーステナイトからパーライトに変態する．

マルテンサイト(martensite)は非常に速く冷却した場合に得られる組織で，図6.2に示すように，オーステナイトの面心立方格子の ◎ で示すFe原子(図6.2(a))が移動することなく，体心正方格子（図6.2(b)）の●で示す位置に炭素を含んだまま瞬時に変化することにより得られる．このような変化をマルテンサイト変態(martensite transformation)あるいは原子の拡散がないので無拡散変態(diffusionless transformation)といい，炭素の存在により格子がひずむために硬い組織になる．図6.3は過共析鋼(第9章参照)のマルテンサイト組織を示す．

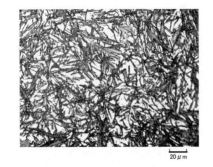

図 6.3　1030℃から油冷した炭素鋼(1.13mass%C)のマルテンサイト組織．白地は残留オーステナイト．（写真提供　山本科学工具研究社）

6・1・2　恒温変態 (isothermal transformation)

オーステナイトの状態から，A_1変態点以下のある温度まで急冷し，一定温度に保持して，時間とともに組織がどのように変化するかを示した図が恒温変態図あるいは等温変態図(time temperature transformation diagram)，TTT曲線(TTT curve)である．図6.4に共析鋼の恒温変態図を示す．

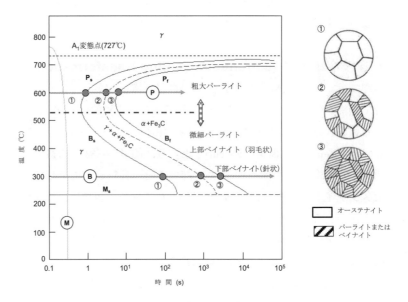

図6.4　恒温変態図(共析鋼)

この図の曲線はS字をしていることからS曲線(S curve)とも呼ばれる．550℃付近の突出部は鼻温度(nose temperature)と称し，この鼻より高い温度(たとえば600℃)に保持すると(図6.4中に Ⓟ で示す)，①のP_sの保持時間でパーライト変態が開始し，②ではオーステナイトが約50%パーライトになる．③のP_f時間では，すべてパーライトに変態する．この温度範囲で，高温側では炭素の拡散が起こりやすいので粗いパーライト，低温側では拡散が遅いので細かいパーライトとなる．この鼻温度より低く，マルテンサイト変態開始

温度 M_s より高い温度範囲に保持すると(たとえば図中に⑧で示す約 300℃),連続冷却変態図(図 6.1)では見られないベイナイト(bainite)という組織が現れる.高温側を上部ベイナイト(upper bainite)(図 6.5),低温側を下部ベイナイト(lower bainaite)という.ベイナイトはフェライト中に微細なセメンタイト粒子が分散したパーライト組織で,マルテンサイトより軟らかいが,かなりの硬さを有し,延性やじん性にも富む.鼻の部分にかからないように急冷すると(図 6.4 中の⑩),連続冷却変態図に現れたと同じマルテンサイト組織となる.実際には,図 6.1 の①や図 6.4 の⑩に示すような冷却速度であっても,すべてがマルテンサイト変態せずに,図 6.3 に見られるような残留オーステナイト(retained austenite)も残存する.

＊＊＊＊＊＊＊＊＊＊＊＊＊＊＊＊＊＊＊＊＊＊＊

図 6.5 共析鋼の上部ベイナイト組織.旧オーステナイト粒界から羽毛状に発達したパーライト組織で,粒子の中心部にオーステナイトが残留する.
(写真提供　山本科学工具研究社)

6・2 熱処理 （heat treatment）

熱処理は,金属材料を加熱・冷却することにより組織制御を行い,所望の特性(特に機械的性質)を得ることを目的とした重要な加工法のひとつである.ここでは,鋼の熱処理を中心にその種類と特徴について学習する.

6・2・1 焼ならし （normalizing）

図 6.6 に示すように,オーステナイトからフェライトが析出する A_3 変態線,またはセメンタイトの析出する A_{cm} 変態線(第 4 章)より,30~50℃高い温度のオーステナイト領域まで加熱・保持後,空冷する操作を焼ならし(または焼準)という.焼ならしの目的は,鍛造品や鋳造品などの粗大な組織を微細化して均一組織とし,特に,その機械的性質を改善することにある.

6・2・2 焼なまし （annealing）

加工後の材料の均質化,残留応力の除去,材質の改善を目的として,適当な温度に加熱・保持後,徐冷する操作を焼なまし(または焼鈍)という.亜共析鋼では A_3 変態点以上,過共析鋼では A_1 変態点以上の温度に加熱して,十分保持した後,非常にゆっくり冷却(炉冷)する操作を完全焼なまし(full annealing)という.一般的に焼なましといえば完全焼なましを示すことが多い.図 6.7 は完全焼なましした亜共析鋼の光学顕微鏡組織を示す.

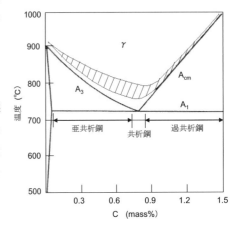

図 6.6　焼ならしの温度範囲

(1) 均質化処理(homogenization treatment)

A_3 変態点または A_{cm} 変態点以上の適当な温度に加熱して,鋳造した合金等に存在する濃度の不均一な偏析(segregation)のところを除去して均質化する焼ならしを拡散焼なまし(diffusion annealing)という.この処理は高温で長時間行うため,表面酸化が問題となる.この酸化を避けるために還元性ガスや不活性ガスあるいは真空などの雰囲気中で加熱する光輝焼なまし(bright annealing)が行われている.

図 6.7　亜共析鋼(0.44%C)の焼なまし組織.白部がフェライト相,灰色の縞模様がパーライト組織.(写真提供　山本科学工具研究社)

(2) 残留応力の除去(removing of residual stress)

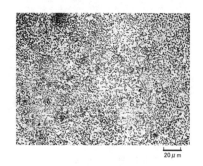

図6.8　780℃, 1hr保持後徐冷の
焼なましした過共析鋼(1.13%C)
の球状セメンタイト組織. 白い
粒子がセメンタイト, 素地はフ
ェライト. (写真提供　山本科学
工具研究社)

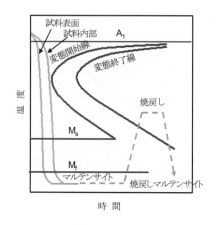

図6.9　鋼の焼入れ, 焼もどし

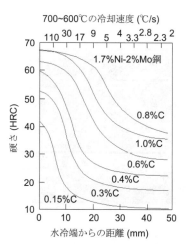

図6.10　ジョミニー試験結果の例,
(日本金属学会編, 講座・現代の金属
学材料編4鉄鋼材料(1985), 日本金
属学会)

鋳造, 溶接, 鍛造・圧延などの塑性加工や切削加工などを施すと材料中に
残留応力が生じる. このような材料を切削加工したり, 長時間使用したりす
ると残留応力は解放されて変形が生じる. また, 疲労現象にも大きな影響を
及ぼす. このため, 残留応力の除去を目的として, 鋼の場合には再結晶温度
以上の580~600℃(溶接材の場合には600~680℃)に加熱し, 徐冷する. この操
作を応力除去焼なまし(stress relief annealing, stress relieving)あるいはひずみ
取り焼なまし(strain relief annealing, strain relieving)という. 組織的には回復の
状態であり, 硬さは加工材よりやや軟化する.

(3)　材質の改善(improvement of property)

塑性加工や切削加工を容易にするために, 軟化を目的として行われる焼な
ましを軟化焼なまし(softening annealing)という. 組織は6・3項で述べる回復
や再結晶組織となり, 硬さも低下する. 鋼線や鋼板などを冷間加工する場合,
加工硬化した材料を軟化させ, この工程を繰り返して行う. 特に, 加工工程
の途中で行われる, 軟化を目的とした焼なましを中間焼なまし(process
annealing)という. 高炭素鋼(0.5~1.5％C)の塑性加工, 切削加工を容易にした
り, 熱処理後の機械的性質を向上させる目的で, 炭化物または過共析鋼で現
れる網目状セメンタイトを球状化する(図 6.8)焼なましを球状化焼なまし
(spheroidizing annealing)という. 冷間加工あるいは焼入れされた鋼の場合には,
A₁変態点より20~30℃低い温度で長時間加熱し, 徐冷する. 層状パーライト
が粗い場合や網目状セメタイントが存在している場合には, A₁変態点の上下
20~30℃の間で数回加熱・冷却を繰り返す. 工具鋼, 軸受鋼などの品質を安
定させるためには重要な熱処理である. なお, 完全焼なまししたものより焼
ならしした方が若干硬化するため, 被削性の改善を目的として施されること
もある.

6・2・3　焼入れ・焼もどし（quenching and tempering）

鋼をオーステナイト状態から急冷して硬化させる(図6.3に示すようなマル
テンサイト組織とする)操作を焼入れ(quenching, hardening)という(図6.9). 6・
4項で述べる時効処理で, 過飽和固溶体を得るために高温状態から急冷する
処理をいうこともある.

焼入れの際の加熱温度は, 亜共析鋼ではA₃変態点より30~50℃, 過共析
鋼ではA₁変態点より30~50℃程度高い温度が結晶粒の粗大化を招かないた
めに適する. 鋼の焼入れの目的は, マルテンサイト組織のみを得ることであ
るので, 冷却速度が遅く, 連続冷却変態曲線(図6.1)のPs線にかかるような
冷却ではパーライトが生成する. しかし, 同じ組成の鋼を焼入れした場合,
その材料の質量や断面寸法の大小により冷却速度は異なる. また, 冷却速度
は材料の表面と内部で異なるので, 表面はマルテンサイトになっても, 内部
はマルテンサイトにならない場合がある. これを質量効果(mass effect)という.
図6.10に水冷表面からの距離に対する硬さの変化を示す. 水冷表面からの距
離が異なれば硬さ分布が大きく異なる. このような焼きの入りやすさの程度
を焼入性(hardenability)といい, 焼入れが可能な表面からの深さと硬さの分布

6・2 熱処理

を支配する性能である．このような焼入性の大小については，図 6.11 に示すようなジョミニー(Jominy)試験により判断される．なお，図 6.10 はジョミニー試験結果で，炭素量の影響についても示されている．炭素鋼では炭素量が増すほど表面から深くまで硬さが増し，焼入れ性が良好となる．

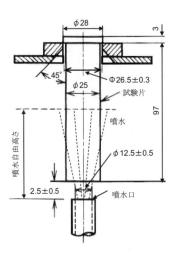

図 6.11 鋼の焼入れ性試験法(ジョミニー試験) (JIS G0561)

【例題 6・1】　＊＊＊＊＊＊＊＊＊＊＊＊＊＊＊＊＊＊＊＊＊＊
　炭素鋼をオーステナイト相域から焼入れて得られるマルテンサイトについて以下の設問に答えなさい．
(1) その結晶構造を純鉄の同素変態で得られるオーステナイトとフェライトと比較し，またその生成過程を簡潔に述べなさい．
(2) 炭素鋼のマルテンサイトの強さ(硬さ)が高い理由，そして，それが炭素濃度とともに高くなる理由を述べなさい．

【解答】
(1) 純鉄の同素変態(allotropic transformation)であるオーステナイト→フェライト変態に伴う結晶構造変化は fcc. → bcc であり，オーステナイトのマルテンサイト変態も同様の構造変化である．しかし，侵入型元素の炭素(C)を含有する鋼では，マルテンサイト変態後にそれらは過飽和に固溶するため，c 軸方向にひずんだ体心正方(bct)構造となる．
(2) 基本的には上記の格子ひずみが原因でマルテンサイトは強化されるため，炭素量の増加によりひずみが増加し，強度は増加する．しかし，さらに大きな硬化はマルテンサイト変態により導入される高い密度の格子欠陥とこれら侵入型固溶元素の相互作用による，いわゆるコットレル効果(Cottrell effect)とよばれる雰囲気を形成し，転位の動きを抑制する(第 3 章)．これも炭素量の増加による強度の増加に重要な役割を果たす．

　　＊＊＊＊＊＊＊＊＊＊＊＊＊＊＊＊＊＊＊＊＊＊＊

> **コットレル効果とは**
> 刃状転位が運動して変形が生じるときに，金属結晶中に固溶している金属原子あるいは非金属原子が存在すると，転位はこれらの原子を引きずりながら移動するため，転位の運動力が増加する．すなわち，固溶原子の分散により硬化する現象(第3章参照)

　焼入性を改善するためには，炭素鋼に Ni，Cr，Mo，V などの特殊元素を添加して合金鋼とする必要がある．この代表的な合金鋼に機械構造用合金鋼(JIS 記号で SCr，SCM，SNCM などのように記す)がある(第 9 章および第 13 章参照)．これらの合金鋼では，図 6.9 に示した恒温変態図の S 曲線が長時間側に移動し，冷却速度が少々遅くてもマルテンサイトになることから，焼入性が大幅に改善される．
　焼入れした鋼はそのままでは非常に硬く脆いので，A₁ 変態点以下の適当な温度に加熱・冷却する．この操作を焼もどし(tempering)という．焼もどしに

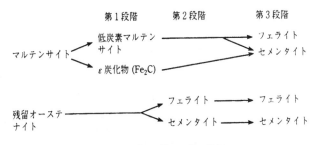

図 6.12　鋼の焼もどし過程

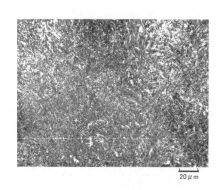

図 6.13　850℃から水焼入れ後, 350℃で焼もどしした共析鋼(0.81%C)のトルースタイト組織. (写真提供　山本科学工具研究社)

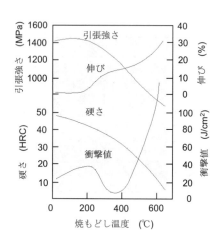

図 6.14　焼もどし温度と機械的性質の関係(S40C)

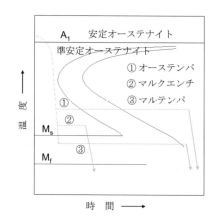

図 6.15　恒温焼入れ

ともなって鋼に生じる組織変化は, 図 6.12 に示すように, 一般に, 第 1 段階から第 3 段階に分けられる. まず, 焼入れマルテンサイトを 150℃位の温度まで加熱すると, 過飽和に固溶した炭素が炭化物として析出し, マルテンサイト中の炭素固溶量は減少する. このとき析出する炭化物は, 準安定な ε 相(Fe₂C, 最密六方晶)であり, セメンタイト(Fe₃C, 正方晶)は出現していない.

第 2 段階は 200~300℃の加熱で起る残留オーステナイトの分解過程である. 残留オーステナイトは炭素を多く含むので, 加熱によって平衡相のフェライトと炭化物(ε 相あるいはセメンタイト)に分解する.

第 3 段階は準安定炭化物 ε 相の分解と安定相のセメンタイト相の析出によるトルースタイト(troostite)と呼ばれる組織となる(図 6.13). セメンタイト相が析出すると, マルテンサイトの炭素量はさらに減少するが, この段階では, 母相のマルテンサイトは高転位密度のままであり, 硬さも高い. 安定相のセメンタイト相の析出が進むと, 焼入れマルテンサイトの強度低下をもたらすが, 延性が増加する重要な過程である. 共析鋼では, この過程が約 250℃近傍の加熱により開始する.

第 3 段階以上の温度に加熱すると, 析出セメンタイトが粗大化, 凝集し, 次第に球状になるが, 同時にマルテンサイトも転位などの格子欠陥のない状態となる. このような鋼の焼もどし過程は, 本質的に, 炭素鋼も合金鋼も同様に起こる.

図 6.14 に炭素鋼(S40C)の焼もどし温度と機械的性質の関係を示す. 200℃までの焼もどしでは, 組織は焼もどしマルテンサイト(tempered martensite)と呼ばれ, 硬さの低下は小さい. これに対して, 高温ではマルテンサイトが分解して, フェライト中に過飽和の炭素をセメンタイトとして微細に析出した組織となるため, 硬さは低下するが, じん性は向上する. しかし, 200~400℃では硬さが低下して軟化するにもかかわらず, 衝撃値が低下してぜい性となる. このような現象を焼もどしぜい性(temper brittleness, temper embrittlement), 特に, この温度域の現象を低温焼もどしぜい性(low temperature temper brittleness)といい, 熱処理の際には注意が必要である.

6・2・4 恒温（または等温）熱処理 (isothermal heat treatment)

焼入れは無拡散の相変態をともなうため, 変態応力や熱応力が発生する. 特に, 高炭素鋼では焼割れやひずみを生じやすい. また, 焼入れをした鋼では, オーステナイトがすべてマルテンサイトに変態しないで残留オーステナイトとして残ることがある. このような現象を発生させないために, 図 6.15 に示すような恒温焼入れが行われる.

① オーステンパ(austempering)：焼入れによるひずみ発生や焼割れを防止するとともに, 強じん性を得る目的で, パーライト変態温度以下, マルテンサイト変態(Ms点)温度以上の温度域に焼入れし, その温度に保持してベイナイト組織に変態させる操作をいう.

② マルクエンチ(marquenching)：焼入れによるひずみ発生や焼割れを防止する目的で, Ms 温度よりやや高い温度に焼入れして保持した後, 徐冷してマルテンサイト組織に変態させる操作をいう.

③　マルテンパ(martempering)：マルクエンチと同様な目的で，M_s 点および M_f 点の中間の温度域に焼入れして保持した後，空冷してマルテンサイトとベイナイトの混合組織にする操作をいう．マルテンパ処理後は，通常，焼もどし操作を行う．

【例題 6・2】　＊＊＊＊＊＊＊＊＊＊＊＊＊＊＊＊＊＊＊＊＊＊

What is the reason for the characteristics "S" shape of the per cent transformation versus time curves in Figures 6.1 and 6.4?

【解答】　鼻より高い温度では，拡散のための駆動力となる過冷度が小さく，また，鼻温度より低ければ，拡散に必要な温度条件が満たされないため，鼻の上および下の温度になる程，変態が遅れ，S字状の曲線となる．

＊＊＊＊＊＊＊＊＊＊＊＊＊＊＊＊＊＊＊＊＊＊

6・3　回復と再結晶 (recovery and recrystallization)

冷間加工した金属を焼なましすると，もとに戻ろうとする性質があり，大きく2つに分けられる．第1は，加工によって内部ひずみを解放する過程で，これを回復という．第2は，核の発生とその成長によって新しい結晶粒に置き換えられていく過程で，これを再結晶という．

6・3・1　回復 （recovery）

冷間加工によって金属の受けた物理的性質や機械的性質の変化は，焼なましされると加工前の状態に戻ろうとする傾向をもつが，結晶粒の形や結晶構造や結晶方位は変化せず，物理的性質や機械的性質のみが変化する過程が回復である．しかし，回復の過程における諸性質の変化は，必ずしも同じような様相を示さない．たとえば，図 6.16 に示すように，電気抵抗は回復の過程で徐々に減少するが，硬さは，回復の過程ではあまり変化しないで，さらに高温の焼なまし温度で急激に減少する．α黄銅のように(第 10 章参照)，材料によっては回復温度での焼なましで硬さが加工材よりも高くなることがある．このことは，回復が単純な過程でないことを示している．

回復の過程では，結晶構造は全く変化がないとされているが，これは光学顕微鏡で観察された組織でのことである．金属材料が冷間加工されると，空孔の増加や転位の導入・増殖が起こり，図 6.17(a)に示すように，冷間加工率が増すほど，いわゆる加工硬化する．冷間加工した金属を高温(相対温度 (relative temperature)で表すと $0.3T_m<T<0.5T_m$，T_m は融点)に加熱する焼なまし処理すると，転位の再配列が起こり，結晶粒の中で高密度の転位によって囲まれた領域に分割される．これが小傾角粒界(small angle grain boundary)あるいはポリゴニゼーション(polygonization)であり，形成した領域が副結晶粒 (subgrain)である(第 2 章)．このように，多数の絡み合った転位が開放されて組織が準安定状態になるので回復する．融点(T_m)の低い金属では，相対温度 (T/T_m)で示される焼なまし温度($T<0.5T_m$)が室温近くになり，加工後，特に加

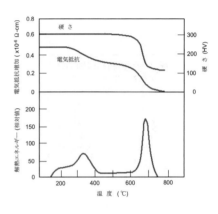

図 6.16　冷間加工したニッケルの加熱に伴う歪エネルギーの解放と，それに対応する諸性質の変化(電気抵抗増加は完全焼なまし状態との差を示す)

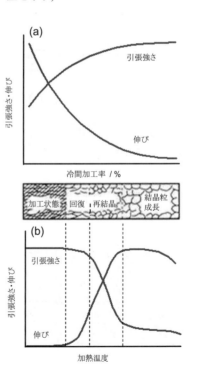

図 6.17　冷間加工および加熱による機械的性質の変化

熱しないで室温に放置するだけでも回復が起こる.

6・3・2 再結晶 （recrystallization）

　冷間加工された金属材料をさらに高温($T>0.5T_\mathrm{m}$)で加熱すると, ひずみの大きい領域から新しい結晶粒の核が生成し, 成長して微細な多結晶体となる. この焼なまし過程が再結晶である. 図6.17(b)に示すように, 引張強さが急減し, 伸びが急増する段階で, 特に一次再結晶(primary recrystallization)とよび, 再結晶が起こり始める温度を再結晶温度(recrystallization temperature)という. 主な金属の再結晶温度を表6.1に示す. さらに加熱すると結晶粒が成長して結晶粒粗大化(grain growth)が起こる. このように高温で結晶粒成長が起こる段階を二次再結晶(secondary recrystallization)という.

　再結晶の過程をもう少し詳しく説明しよう. 再結晶の進行は, 生成される結晶核の数と, その成長速度の2つの因子でほぼ決定される. 単位時間に, 単位体積中に生成される結晶核の数を N で表したものを核生成頻度(rate of nucleation), またその成長の線速度を G で表したものを成長速度(rate of growth)という. このような量を基に再結晶の進行速度を考えると, 再結晶は N と G の大きさ, またはその比 N/G によって左右される.

表6.1　再結晶温度[8]

金属	再結晶温度 (K)
Al	420〜510
Fe	620〜720
Cu	470〜520
Ni	800〜930

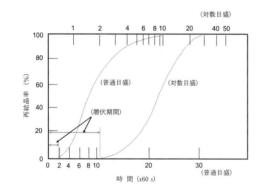

図6.18　等温再結晶曲線[2]

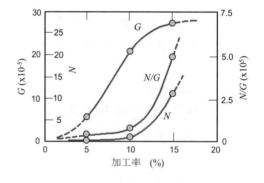

図6.19　アルミニウムにおける加工度による核成生頻度(N), 成長速度(G)および(N/G)の変化[2]

　再結晶の初期の段階では, 生成する新しい結晶核は, 互いに影響されることは少ないが, 生成量が増すにしたがって, 新しい結晶同士の接触(impingement)が起こり, しだいに生成速度が妨げられるようになる. これは, 図6.18に示す再結晶曲線で, 再結晶の速度がしだいに遅くなる段階に相当する. 結局, N が小さく, G が大であれば, 小数の結晶粒が大きく成長したものになり, 粗大な結晶粒となる. N が大きく G が小であれば, 多数の結晶粒が生成し, 成長が抑制されて結晶粒は微細となる.

　図6.19は, アルミニウムの加工度に対する N, G および N/G の変化を示す. 加工度の小さい範囲では N は小さいが, G はかなり大である. したがって, わずかに冷間加工した金属を焼なましすると, 小数の結晶粒が大きく成長する. 逆に強く加工した金属を焼なましすると多数の微細な結晶粒が生じる.

　結晶核の生成とその成長は, 焼なまし温度によっても変化する. したがって再結晶の条件は, 図6.20に示すように, 加工度と焼なまし温度の組み合わせであり, 得られる結晶粒の大きさが異なる. さらに, 焼なまし温度での保

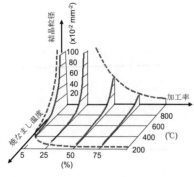

図6.20　銅における再結晶粒の粒度に対する冷間加工度および焼なまし温度の相対的な関係[2]

持時間によっても変化し，これらの条件を選択することによって結晶粒径などの組織制御や機械的強度の調整ができる．

＊＊＊＊＊＊＊＊＊＊＊＊＊＊＊＊＊＊＊＊

6・4　時効処理 (aging treatment)

　ある金属 A に他の金属 B が固溶した A-B 合金が，図 6.21 のような溶解度曲線(第 4 章)をもっているとする．今，b%の合金を温度 T_3 に保つと，この温度では c%まで B 金属を固溶することができるので，B 金属は全て A 金属に固溶される．このような操作を溶体化処理(solid solution treatment)という．すなわち，B 金属の原子は A 金属の結晶格子の中でランダムに分布している．この合金を T_3 温度から徐冷すれば，T_1(室温とする)温度で(b-a)%の濃度の B 金属系の結晶が析出(precipitation)する．しかし，この合金を T_3 温度から焼入れすると，B 金属系の結晶が析出することなく，T_3 における状態を保持したまま温度 T_1(室温)となる．すなわち，温度 T_1 では B 金属が過飽和の状態で固溶している．このような状態を過飽和固溶体(supersaturated solid solution)という．この焼入れした合金を，鋼の焼入れ・焼もどしと同じように，T_2 の温度以下で保持する焼もどしを時効処理と称する(図 6.22)．この処理過程で，過飽和固溶体から B 金属系の結晶は析出しようとする．T_2 以下の温度でも B 金属の原子は拡散するので，この過程で B 金属の原子は集合状態や中間的な結晶となる場合がある．これを時効(aging)現象という．過飽和濃度が高く，拡散しやすい B 金属であれば，室温に放置しておいても時効現象が起こる．これを常温時効または自然時効(natural aging)と呼び，T_2 以下の温度に加熱する時効であれば，この現象は速まり，これを焼もどし時効，または人工時効(artificial aging)と呼んでいる．したがって，この過程にともない，合金の諸性質は時間的に変化する．

　時効現象のうちで，硬さの変化がもっとも顕著に現れるので，特に時効による硬さの増加を時効硬化(age hardening)あるいは集合体や中間的な結晶の析出にともなう硬さ増加であるから析出硬化(precipitation hardening)ともいう．焼もどし時効(temper aging)の場合，焼もどし温度が高くなると，図 6.23 のように，時効の進行にともなって，一度最高値に達した後，硬さが再び低下し，軟化することがある．この状態を過時効(over aging)といっている．

　ここで，析出してくる相は B 金属系の結晶と考えたが，結晶が金属間化合物のような硬い相であると，析出による硬化は非常に著しい．高温度で安定な金属間化合物である場合は，その合金の強度は温度が上がっても低下しない．実用されている耐熱合金は，大部分がこのような金属間化合物の析出による硬化を利用している．

　Al-Cu 合金はジュラルミン(duralumin)と呼ばれている代表的な時効硬化合金である(第 10 章参照)．図 6.24(a)に示すように，Al 側に溶解度曲線があり，2~5%Cu 合金を 540℃程度に加熱・保持すると，均一な α 固溶体となる．これを焼入れすると Cu 原子の拡散は抑制されて，Cu 原子を過剰に含む Al の過飽和固溶体となる(図 6.24(b))．このような過飽和固溶体を室温に放置あるいは溶解度線以下の温度に加熱・保持すると，ギニエ・プレストン帯

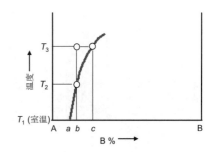

図 6.21　過飽和固溶体の生成

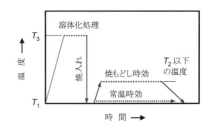

図 6.22　時効合金の熱処理の過程
（T_1, T_2, T_3 は図 6.21 の温度）

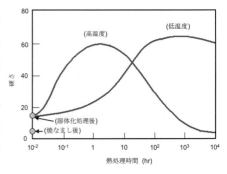

図 6.23　焼もどし時効における硬さ変化[2]

(Guinier-Preston zone)あるいはG-Pゾーン(G-Pzone)とよばれるCu原子の集合体(図6.25)や中間相(θ'相)の微細な析出物が生じる. Al-4%Cu合金の130℃時効における析出は, 次のような過程を経由するので, 硬さも変化する(図6.26).

過飽和固溶体→G.P.(1)ゾーン→G.P.(2)ゾーン(θ'')→

θ'中間相(CuAl₂)→ θ安定相(CuAl₂)

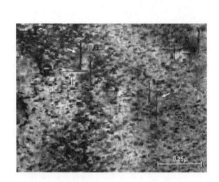

図6.25　Al-3.78%Cu合金のG.P.ゾーンのTEM写真. 540℃より焼入れ, 130℃で10日間時効, G.P.(2)ゾーンが著しく成している. 矢印はθ'中間相.
(西山善次, 幸田成康共編, 金属の電子顕微鏡写真と解説, (1975), 丸善)

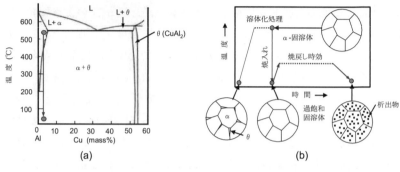

図6.24　Al-Cu系状態図および熱処理過程

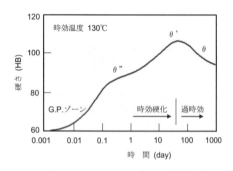

図6.26　Al-4％Cu合金の時効硬化

時効の初期では, 過飽和に固溶しているCu原子がAlの{100}面に沿って集合したG.P.(1)ゾーンとなり, さらに集合体が成長して, 図6.25のTEM写真に見られるように, 直径が約40nmで厚さ約2nmくらいのG.P.(2)ゾーンが形成する. Cu原子はAl原子より小さいので, G.P.ゾーンの周囲にはひずみが生じて硬くなる. G.P.(2)ゾーンはθ'-CuAl₂相の前躯体であるため, θ''相と呼ぶことがある. θ'-CuAl₂は平衡相のθ相と同じ成分であるが, 結晶構造が異なるので区別している. このような析出過程はAl-Cu合金のCu量や時効温度によって異なり, 同じ時効温度でも高Cu量の合金の場合や, 同じCu量の合金でも高い時効温度であれば, G.P.(1)ゾーンは生成せず, 直接θ''相やθ'相が析出する. さらに, 高温での時効あるいは長時間時効すると, 析出物が成長・粗大化してθ平衡相となるので, 過時効となって硬さは低下する. このような析出物の成長はオストワルド成長あるいはオスワルド熟成(Ostwald ripening)として知られている.

オストワルド成長とは

結晶粒径が種々異なる組織の母相では, 結晶粒が成長する過程で, 小さい結晶粒は収縮・消滅し, 大きな結晶粒が成長・粗大化する現象. オストワルド成長することによって, 界面エネルギーが低下する.

=====　練習問題　=======================

【6・1】　均一な結晶粒からなる延性に富むある単相合金がある. 加熱による相変態にともなう組織変化はないと仮定したとき, 再結晶を利用して結晶粒を微細化する方法を, 模式図を用いて説明しなさい.

【6・2】　図6.27のような連続冷却変態線図をもつ鋼を①から③の冷却速度で冷却したときの組織について述べなさい.

【6・3】　ある合金鋼板をオーステナイト単相域に保持した後, 炉外で空冷したところ表面近傍はマルテンサイト組織となったが, 板厚の中心部に向かって部分的にフェライトやパーライト等のマルテンサイト以外の変態組織が存在し, その量は中心に近づくほど増加した. その原因と板厚全体を100％

第6章　練習問題

マルテンサイト組織とする方法について考察しなさい.

【6・4】　Fe-C 平衡状態図(第4章, 図4.14)を参照し, 次の問いに答えなさい.
(1) Fe-0.3mass％C 鋼を 800℃で十分長く保持して光学顕微鏡観察したときの模式的な組織.
(2) 問(1)の状態を 800℃から水冷したときの模式的な組織.
(3) Fe-1.0mass％C 鋼を 800℃で十分長く保持して光学顕微鏡観察したときの模式的な組織.
(4) 問(3)の状態を 800℃から水冷したときの模式的な組織.

【6・5】　図 6.24 に示す Al-Cu 系平衡状態図から, Al- 4％Cu 合金における θ 相の量を計算しなさい. また, この合金における G.P.ゾーンの最大量はいくらになるか推定しなさい.

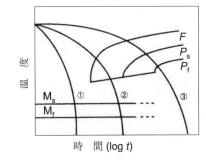

図 6.27

【6・6】　What is retained austenite? Describe a procedure for eliminating its presence in a piece of hardened steel.

【6・7】　Draw cooling curves for (a)quenching and tempering, (b)austempering, (c)martempering, and (d)ausforming, superimposed on the T-T-T curve for a hypereutectoid steel. Are all these processes isothermal?

【6・8】　The hardness of martensite depends primarily on the carbon content and is little influenced by the presence of alloying elements in the steel. Why are alloying elements added to steel?

【解答】

【6・1】　冷間加工(たとえば圧延など)を施したのち, 適当な時間に加熱保持(温度は $T = T_m/3 \sim T_m/2$ 程度)することで結晶粒の微細化が得られる.

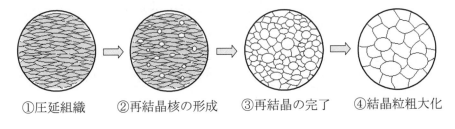

①圧延組織　②再結晶核の形成　③再結晶の完了　④結晶粒粗大化

図 6.28

【6・2】　①マルテンサイト　②マルテンサイト+フェライト
　　　　③フェライト+パーライト

【6・3】　いわゆる質量効果により, 板厚内部までマルテンサイトとなる冷却速度が維持できなかったためで, 100％マルテンサイトにするためには空冷より冷却速度が早い水冷とする.

【6・4】

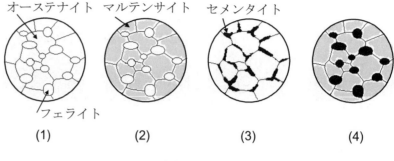

図 6.29

【6・5】　平衡状態では，室温で Al 中に Cu がほとんど固溶しないので，て
この法則により，$\theta = \dfrac{4-0}{53-0} \times 100 = 7.55\%$

また，焼入れにより，Cu 原子がすべて過飽和固溶体となっていると仮定する
と，G.P.ゾーンは Cu 原子によって構成されているので，4%となる．

【6・6】　焼入れにより，オーステナイトがすべてマルテンサイトに変態せず
に残留オーステナイトとなる場合は，さらにサブゼロ(深冷)処理を行う．

【6・7】　図 6.4 と図 6.15 を参照．

【6・8】　鋼の焼入性向上のためには合金元素を添加する．(第 9 章参照)

第 6 章の文献

(1) 柳沢平，吉田総仁，材料科学の基礎，(1994)，共立出版．

(2) 小原嗣郎：金属組織学概論，(1974)，朝倉書房．

(3) 田中政夫，朝倉健二，機械材料第 2 版(1993)，共立出版．

(4) 須藤一，機械材料学(1993)，コロナ社．

(5) 砂田久吉，演習材料強度学入門，(1990)，大河出版．

(6) J. K. Shackelford: Introduction to Materials Science for Engineers, 4th ed. (1996), Prentice Hall.

(7) L. H. Van Vlack : Materials Science for Engineers, (1970), Addison-Wesley Publishing.

(8) 吉田総仁，京極秀樹，篠崎賢二，山根八洲男，機械技術者のための材料加工学入門，(2003)，共立出版．

(9) 日本金属学会編，講座・現代の金属学，材料偏，第 4 巻，(1985)，日本金属学会．

第7章

材料の電気・化学的性質

Electrical and Chemical Properties of Materials

＊＊＊＊＊＊＊＊＊＊＊＊＊＊＊＊＊＊＊＊＊＊＊＊＊＊＊＊＊＊＊＊＊＊

これまでの章では，材料の力学的性質と熱的性質を扱ってきた．機械材料では，さらに電気的性質や化学的性質についても材料を使用する上で，理解しておくべき重要な特性である．本章では電気的・化学的性質を支配する諸因子を取り上げ，機械材料における電気的性質，電気化学反応の原理と応用とはなにかを学ぶ．

＊＊＊＊＊＊＊＊＊＊＊＊＊＊＊＊＊＊＊＊＊＊＊＊＊＊＊＊＊＊＊＊＊＊

7・1 材料の電気的性質(electrical properties of materials)

7・1・1 電気伝導度 (electric conductivity)

第2章で述べたように原子の結合は，①金属結合(metallic bond)，②イオン結合，③共有結合，④ファン・デル・ワールス結合からなる．電気伝導度は原子の結合方式により大いに異なる．機械材料として広く用いられている金属材料は金属結合しており，最外殻電子が原子の間を自由に動き回わることができ，電気伝導度(electric conductivity)η をもたらすことになる．この電子を自由電子(free electron)と呼び，これが動きうる電子軌道群を伝導帯(conducting band)と呼ぶ．金属は良導体なので，$10^7(\Omega\cdot m)^{-1}$ 程度の電気伝導度をもつ．主要な金属の電気伝導度を表 7.1 に示す．半導体(semi-conductor)と絶縁体(insulator)では，それぞれ $10^4 \sim 10^{-6}(\Omega\cdot m)^{-1}$，$10^{-10 \sim 20}(\Omega\cdot m)^{-1}$ 程度である．主な絶縁材料の電気的特性は付表 S・7「絶縁材料の電気的性質」に示している．

表 7.1 主要な金属の電気伝導度 (273K)

金属	$\eta/10^7(\Omega\cdot m)^{-1}$
Al	3.4
Ag	6.3
Fe	1.0
Cu	5.8
Ni	1.5

7・1・2 オームの法則 (Ohm's law)

金属に電圧(V)をかけるとそれに比例して電流(I)が式(7.1)にしたがって流れる．ここで R は電気抵抗(electric resistance)を意味する．これをオームの法則という．

$$R(\Omega) = V(V) / I(A) \qquad (7.1)$$

電気抵抗が生じるのは結晶格子(crystal lattice)の熱振動(thermal vibration)や格子欠陥(lattice defect)などによる．抵抗率(resistivity)ρ は電気抵抗 R と式(7.2)のような関係にある．

$$\rho = R \cdot A_0 / l \qquad (7.2)$$

ここで，l は電圧を測定する 2 点間の距離，A_0 は電流の方向に垂直な断面積である(図 7.1)．式(7.1)と式(7.2)から式(7.3)が得られる．

$$\rho = V \cdot A_0 / I \cdot l \qquad (7.3)$$

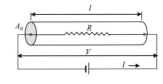

図 7.1 金属における電気抵抗

【例題 7・1】 ＊＊＊＊＊＊＊＊＊＊＊＊＊＊＊＊＊＊＊＊＊＊＊

直径 2mm，長さ 1m の銅線に 0.0314A の電流を流したとき，両端に発生する電位差(V)を求めなさい．なお，抵抗率 $\rho = 1.7 \times 10^{-8}(\Omega \cdot m)$ とする．

【解答】
$V = \{0.0314(A) \times 1(m) \times 1.7 \times 10^{-8}(\Omega \cdot m)\} \ / \ \{(0.001(m)^2 \times 3.14)\}$
$\quad = 170\mu V$

＊＊＊＊＊＊＊＊＊＊＊＊＊＊＊＊＊＊＊＊＊＊

7・1・3 温度の影響 (effect of temperature)

　純金属の電気抵抗は絶対温度の上昇に比例して増加する．絶対零度付近で超電導(super conductivity)現象を示す金属もある．格子の熱振動や格子不整が温度に依存し，低温領域ではそれらが減少するためである．
　ρ_0, ρ_t をそれぞれ 0℃，t℃における抵抗率とすると近似的に

$$\rho_t = \rho_0 (1 + \alpha t) \tag{7.4}$$

の関係となる．ここで α は抵抗の温度係数である．電気抵抗の温度依存性の例を表 7.2 に示す．なお，半導体では温度の上昇とともに電気抵抗が低下するが，これは温度の上昇にともなって電気伝導に関わる電子の数が増加するためである．

表 7.2　主要金属の各温度における電気抵抗率(ρ)

温度 ℃	Al	Ag	Fe	Cu
-195	0.21	0.3	0.7	0.2
0	2.5	1.47	8.9	1.55
100	3.55	2.08	14.7	2.23
300	5.9	3.34	31.5	3.6
700	24.7	6.1	85.5	6.7

7・1・4 格子欠陥の影響 (effect of lattice defect)

　金属の結晶格子の欠陥としては，合金元素(alloying element)，結晶粒界(grain boundary)，析出物(precipitation)，固溶体(solid solution)，点欠陥(point defect)，転位(dislocation)などが挙げられ(第 2 章)，これらは結晶の周期性を阻害するので，電気伝導度を低下させる．電気伝導度の合金組成の依存性を Cu-Ni 合金の例として図 7.2 に示す．

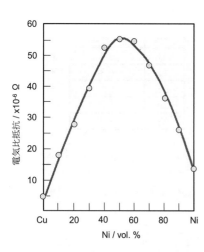

図 7.2 Cu-Ni 合金の組成と電気抵抗の関係 (飯高一郎, 金属学通論, 第 2 版,(1965),丸善)

7・1・5 電気的特性の実用合金への活用 (application of electrical properties to engineering materials)

　付表 S・7「実用金属材料の物理的性質」に示すように，実用金属のうちアルミニウム，銅は鋼の約 6 倍，ステンレス鋼の約 30 倍と優れた導電特性をもつので，導線として広く利用されている．実用材料として用いるには電気的特性のみならず，強度，耐食性，加工性，供給性，製造性，価格，リサイクル性などを総合的に判断して決めていく必要がある(第 13 章参照)．
　一方，電気抵抗が高いことは，電気的エネルギーが熱エネルギーに変換することを意味する．この特性を利用しているのが電気炉や電熱器で熱源として用いている電熱材料である．代表的な合金は，Ni-Cr 合金(ニクロム線(nichrome wire))，Fe-Cr-Al 合金(カンタル線(Kanthal wire))であり，これらは高温での使用に耐えるため耐高温酸化特性や高温強度を併せもつように材料設計されている．

＊＊＊＊＊＊＊＊＊＊＊＊＊＊＊＊＊＊＊＊＊＊

7・2 材料の化学的性質 (chemical properties of materials)

7・2・1 金属材料の化学的安定性 (chemical stability of metallic material)

　金(gold)を除くおよそすべての地球上の金属は元々酸化物や硫化物などの形で安定に存在している．このような形で存在することがエネルギー的にもっとも安定なためである．一般に化学的エネルギーは化学ポテンシャル(chemical potential)μ，またはギブスの自由エネルギー(Gibbs' free energy)G，で表現する．我々が金属を機械材料として使おうとする場合，まず，これらの化合物に外部からエネルギーを加えるなどして還元し，材料の素材としてのある程度の不純物を含む金属を得る．これらに機械材料として必要とされる強度，加工性，耐食性などを付与すべく各種の合金元素添加や組織制御が行われる．このような材料を基に機械的機能を有する機器・装置が人工物として造り上げられることになる．しかし，すべての人工物は，その製造されたときから，何らかの損傷(failure)に向かう．機械機器・装置の損傷の原因の大多数は①疲労(fatigue)，②摩耗(wear)，③腐食(corrosion)である．なかでも，腐食は還元状態にある金属が化学的により安定な酸化物などになろうとする自然な過程である．結果として腐食生成物，さび(rust)が形成される．このさびは基本的に鉱物とほとんど同じ組成を持つので再びスクラップなどの原料として再利用される．この流れを図7.3に示す．金属が腐食し，さびとなっても還元処理すれば，元の金属に戻るので金属はリサイクル性のよい環境にやさしい材料であると言える．

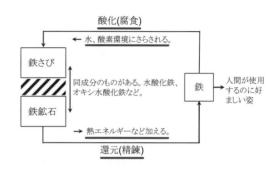

図 7.3 鉄の腐食サイクル図

7・2・2 電気化学反応 (electrochemical reaction)

　金属材料が腐食する過程は電気化学反応として理解される．これは金属電極中での電子移動と水溶液中でのイオン移動からなり，電極/溶液界面での電荷の移動として特徴づけられる．電気化学反応はアノード反応(anodic reaction)とカソード反応(cathodic reaction)とで構成され，両方の反応に関与する電子数が等しい状況で進行する．反応の例として，河川水(中性 pH，大気開放：空気飽和，塩化物イオンなし)環境中での単純浸漬状態にある鉄の腐食を考えると，式(7.5)のように表せる．

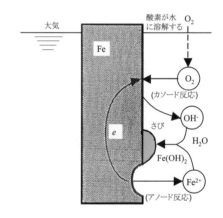

図 7.4 腐食の電気化学反応原理図 (藤井哲雄，第 14 回技術セミナー資料、電気化学の基礎，(社)腐食防食協会)

アノード反応　$2Fe \rightarrow 2Fe^{2+} + 4e^-$

カソード反応　$O_2 + 2H_2O + 4e^- \rightarrow 4(OH)^-$

全腐食反応　　$2Fe + O_2 + 2H_2O \rightarrow 2Fe(OH)_2$　　　　(7.5)

　水溶液中に鉄片を浸漬したときの腐食の進行の様子を図7.4に示す．アノード反応(プラス電流)は鉄の溶解(酸化)反応であり，カソード反応(マイナス電流)は溶存酸素(dissolved oxygen)の還元反応に対応する．どちらの反応においても関与する電子数は4であり，同数である．溶解した鉄イオンとアルカリ基が反応し，錆である $2Fe(OH)_2$ を構成する．これはさらに酸化が進行し，$Fe(OH)_3$ となる．反応式に電子を含むことから，いずれの反応速度も電極電位(electrode potential)に依存する．縦軸に電位，横軸に電流値の対数の関係で示した対応関係を分極曲線(polarization curve)という．電流値を絶対値で表し，プラス電流とマイナス電流を重ね合わせた分極曲線を，特にエバンス図

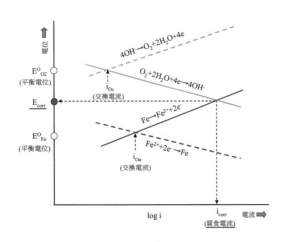

図 7.5 腐食状況の分極曲線による表示(藤井哲雄, 第 14 回技術セミナー資料、電気化学の基礎，(社) 腐食防食協会)

(Evans diagram)という. 式(7.5)の反応の例を図 7.5 に示す. 自然浸漬状態では腐食電位，E_{corr}，において腐食電流，i_{corr}，の速度で腐食が進行する. このとき，プラスの電流値とマイナスの電流値は等しいので，外部回路による電流値の測定はできない. 外部から電気的エネルギーを加えるなどして分極(電極電位を貴または卑)すると，その程度に応じてアノード反応またはカソード反応が促進されることになる. 分極曲線の測定から反応の速度論的考察が可能となる.

なお，水溶液が酸性の場合のカソード反応は溶存酸素の還元よりも，

$$2H^+ + 2e^- \quad \rightarrow \quad H_2 \qquad\qquad (7.6)$$

で示される水素イオンの還元が優勢になる.

【例題 7・2】　＊＊＊＊＊＊＊＊＊＊＊＊＊＊＊＊＊＊＊＊＊

1 モルの塩酸溶液中における鉄のアノード反応，カソード反応および全腐食反応を示しなさい.

【解答】

1 モルの塩酸の pH はおおむね零とみなせる. カソード反応としては水素イオンの還元が圧倒的に優勢である. 従って下記の反応式に示されるように水素ガスを発生しながら腐食し，鉄はイオンとして存在し，腐食生成物，錆は形成しない.

アノード反応　　　$Fe \rightarrow Fe^{2+} + 2e^-$

カソード反応　　　$2H^+ + 2e^- \quad \rightarrow \quad H_2$

全腐食反応　　　　$Fe + 2H^+ \quad \rightarrow \quad Fe^{2+} + H_2$

＊＊＊＊＊＊＊＊＊＊＊＊＊＊＊＊＊＊＊＊＊

表 7.3 主な標準電極電位，$E^0(V)$ (標準水素電極, SHE, 基準) (電気化学便覧, 丸善)

$Zn^{2+} + 2e = Zn$	-0.763
$Al^{3+} + 3e = Al$	-1.66
$Fe^{2+} + 2e = Fe$	-0.44
$Ni^{2+} + 2e = Ni$	-0.25
$2H^+ + 2e = H_2$	0
$O_2 + 4H^+ + 4e = 2H_2O$	1.23

7・2・3　電極電位とは (what is an electrode potential ?)

真空中の金属に一定以上のエネルギーの光をあてると電子が飛び出す. その限界エネルギーは仕事関数(work function)と呼ばれ，おおむね，その値に負号をつけた値が金属のフェルミ準位(Fermi level)に対応する. 一方，溶液中に金属を浸漬するとイオン化する. その程度は金属のイオン化傾向(ionization tendency)として示される. 仕事関数の序列とイオン化傾向の序列はおおむね等しい. この金属が液体と接触して陽イオンになる傾向は標準電極電位(standard electrode potential)で比較される. この値は絶対値では表わせないので，熱力学的には標準状態(活量 1)における，

$$2H^+ + 2e^- = H_2 \qquad\qquad (7.7)$$

の反応の電位を常に零と規定し，標準水素電極(standard hydrogen electrode, SHE)を基準として比較表示する. 値がマイナスで大きいほど(卑なほど)イオン化傾向が大きいといえる. 主な反応の標準電極電位を表 7.3 に示す.

7・2・4　電位－pH図 (potential-pH diagram : pourbaix diagram)

　電位－pH図とは金属材料が曝される環境を電位とpHで規定し，そのとき
どのような化合物，イオン種がどの領域で安定に存在し得るかを図示したも
のであり，腐食の傾向を平衡論的に予見することが可能な図である．ここで
電位は環境の酸化性(腐食性)の強さを示し，貴(プラスで大きい)ほど酸化性が
強い．pHは環境の酸性度を示し，pHが低いほど水素イオン濃度が高く，溶
液の酸としての傾向が強い．例として，鉄の電位－pH図を図7.6に示す．図
中で(a)線と(b)線で囲まれた領域は水の安定存在域を示し，それを外れると水
は酸素ガスまたは水素ガス発生反応を起こすことになる．図7.6から酸性側
では鉄はイオン化し，高電位側では高次のイオンになることが判る．また，
中性領域では酸化物が形成される．不働態(passivity)は酸化物皮膜が緻密に形
成され，反応が抑制された状態に対応する．電位が卑な状態では金属はイオ
ン化(腐食)することなく安定に存在しうる．

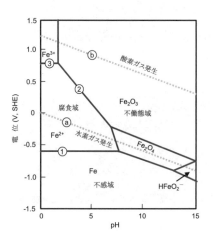

図7.6　鉄の電位-pH図，直線①は
$Fe^{2+}=10^{-6}mol/l$ の場合(藤井哲雄，
第14回技術セミナー資料、電気
化学の基礎，(社)腐食防食協会).

7・2・5　防食法 (corrosion protection)

　式7.5と式7.6で示したように，腐食反応の進行には①電解質としての水，
②酸化剤としての溶存酸素あるいは水素イオン，③腐食物質としての金属の
存在が不可欠である．言い換えれば，腐食を防止するためにはこれらを取り
除けばよい．すなわち，①乾燥状態にする，②脱気する，および③pHをア
ルカリ性にする，ことが有効である．その他，腐食は界面(表面)反応である
ので，表面に反応障壁を付与する．これには表面の不働態化，被覆などが含
まれる．腐食反応には溶存酸素が反応促進作用をもつが，一方で溶存酸素は
ステンレス鋼(stainless steel)の例に見られるようにナノメータオーダーの不
働態皮膜の形成をもたらし，腐食を抑制することになる．同様の効果が数μm
厚さになる耐候性鋼(weathering steel)の緻密なさびの場合にも当てはまる．

【例題7・3】　＊＊＊＊＊＊＊＊＊＊＊＊＊＊＊＊＊＊＊＊＊＊
　金属の防食方法として上記のほかにどのようなことが考えられるか？

【解答】
　7.2.4項で述べたように，金属の電位を卑にすると，金属の状態でいること
が安定でイオン化しなくなる．すなわち，腐食しなくなる．外部からエネル
ギーを加えて電位を卑にする方法を電気防食(cathodic protection)と呼ぶ．そ
の他，各種の腐食抑制剤(inhibitor)を加え，反応を抑制する方法もある．
　　　　＊＊＊＊＊＊＊＊＊＊＊＊＊＊＊＊＊＊＊＊＊＊＊＊

7・2・6　機械的要因と化学的要因の重畳 (mechano-chemical reaction)

　機械機器・装置は，通常，程度の差こそあれ機械的外力の作用と腐食環境と
に曝される．両者の作用のバランスした状態で環境脆化が生ずる．これには
応力腐食割れ(stress corrosion cracking, SCC)，活性経路割れ(active path
corrosion, APC)，水素ぜい性(hydrogen embrittlement, HE)，水素誘起割れ
(hydrogen induced cracking, HIC)，腐食疲労(corrosion fatigue, CF)などが含まれ

る．SCC と APC はステンレス鋼などの不働態化金属に生じるもので，引張応力の下で塩化物イオンなどの作用があると不働態皮膜が局所的に破壊し，その部分からき裂が進展する．ステンレス鋼の場合，食孔や腐食すき間部を基点として進む粒内型(TG)SCC と材料の鋭敏化に起因する粒界型(IG)SCC とがある．TGSCC の例を図 7.7 に示す．き裂に分岐が多い点で疲労き裂とは区別される．IGSCC の例を図 7.8 に示す．HE は腐食反応などで発生した水素が原子状で金属中に進入し金属結合を弱める結果，材料の破壊をもたらす現象である．高強度材ほど感受性が高い傾向にある．水素を起因とする割れにはラインパイプ鋼などに見られる HIC も挙げられる．水素の発生源は硫化水素である．HIC の特徴はき裂が材料の圧延方向と平行に入る点にある．すなわち金属組織依存があるという点で他の形態とは異なる．同じ硫化水素を起因とする割れに油井管などに見られる硫化物 SCC(sulfide stress corrosion cracking, SSCC)がある．これはき裂進展方向が引張応力に直角な点で HIC とは区別される．

＊ ＊ ＊ ＊ ＊ ＊ ＊ ＊ ＊ ＊ ＊ ＊ ＊ ＊ ＊ ＊ ＊ ＊ ＊ ＊

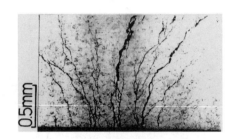

図 7.7 ステンレス鋼の TGSCC

図 7.8 ステンレス鋼の IGSCC

===== 練習問題 =======================

【7・1】Calculate the electrical resistivity of silver at 200℃.The temperature coefficient for silver is 0.0038(℃⁻¹).

【7・2】単位面積の半分が銅めっきされている鋼と単位面積の裸の鋼を海水中で腐食させた．鋼の腐食の進行の程度を比較せよ．

【解答】

【7・1】 ある温度における抵抗率は，$\rho_t=\rho_0(1+\alpha t)$，で与えられる．表 7.2 より，$\rho_0=1.47 \times 10^{-8}(\Omega \cdot m)$である．
したがって，$\rho_t=1.47 \times 10^{-8}(\Omega \cdot m) (1+0.0038(℃^{-1}) \times 200(℃))=2.59 \ \Omega \cdot m$

【7・2】 裸の鋼の表面では常にアノード反応とカソード反応が起きている．したがって，腐食は全表面で均一に進む．この状況を均一腐食と呼ぶ．腐食速度はカソード反応量に支配される．この場合の腐食度を単位量とする．半分の面積だけ銅めっきした鋼では，カソード反応は全表面で起きるが，アノード反応は鋼の表面でのみ進行する．全カソード反応は同一であるが，アノード反応を負担する面積が半分になる．すなわち，鋼の部分の腐食度は 2 倍になる．アノード部とカソード部が分離される局部腐食(localized corrosion)や異種金属接触腐食(galvanic corrosion)がこの概念の範疇に入る．

第7章の文献

(1) W. F. Smith, J. Hahemi : Foundations of Materials Science and Engineering, 4th ed., (2006), McGraw-Hill Int'l Ed..

(2) 腐食防食協会編，材料環境学入門，(1993)，丸善.

(3) 松島巌訳，腐食反応とその制御　第3版，(1989)，産業図書.

第8章

材料の製造と加工

Processing and Forming of Materials

＊＊＊＊＊＊＊＊＊＊＊＊＊＊＊＊＊＊＊＊＊＊＊＊＊＊＊＊＊＊＊＊＊＊＊＊

製品や部品を何らかの方法で加工する場合，その素になる材料の形態は，通常，板や棒状(スラブ，ビレット等)のものである．これらの材料ができるまでの加工工程を総称して一次加工と呼び，製鋼法や精錬法などがある．また，この一次加工で得られた材料を用いて，所要の形状や寸法に加工することを二次加工という．代表的な方法として塑性加工法，粉末成形法，接合法などがある．本章では，機械材料で用いられる，これらについて学習する．

＊＊＊＊＊＊＊＊＊＊＊＊＊＊＊＊＊＊＊＊＊＊＊＊＊＊＊＊＊＊＊＊＊＊＊＊

8・1 金属素材の製造法 (production of metallic raw material)

8・1・1 製鋼法 (steel making process)

鉄鋼の原料は鉄鉱石で，赤鉄鉱，磁鉄鉱，褐鉄鉱の 3 種類がある(図 8.1)．鉄鉱石とコークス，さらに不純物を除去するための石灰石を溶鉱炉(blast furnace)に入れ，コークスの燃焼によって炉内温度を 2000℃以上にすると，鉄鉱石に含まれる酸化鉄と炭素が反応して，CO_2 ガスと溶けた鉄(溶銑)に分離する．溶銑は炭素を多く含む(4~5%)銑鉄(pig iron)として取り出される．溶鉱炉は多量な原料を高温にする炉であるため，大型につくられているところから高炉とも呼ばれている．図 8.2 は鉄鋼素材ができるまでの工程を示す．銑鉄は転炉(converter)または電気炉に移し，炭素分が取り除かれる．転炉では溶銑に酸素ガスを吹き付けて炭素を燃焼させて脱炭(decarburization)して溶鋼をつくる．このとき酸素ガスを吹き付ける溶鋼の位置によって，上吹き，または底吹き転炉と呼び，上・底双方から吹き込む転炉もある．電気炉では，脱炭とともに鉄スクラップや合金元素が加えられ成分調整が行われる．

造塊(ingot making)工程では，溶鋼が多くの酸素を含んでいるため，そのまま鋼塊にすると，過飽和の酸素が炭素と結合(反応)して一酸化炭素(CO)ガスが発生して気泡(gas holes)や空洞(void)となる．この対策として脱酸(deoxidization)があり，アルミニウムなどを添加し酸化物として固定する工程が行われる．また，通常，この脱酸の大小によって，キルド鋼，リムド鋼が

(a) 磁鉄鉱

(b) 赤鉄鉱

(c) 褐鉄鉱

図 8.1 鉄鉱石 (秋田大学付属鉱業博物館所蔵)

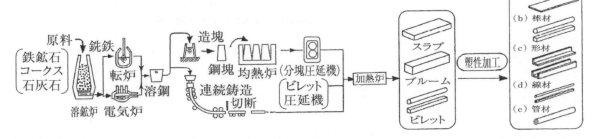

図 8.2 製鋼プロセス

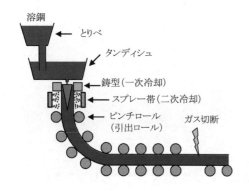

溶鋼
とりべ
タンディシュ
鋳型(一次冷却)
スプレー帯(二次冷却)
ピンチロール
(引出ロール)
ガス切断

図 8.3 連続鋳造法の概要

得られる. さらに, 脱酸した溶鋼は, ガス成分濃度を減少させるためにアルゴンガスを吹き込み攪拌して脱ガスするか, あるいは脱ガス装置を通しながら種々の合金元素を添加して, 目的の組成に調整する. 成分調整した鋼塊は, 分塊圧延されてスラブ, ブルーム, ビレットに造形し, さらに, 塑性加工(圧延・鍛造等)用の素形材となる.

造塊・分塊圧延の工程では, 凝固冷却−加熱加工−再加熱を繰り返すため, 多くの熱エネルギーを必要とする. 図 8.3 に示すように, 転炉でつくられた溶鋼を水冷鋳型で冷却・凝固しながら分塊圧延する連続鋳造法(continuous casting)は極めて有効な製鋼法である. 造塊・分塊圧延を一工程で行うため, 工程数の削減, 操業時間の短縮, 省エネルギー化等の利点がある. 現在では, ほとんどこの製鋼法が取り入れられ, 原料の鉄鉱石から最終素材の板や棒, 形材まで製鉄所において連続工程でつくられる.

8・1・2 電解精錬法 (electrolytic refining process)

非鉄金属の素材(地金)を原料の鉱石からつくる場合, 金属元素により製造法が異なるが, 多くの非鉄金属地金は電解精錬法が用いられる. 原料の金属を溶液とし, 電気分解する方法で, 陽極上に目的の金属を析出させる. たとえば, アルミニウムは地中に埋蔵しているボーキサイトを採掘し, そのボーキサイトに苛性ソーダ水を加え, アルミナ(酸化アルミニウム)水溶液とする. この溶液を電気分解してアルミニウムを抽出する. 図 8.4 のように, 電極を上下にすると軽量な高純度アルミニウム溶湯となり, 純度に応じたアルミニウム溶融となる. これを, 製鋼法の場合と同様に, 種々の形状に造塊し, 圧延して板にする(a)スラブ(slab), 押出しや鍛造に用いる(b)ビレット(billet), (c)再溶解して合金にするための(c)インゴット(ingot)などの形状の地金となる(図 8.5).

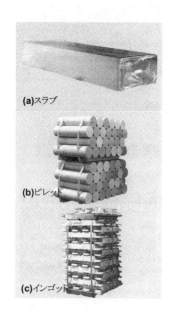

(a)スラブ

(b)ビレット

(c)インゴット

図 8.5 アルミニウム素材の形状
(軽金属協会資料, アルミニウムとは(1995) (社)日本アルミニウム協会)

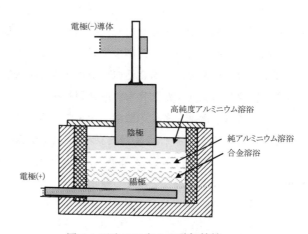

電極(−)導体
高純度アルミニウム溶浴
陰極
純アルミニウム溶浴
合金溶浴
電極(+)
陽極

図 8.4 アルミニウムの電解精錬

＊ ＊ ＊ ＊ ＊ ＊ ＊ ＊ ＊ ＊ ＊ ＊ ＊ ＊ ＊ ＊ ＊ ＊ ＊ ＊

8・2 鋳造 (casting)

鋳造は, 溶融した金属を鋳型に鋳込む(流し込む)ことによって, 目的の形状の製品にする方法で, 工作機械, 舶用機械および産業機械などあらゆる機

8・2　鋳造

械において鋳造法(品)がもっとも多くの割合を占めている．鋳造法は複雑な
形状の製品が容易に加工できる，あらゆる金属合金に適用できる，剛性も少
なからず有し，材料費が安く，切削加工性に優れるなどの特長も大きい．こ
れに対して，鋳造品は欠陥が多く，精度や均質性に欠ける，引張強度が小さ
く延性に劣るなどの弱点もある．

　鋳造法は，鋳物材料(金属材料)を溶解し，鋳物砂(casting sand)で造型した鋳
型(mold)に鋳込む(注湯)．冷却後，鋳型から外し後処理を経て製品となる．鋳
型は，上型と下型で構成され，形状が複雑化すると中子などが用いられる．
材料別には砂型，油砂型，真土型，金型，石膏型などがある．一般的な砂型
(sand mold)は，鋳物砂に模型(pattern)を埋め，圧縮・固化した後，枠をはずし
て模型を抜き取ってつくる（図 8.6(a)）．鋳型の構造は，図 8.6(b)に示すよう
に，湯溜り，湯口，鋳込口，揚り，押湯などから構成されている．注湯(pouring)
は，溶湯をとりべ(ladle)から受け口に注ぐ作業であるが，受け口には湯だま
り(pouring basin)が設けられ，溶湯を一旦溜めておき，スラグやカス（湯あか）
などが直接混入するのを防ぐ役割をする．また，押湯(riser)は，凝固収縮分の
溶湯不足を補うとともに，その質量が凝固時の圧力となるように付けられて
いる．これらは鋳物とは別形状のものであるから，離型後，取り除かれる．

　溶融金属が鋳型内で凝固する際，鋳型材料の種類や鋳物の形状・大きさに
よって冷却速度が異なるので，凝固組織が大きく変わる．凝固状態はすべて
の部分で一様でないため，結晶組織の不均一性，偏析，収縮巣，気泡等が生
じる．図 8.7 のように，大型鋳物の場合，凝固断面では鋳型に接する部分は
冷却速度が大きく過冷となり，微細な結晶粒のチル層(chill zone)となる．そ
して凝固は中心に向かって結晶成長し，柱状組織(columnar structure)を形成す
る．中心部あるいは鋳型面から離れたところでは，温度勾配の小さい冷却と
なるので，方向性のない等軸晶(equiaxed grain)となる．柱状晶は，結晶成長
の方位によって枝分かれし，樹枝状組織(dendrite structure)を形成することが
ある．このような凝固組織は，鋳物の組成や冷却速度などによって異なるの
で，実際の鋳型内での凝固の進行状況を実測したり，あるいは CAE シミュレ
ーションや流出試験をおこなって予知しておく必要がある．

　鋳造品(鋳物)に生じる欠陥は，その後の熱処理や加工でも改善できず，機
械部品や構造部材を製造する上で大きな障害になっている．欠陥でもっとも
多いものは鋳物表面または内部に発生する空洞である．この原因は，凝固収
縮による引け巣(shrinkage cavity)，または溶解ガスによる気泡(gas holes)ある
いはブローホール(blow hole)がある．特に引け巣は，凝固収縮に対して溶湯
の補給や押湯の効果が不十分な場合に生じる孔状欠陥である．図 8.8 のよう
に，外気と通じていない孔を内引け(internal porosity)または巣(cavity)と言い，
外気と通じている孔を外引け(draw)またはくぼみ(shrinkage depressin)という．
引け巣は鋳鋼に多く，温度分布の不具合や多量のガス発生が原因である．こ
れを防止するには，押湯を大きくする，湯口の数を増やす，位置を工夫する
などの配慮を要する．また凝固の遅い部分やガス抜きが不十分な箇所に生じ
る表面の窪みは，凝固収縮で内部に引けが生じるか，型から出るガスまたは
大気の圧力で湯面が押されて生じることが多い．この対策として，冷し金を
用いて温度分布を変えるか砂型の通気性を増すなどの工夫が必要となる．さ

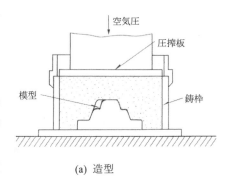

(a) 造型

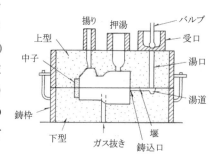

(b) 各部の名称

図 8.6 砂型の製造と各部の名称

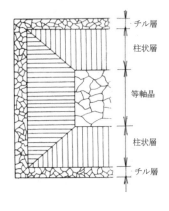

図 8.7 大型鋳物の凝固組織

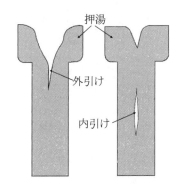

図 8.8 大型鋳物に生じる欠陥

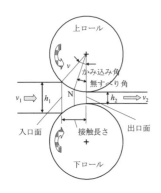

図 8.9 板圧延の原理

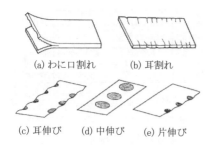

(a) わに口割れ　(b) 耳割れ

(c) 耳伸び　(d) 中伸び　(e) 片伸び

図 8.10 板圧延における欠陥[8]

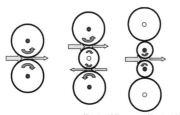

(a) 2段圧延機　(b) 3段圧延機　(c) 4段圧延機

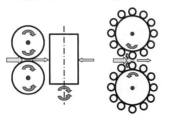

(d) ユニバー　　(e) センジミアプラ
サル圧延機　　　ネタリ熱間圧延機

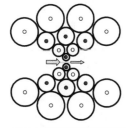

(f) センジミア冷間圧延機

図 8.11 圧延機の種類
●は駆動ロール

らに割れが生じることがある．これは凝固冷却時の収縮の際に，鋳型の拘束応力と鋳物の冷却速度に伴う収縮が異なるために，応力やひずみのバランスが崩れて発生するものである．高温割れと低温割れがある．

＊＊＊＊＊＊＊＊＊＊＊＊＊＊＊＊＊＊＊＊＊＊

8・3　塑性加工（plastic working）

　塑性加工は，材料の塑性変形を利用して，金属材料を目的の形状・寸法に加工する方法である．代表的な方法として，圧延，押出し，鍛造，深絞り等の加工法がある．

8・3・1　圧延 (rolling)

　鋼材の製造工程(図 8.2)で得られる 1 次製品の素材(スラブ・ブルーム・ビレット)を，回転する 2 個以上のロールの間に挿入し，連続的に圧力と変形を付与して，所要の断面形状と寸法の板材あるいは形材に加工する方法を，圧延という．この加工法には，板材を得る板圧延(sheet rolling)と，棒・線，形，管を得る形材圧延(section rolling)がある．

（1）板圧延(sheet rolling)

　板圧延は，図 8.9 に示すように，回転する一対の平ロールの間に材料を挿入(かみ込み)し，所定の厚さや断面形状の製品に加工する．材料の再結晶温度以上に加熱して行う熱間圧延(hot rolling)では変形抵抗が小さく，加工が容易で，その上，組織は微細化して強靭な圧延材が得られる．主に厚板や形鋼などがつくられる．これに対して，冷間圧延(cold rolling)では，表面性状や平坦度の向上に有利で，薄板の製造に使われる．

　圧延工程における加工度は，

圧下量(圧延量)：　　$\triangle h = h_1 - h_2$　　　　　(8.1)

圧下率(圧延率)：　　$Re = (h_1 - h_2)/h_1 \times 100$　(%)　(8.2)

で定義する．ここで h_1, h_2 は，圧延前と後の板厚で，Re が増大すると，板厚は薄くなる．また，単位時間当たりの体積移動量は一定であり，板厚に比べて板幅が大きい材料は，幅方向の変化量は極めて小さいため，板の速度は厚さの減少に応じて，出口に近づくと速くなる．ロール入口の速度を v_1, 出口での速度を v_2, ロール周速度を v とすると(図 8.9)，$(v_2-v)/v$ を先進率(forward slip)といい，ロール周速に等しいところ(N)を中立点(neutral point)という．中立点で板とロール間の摩擦力は向きが逆方向となり，圧延圧力は最大となる．

　圧延荷重 P は，

　　　$P = p_\mathrm{m} \cdot w \cdot L$　　　　　　　　(8.3)

で表示される．ここで，p_m は接触する円弧上の平均圧延圧力，w は板幅，L は接触長さである．また，板厚の不均一，圧下率の調整不良，ロールの弾性変形などによって，材料に形状不良が生じる．その代表例を図 8.10 に示す．極端に大きな圧下量(断面減少率)で圧延すると，図 8.10(a)や(b)のような欠陥が生じ，板の平坦度が不良になると図 8.10(c),(d),(e)のような欠陥が生じる．板の平坦度不良は，圧延ロールの弾性変形(たわみ)によって生じるので，支

えロールを備えた4段圧延機がある．図8.11にロールの配置と圧延機の種類
を示す．

（2）棒・線・形材の圧延(section rolling)

ロールの表面に円弧やV字形の溝を付けた一対の孔形(型)ロールを用いる
ことで，断面が丸や四角の棒や線状の製品が製造できる．図8.12に，丸棒圧
延の工程例を示す．この工程は，長円(オーバル)と角(スクウエア)，菱形(ダイ
ヤ)と角(スクウエア)などの孔形ロールの組み合わせによって，棒や線を圧延
する方法で，孔形圧延(caliber rolling)と呼び，1パスごとに材料を 90°(又は
45°) 回転させて，圧延圧力と変形量の均等性を維持しながら所要の製品を造
る．これに対し，非対称断面やH形，I形，レールなどの形鋼の製造には，
形材圧延(形鋼圧延)が適用される．その他，マンネスマン効果(Mannesmann
effect)(図8.13)を利用した継目なし鋼管がある．

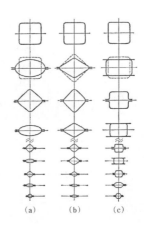

図8.12 棒材圧延のロール形状

【例題8・1】　＊＊＊＊＊＊＊＊＊＊＊＊＊＊＊＊＊＊＊＊＊

Explain the theory that $v_1 < v_2$ under sheet rolling as shown in Fig.8.9.

【解答】

単位時間当たりの体積移動量は一定であることから，

$$h_1 w_1 v_1 = hwv = h_2 w_2 v_2 \quad (h：ロールの隙間, \ w：板幅)$$

が成立する．こ
こで，板厚に比べて板幅が大きい材料は，幅の変化量はきわめて小さいため，
近似的に $h_1 v_1 = hv = h_2 v_2$ となる．

ここで，$h_1 > h > h_2$ より，$v_1 < v < v_2$ となり，板の速度は，板厚の減少に応じて
出口に近づくと速くなる．

＊＊＊＊＊＊＊＊＊＊＊＊＊＊＊＊＊＊＊＊

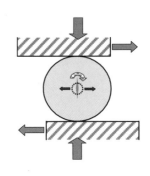

図8.13 マンネスマン効果，
円柱を平板で圧縮しながら回
転すると，垂直方向に発生した
割れが円形になる．この割れに
プラグを差し込みマンネスマ
ンせん孔鋼管にする．

8・3・2　押出し (extrusion)

押出し加工は，図8.14(a)に示す前方押出し(forward extrusion)と(b)に示す後
方押出し(backward extrusion)がある．前方押出しは，ラムの進行方向と押出
し材（製品）の流れる方向が同じであり，直接押出しともいう．これに対し
て，後方押出しは逆方向に流動するので，間接押出しという．押出力は，直
接押出しの方が大きい．その他，図 8.14(c)に示すような静水圧押出し
(hydrostatic extrusion)がある．

通常，前方押出しは長尺物または管の成形，後方押出しは容器類を成形す
るのに用いられる．図8.15に示すように，コンテナにビレットを入れ，ラム
(パンチ)で圧力を加え，ダイスから除々に押し出される．このとき，ビレッ
ト断面積 A_0 と押出材の断面積 A_1 の比，すなわち $A_0/A_1 = r$ を押出し比(extrusion
ratio)という．通常，鋼材では $r = 50$ 程度，アルミニウム合金は $r = 80$ くらいで
行われる．

押出し加工は一工程で大変形の加工ができ，その上，製品の強度や変形能
を向上させるなどの利点がある．コンテナ出口付近の材料流れは，図8.16の
ようにコンテナ壁面の摩擦とせん断変形によってデッドメタル(dead metal)
が生じる．

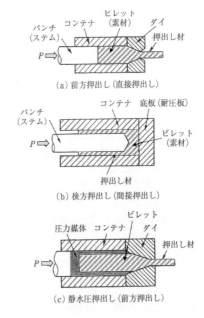

図8.14 押出し加工法の種類

押出し材は，中心部では微細組織，外周部では粗粒組織となる．また，ビレットは高い静水圧を受けて押し出されるため，過剰に大きな押出し比であると，押出し材の末端部に破断やクラック等の欠陥が生じる．

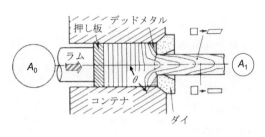

図 8.15 押出し加工の材料の流れ[8]

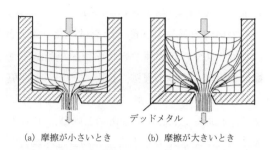

(a) 摩擦が小さいとき　　(b) 摩擦が大きいとき

図 8.16 押出し加工における材料の流れ[4]

【例題 8・2】　＊＊＊＊＊＊＊＊＊＊＊＊＊＊＊＊＊＊＊＊＊

押出し比 r=10，コンテナ断面積 A=500mm^2，変形抵抗(平均)Y_m=100MPa，拘束係数 C=2.0 の場合の押出荷重 F を求めよ．

【解答】

F=c・Y_m・A・log r　に代入(log10=2.3)し，230KN

【例題 8・3】　＊＊＊＊＊＊＊＊＊＊＊＊＊＊＊＊＊＊＊＊＊

Determine to the extrusion ratio (r) in case that the rod is formed in rod of diameter 8 mm using billet of diameter 40mm, as shown in Fig.8.15.

【解答】

ビレット面積(A_0)：1256mm^2，形材面積(A_1)：50.24mm^2　から，

r＝A_0／A_1＝25　となる．

＊＊＊＊＊＊＊＊＊＊＊＊＊＊＊＊＊＊＊＊＊

8・3・3　引抜き（drawing）

引抜きは，図 8.17 に示すように，ダイス(工具)にあけた先細りの穴に材料を通し，その軸方向に引張力を加えて断面積を減少させ，線，棒および管材をつくる加工法である．この種類には，中実材と中空材(パイプ)の引抜きに大別される．中実材の引抜きは，図 8.17(a)に示す穴ダイスを用いた引抜きの他にローラーダイスによる引抜きがある．中空材の引抜きは，図 8.17(b)に示すように，穴ダイスを用いた空引き(sinking)と，図 8.17(c)に示すマンドレル引き(mandrel drawing)がある．マンドレル引抜きは心金を入れて引抜くため，内径が制御されるので小径あるいは薄肉パイプ等の引抜きに多用される．別名，心金引きともいう．いずれの場合も，ほとんど冷間(常温)で加工され，比較的細い線材が，高速で引抜き加工できる．

引抜き加工における材料の変形挙動は図 8.18 に示すように，材料の中心部での半径方向(ダイス)の圧縮応力と軸方向(長さ方向)の引張応力によって，軸方向に大きく延伸される．外周部では，せん断応力が作用し，せん断ひずみによって変形する．引抜き力が，引抜材の弾性限を超えるような荷重になる

引抜き加工における加工度

押出しでは，加工度の表示に押出し比を用いるが，引抜き加工では，それに相当する表示はない．通常，断面減少率，R；
R=[1-(D_1/D_0)^2]x100%
又は，
R=[(A_0-A_1)/A_0]x100%
で表示する．ここで，A_0，D_0は素材の断面積および直径，A_1，D_1は引抜き材の断面積および直径．

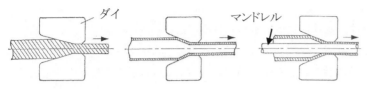

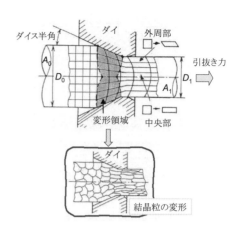

(a) 中実材の引抜き　(b) 中空材の空引き　(c) マンドレルによる管引抜き

図 8.17 棒(線)の引抜き加工の種類

と引抜くことはできないので，材料の変形能と加工硬化の程度やダイス形状(特に，ダイス角)との関係が重要である．したがって，1 パスの引抜きで大きな断面減少率を設定することは難しく，材料にもよるが，通常，20~40％の範囲である．細線をつくるような，大きな変形の引抜きでは，1 パス当りの断面減少率を小さくし，引抜きを繰り返す連続伸線(continuous wire drawing)が行われる．しかし，パス回数を多くすると材料の加工硬化が一段と進み，延性が低下するため，引抜き材の中心部に割れ(クラック)が発生しやすくなる．一般に，カッピング(cupping)またはシェブロンクラック(shevron crack)と呼ばれ，材料内部にV字形の割れが生じる．この対策法として中間焼なまし(第6章)処理が取り入れられる．

図 8.18 引抜き加工における材料の流れ[8]

8・3・4 鍛造 (forging)

鍛造は，敷金の上に置いた材料をハンマーで打つような圧縮変形の自由鍛造(open die forging)と所定の形状の金型内で圧縮変形する型鍛造(die forging)に大別される(図 8・19)．自由鍛造は，平面や曲面の比較的単純な汎用工具で，材料を自由に移動や回転させて断続的に変形する方法である．これを利用した一つの方法として伸ばし(drawing, swaging)がある．これは材料の軸に垂直な方向から部分的に圧縮を加え，断面積を減少させながら軸方向に伸ばす手法である．この場合，幅方向の変化は少ない．

型鍛造には，材料の流動状態により，据込み鍛造，押出鍛造，回転鍛造などがある．金型内の小さな突起部などの端部まで材料が流動すれば，複雑な形状の製品が効率よく，しかも材料を鍛錬(forging)して強靭にすることができる．その他，型鍛造については，材料のほとんどが型内に充満して製品となる密閉型鍛造(closed die forging)と材料の一部を型形状にする半密閉型鍛造(semi-closed die forging)に分けられる．型鍛造は，寸法精度の優れた製品を高速で大量に製造できるのに対し．自由鍛造は，比較的小さな容量の機械で加工でき，多品種少量生産に適している．また，加工温度によって熱間鍛造(hot forging)，温間鍛造(warm forging)，冷間鍛造(cold forging)に分類される．冷間鍛造（再結晶温度以下で行うもので，通常は室温で行う鍛造をいう）された製品は，寸法精度がきわめて高く，後加工なしで利用できることが特徴である．これに対して，熱間鍛造（再結晶温度以上で行う鍛造）の場合，表面には酸化スケールが生じ，特に，炭素量の多い鋼では表面での脱炭が生じやすい．また，加熱温度が高すぎると，表面から内部に向かって結晶粒界が酸化し，微細な割れが生じたり，結晶粒の粗大化が生じる．

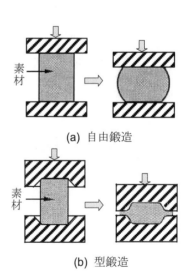

(a) 自由鍛造

(b) 型鍛造

図 8.19 自由鍛造と型鍛造の基本

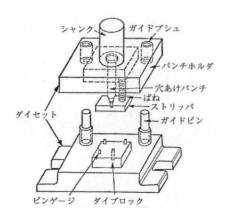

図 8.20　せん断加工の概要[3]

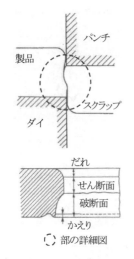

図 8.22　せん断切り口の形状

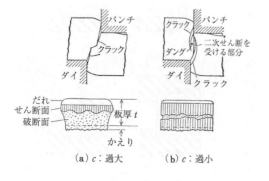

（a）c：過大　　　（b）c：過小

図 8.23　クリアランスの大小とクラックの成長[3]

鍛造に要する圧力は，摩擦を考慮した平面ひずみ圧縮のスラブ法(slab method)(または平均応力法ともいう)で解析することが多いが，簡略化した概算値であれば，次式によって求められる．

$$F = c \cdot Y \cdot S \tag{8.4}$$

ここで，c は拘束係数(1.2～2.5)，Y は変形抵抗，S は接触部の投影面積である．

8・3・5　せん断（**shearing**）

せん断に用いる金型例として，図 8.20 に示すように，切れ刃を有するパンチとダイスをダイセットに固定し，軸(心)合わせした後，このダイセットをプレスに取り付けて，クランクの下降運動によってせん断を行う．

このせん断加工の代表的な手法として，図 8.21 に示すように，(a)打抜き(blanking)，(b)穴あけ(punching, piercing)，(c)せん断 (shear)，(d)分断(parting)

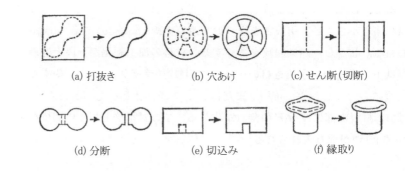

（a）打抜き　　　　（b）穴あけ　　　　（c）せん断（切断）

（d）分断　　　　（e）切込み　　　　（f）縁取り

図 8.21　せん断加工の種類

などがある．パンチが下降して材料に接触し，さらに進行すると押しつぶされたように変形する．その後，材料が降伏しパンチが材料内に食い込み，せん断変形を受ける．したがって，パンチの進行と同時に，材料は極めて大きな引張変形(ひずみ)を受け，限界を超えるとその部分から微小な割れが発生し，さらに成長して，やがて破断(分離)に至る．

せん断に要する最大せん断力 P(max)は，

$$P(\text{max}) = Fs \cdot t \cdot l \tag{8.5}$$

で求められる．ここで，t は板厚(mm)，l はせん断切り口面の全長さ(mm)である．また，Fs (N/mm^2)は材料のせん断強さでせん断抵抗(shearing resistance)ともいう．

一般に，板のせん断切り口面の性状は，図8.22のように，だれ(shear droop)，せん断面(burnished surface)，破断面(fractured surface)，かえり(burr)の4つの部分から構成される．パンチが材料に食い込むとき自由表面のため塑性変形でだれが生じ，食い込みが進行すると型の側面が切り口面をこするため，せん断面となる．延性のある材料では，クラックがパンチ刃先より側面側に生じたときは，かえりがでる．また，クリアランス(clearance)が小さすぎるとクラックが合致せず，逆に大きすぎてもかけ離れて合致せず，切り口面の性状が変わる(図 8.23)．このため，精密せん断加工法(fine blanking)，シェービング加工法，対向ダイスせん断法などが考案され実用化されている．

8・3・6 曲げ（bending）

板の曲げ加工は，図8.24に示すように，上下一対の型をプレスに取り付けて曲げを行う型曲げ(die bending)が主流である．曲げ加工しようとする製品の断面形状によって，V曲げ(図8.24(a))，L曲げ(図8.24(b))およびU曲げ(図8.24(c))の種類がある．これらの曲げ線は，直線であるので直線曲げと呼ぶが，曲線に曲げる成形もあり，曲げ線に沿って伸び変形する伸びフランジ成形および縮み変形する縮みフランジ成形と称している．

通常，板を所定の角度まで曲げた後に，曲げ力を取り除くと曲げ角が幾分戻る（図8.25）．これは材料の弾性回復によるもので，スプリングバック(spring back)といい，スプリングバック量・$\Delta\theta$は，

$$\Delta\theta = \theta_1 - \theta_2 \tag{8.6}$$

で示される．このスプリングバック量の大小は製品精度を左右するもので，曲げ加工の際にはもっとも重要である．

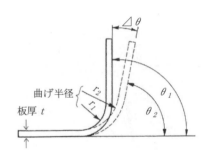

スプリングバック量に及ぼす影響因子

(1) 曲げ半径rと板厚tの比(r/t)が大きいほど，
(2) 材料の縦弾性係数が小さいほど，
(3) 材料の加工硬化係数(n値)が大きいほど，
スプリングバック量($\Delta\theta$)は大きくなる．

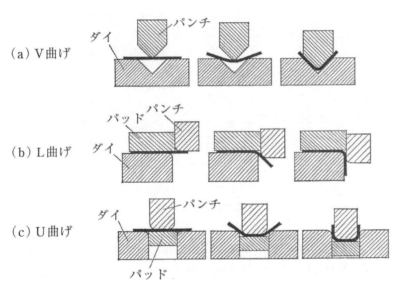

（a）V曲げ

ダイ　パンチ

（b）L曲げ

パッド　パンチ　ダイ

（c）U曲げ

ダイ　パンチ　パッド

図8.24 主なプレス曲げ加工[3]

図8.25 曲げ加工におけるスプリングバック（θ_1：負荷時の曲げ角，θ_2：徐荷時の曲げ角）

板の曲げ加工では，図8.26に示すように，外側表面は曲げ線に対して直交方向に伸び，内側では縮む．このため曲げ線に沿って横ひずみが生じ，曲げの稜線にそり(camber)が発生する．また，曲げによる割れの発生は，曲げ幅bと板厚tの比(b/t)が大きいと割れ易い．すなわち，広幅の板の場合は，幅方向の変形が拘束されて2軸引張状態となるため，幅中央部分に割れが生じる．

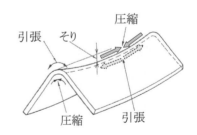

引張　そり　圧縮

圧縮　引張

図8.26 曲げ加工による変形

8・3・7 深絞り（deep drawing）

深絞り加工は，図8.27に示すように，パンチを用いて素板(材料)をダイスの穴の中に押し込み(絞り込むという)，素板の外径を縮めながら底付きの容器を造る加工法である．この工程で，素板(blank)の直径D_0が大きいほど，絞り力(パンチ力)Pは大きくなる．また，D_0がある値に到達すると絞り力が材料の塑性破断強度に達して割れ(破断)が生じる．ここで，割れを生じることなく深絞りできる最大の素板直径D_0とパンチ直径d_pの比(D_0/d_p)を，限界絞り比(limiting drawing ratio, LDR)という．

絞り性の良否を表す一つの尺度として，ランクフォード値(lankford value) r

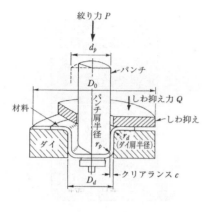

図 8.27 深絞り加工の概要と工具部品
の名称[5]

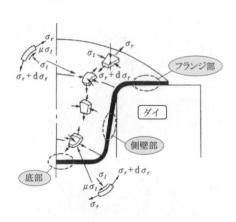

図 8.28 深絞り加工における各部の応
力状態

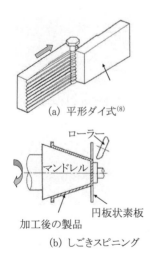

(a) 平形ダイ式[8]

(b) しごきスピニング

図 8.30 転造とスピニング加工の概要

値を用いることが多い. r 値は, 単軸引張試験における板幅方向対数ひずみ ε_b と板厚方向対数ひずみ ε_t の比で定義される.

$$r = \varepsilon_b/\varepsilon_t = ln(b_0/b) \ / \ ln(t_0/t) \qquad (8.7)$$

ここで, b_0 と b は引張試験前と後の板幅, t_0 と t は板厚を示す. 一般に絞り製品では r 値の大きい方向に山(凸)となり, 小さい方が谷(凹)となる.

　深絞り加工では, 図 8.28 に示すように, パンチの下降とともに素板の外径が縮み, フランジ部では半径方向に引張り応力 σ_r, 円周方向に圧縮応力 σ_t が生じる. その後, ダイス肩部では, 半径方向の引張り変形が進む中で, 円周方向の縮み変形と半径方向の曲げ変形を同時に受け, 板厚を減少させながら側壁部を形成する. ダイス側壁部の材料は, 引張りと圧縮変形等が作用し, 最終的にパンチ底部では面内のいずれの方向でも引張り変形を受け, 2 軸引張り状態となる.

(a) 各種のしわ

(b) 割れの種類 (c) その他の欠陥

図 8.29 絞り製品の不良例[5]

　この過程で, フランジ部に円周方向の圧縮応力が生じるため, しわ(puckers, wrinkles)が発生しやすい. その一例を図 8.29 に示す. このしわ防止のため, しわ抑え力(フランジ部に圧力をかける)を付加しながら絞りを行う. このしわ抑え力が大きすぎると, 材料がダイスの穴に流動することが難しく, やがて破断する. したがって, しわ抑え力は絞り力(パンチ力)よりも小さいことが望ましい. また, パンチとダイスの隙間, すなわちクリアランスは, それが大きい場合は, パンチの下降とともに絞り込まれていく. 逆に小さい場合は, 円周方向の変形がパンチで阻止されるため半径方向と板厚方向のみの平面ひずみ状態となり, 側壁部が極薄に延ばされるかあるいは破断する. 前者を巧く利用した絞り加工をしごき加工(ironing)と呼び, 深い容器を製造する場合に利用される.

8・3・8　その他の加工（other forming）

　その他に, 転造, スピニングなどの塑性加工法がある. 転造(form rolling)は, 図 8.30(a)に示すように, 棒材を回転させて工具により局部的あるいは全体に変形を与え, 所要の形状を造る回転加工である. この方法で, ボルトやねじなどを製造する. また, スピニング(spinning)は, 図 8.30(b)に示すように, 円板上のブランクをマンドレル(心金)に取り付けて回転させ, ローラーで押しつけて所要の形状に加工する方法. 押しつけ工具にへらを用いるとへら絞

りという．この方法で，トランペットの先端部(朝顔)など，テーパーが付いた製品の成形等に用いる．

＊＊＊＊＊＊＊＊＊＊＊＊＊＊＊＊＊＊＊＊＊＊

8・4　粉末成形(powder compacting, powder molding)，粉末冶金(powder metallurgy)

粉末成形は，金属粉末を加圧成形した後，加熱するかあるいは加圧加熱を同時に行い，その金属粉の表面をたがいに溶着させて目的の製品に固形化する方法である．鋳造のように溶解することなく，粉末の流動性を利用して，材料を金型内に流入するので，塑性変形が困難な材料でも成形できる．成形には，加工機械，方法，条件および成形材料等によって種々の方法がある．加圧を主とする粉末成形には表 8.1 に示すような方法があり，代表的な金型プレス成形(die pressing)(図 8.31)には，片押し法，両押し法，フローティング法，ウィズドローアル法などがある．いずれの場合も，粉末の流動性の良否によって金型への充填が大きく左右され，その因子には，粉末の形状，粒度，粒度分布，粉末粒子の表面性状などがある．たとえば，比重の異なる成分の混合粉末の場合，比重の大きい粉末には見掛け密度の小さい粉末を，逆の場合は見掛け密度の大きいものを選び，偏析を少なくする．

静水圧成形法(hydro-isostatic pressing)は，熱間と冷間(湿式法・乾式法)成形法(図 8.32)があり，密度が均一で偏析のない製品が得られる．押出し成形法(extrusion, forging)は，コンテナの孔または隙間から成形材料を押出して，目的の形状の棒，条，線，管などを造るもの．静的押出し法と衝撃押出し法，熱間押出し法(図 8.33)と冷間押出し法，および直接押出し法と間接押出し法などがある．

表 8.1　粉末成形法の種類

加圧成形法	金型プレス成形
	静水圧成形
	押出し成形
	粉末圧延成形
	遠心力成形
	振動成形
	高温圧粉成形
	爆発成形
	ガス衝撃圧成形
	その他
非加圧成形法	鋳込み成形(スリップ鋳造)
	金属粉末射出成形
	その他

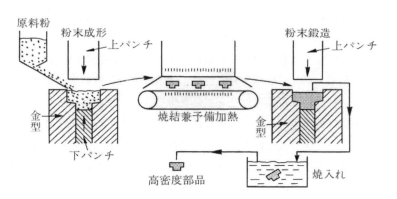

図 8.31　金型プレス成形の製造プロセス[5]

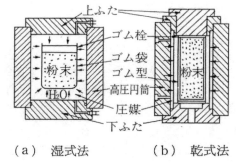

（a）　湿式法　　　（b）　乾式法

図 8.32　粉末の静水圧成形法

粉末圧延成形法(powder rolling)は，ローラー間に粉末を挿入し塑性変形を与えて造る方法．熱間と冷間圧延成形法がある．さらに，加圧を伴わない金属粉末射出成形法(metal injection molding, MIM) (図 8.34)がある．金属粉末と適切なバインダーを混練し，射出成形機によって成形する方法で，複雑な形状の製品が大量に製造できる利点がある．

使用する粉末材料によって適用する成形法があり，鉄系粉末には，金型プレス成形法，粉末鍛造法，熱間静水圧成形法，スタンプ法，フルデンスプロ

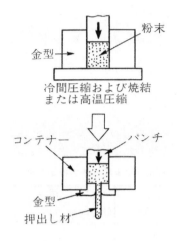

図 8.33 粉末の押出し成形法

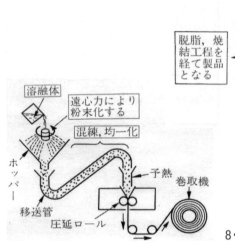

図 8.35 シート成形法の製造プロセス[5]

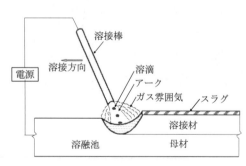

図 8.36 アーク溶接法の概要

セス(RSR 技術)，ニービープロセス，オスプレイ法などが用いられる．成形品は自動車部品，ロール，歯車，工具類およびシームレスパイプなどに実用されている．

アルミニウム系粉末には，直接成形法(シート成形法)(図 8.35)，プレイローリング法，冷間プレス-ホットプレス法，ホットプレス法，真空ホットプレス法，キャンニング，直接押出し法などがあり，溶解鋳造法に比べプロセスが短縮でき，強度の向上効果も大きい．チタン系粉末には，粉末射出成形法，冷間・熱間静水圧成形法などが多用される．特に熱間静水圧成形には，金属カプセル方式，ガラスカプセル方式，中子方式，セラミックモールド方式などがある．また，銅系粉末には，金型プレス成形法が多用される．その他，セラミックスおよびプラスチックの粉末成形がある．

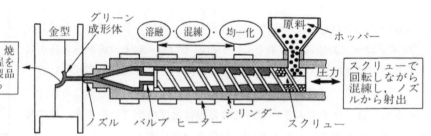

図 8.34 金属粉末射出成形法の概要[5]

＊＊＊＊＊＊＊＊＊＊＊＊＊＊＊＊＊＊＊＊＊＊

8・5　接合　(bonding, joining)

接合法には，表 8.2 に示すように溶接(welding)をはじめ融接(fusion welding)，ろう接(brazing)，圧接(pressure welding)，機械的結合(mechanical joining)および有機接着剤による接合など多くの種類があり，どの接合法を採用するかは，それぞれの製品，部品に要求される性能，機能，すなわち強度，剛性，通電性，耐熱性，経済性などの特性を考慮した上で決めなければならない．同表は，加工エネルギーの視点から分類したもので，多数の接合法が何らかの形で熱エネルギーを伴うことは否めない．また，接合メカニズムから気相，液相，固相に分けることも多い．いずれの場合も接合材により，接合方法や接合特性が大きく左右される．

代表的な融接には，アーク溶接(arc welding)(図 8.36)，ガス溶接(gas welding)，ミグ溶接(metal inert gas welding, MIG)，マグ溶接(metal active gas welding, MAG)，レーザー溶接(laser welding)などがある．接合する面の母材を溶融し金属の凝固が進行して一体化するもので，確実な接合が得られる．また，突合せ溶接，すみ肉溶接などの継手の形式に対しても自由度が高いことから，重要な地位を占めている．

健全な溶接継手を得るには，溶接(接合)線上に形成される溶融池の形状および溶融量を常に一定に保ちながら連続して凝固させることがもっとも重要である．このため，溶融棒あるいは溶接ワイヤからの溶滴が規則正しく溶融

池へ移行し，熱源としてのアークが安定していることが基本である．また，同時に溶融凝固する金属も，不純物が混入しない清浄なものであることが重要である．類似の接合法に，ろう接がある．

表 8.2 接合法の分類と種類

	電気エネルギー	光エネルギー	化学エネルギー	熱エネルギー	振動(力)エネルギー
熱	抵抗溶接 電子ビーム溶接 プラズマ溶接・溶射 マイクロ波溶接	レーザー光溶接 レーザー光蒸着		熱拡散接合 ろう付け 溶射 蒸着	
力学	イオンスパッタ溶着 イオン注入 電磁圧接		爆発圧接		超音波接合 摩擦圧接 粉末成形
その他	電気めっき 電鋳		化学めっき 化学蒸着 熱硬化接着		

表 8.3 締結法とその特徴

名称	締結用機械要素	分解可能性	締結作業	締結部の容積と重量
ねじ締結	ボルト, ナット, 座金など	可	やや手数がかかる	高強度にすると大容積大重量になる
リベット締結	リベット	不能	ねじ締結より簡単	同上
ピン締結	ピン	可	比較的簡単	小さい
簡易締結	止め輪, クリップなど	可	簡単	同上
くさび締結	キー, コッターなど	可	やや手数がかかる	ある程度の容積と重量が必要となる
力ばめ締結	なし	可	手数がかかる	なし

　一方，機械的結合法(mechanical joining)は，接合しようとする2つの部品の接合面にボルト・ナット，リベット，キー・コッターなどの機械要素に圧力を加えて接合(締結)する方法と，力ばめのように機械要素を用いないで接合材どうしを直接接合する方法がある．機械的結合法を利用する際に考慮すべき点は，結合部の分解の有無，結合部の強度，結合部の体積(容積)，結合部の重量，作業の難易度および価格などである．表 8.3 に，機械的結合法の種類と特性を示す．また，上記の接合法に比べて，迅速かつ容易に接合でき，その上，フラックスや接着剤等を用いないで接合できる，超音波接合法(supersonic welding)(図 8.37)や摩擦圧接などが注目されている．前者は，超音波振動により接合する材料表面は清浄となり表面処理が不要，さらに熱による脆弱化がほとんどないなどの利点がある．また，材料の組み合わせによって，それぞれに最適な接合条件(たとえば，超音波振動振幅，加圧力，印加時間など)が存在する．いずれも環境や省エネルギーの観点からきわめて優れた接合技術といえる．一般に，接合は可能な限り低温で行う方が望ましいことから，従来技術を踏襲しながら技術の改善が図られている．

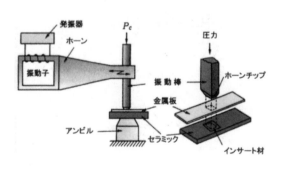

図 8.37 超音波接合法の概要

＊ ＊ ＊ ＊ ＊ ＊ ＊ ＊ ＊ ＊ ＊ ＊ ＊ ＊ ＊ ＊ ＊ ＊ ＊ ＊

8・6　射出成形 (injection molding)

　射出成形は，図 8.38 の成形機(射出部，可塑化部，型締部などの構造)を用いて製品・部品を造る．成形材料をシリンダ内で加熱・溶融させた後，金型キャビテイー内へ高圧で射出注入し，冷却・固化して製品となる．この工程は，主に熱可塑性プラスチックの成形に多用されているが，現在では熱硬化性プラスチック，ゴム，セラミック，金属粉末(8・4 項参照)などの成形にも用いられる．

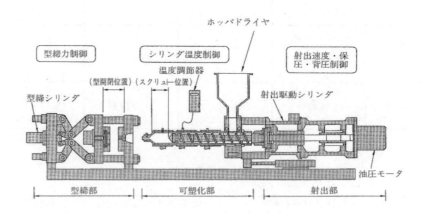

図 8.38　射出成形機の概要

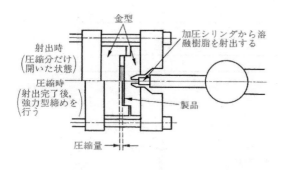

図 8.39　射出圧縮成形の概要

　プラスチックの成形では，成形材料の可塑化温度は一定，均一でなければならない．成形材料に与える熱エネルギー源は，ヒーターからの伝熱と材料のせん断発熱のみであり，せん断発熱は，成形材料の溶融物性，スクリューのデザインと運転条件などによって大きく左右される．

　射出成形機の性能は，射出容量，射出圧力，型締め力などが基準となる．代表的な射出容量(溶融した成形材料をキャビテイーへ射出する注入量)V(cm^3)は，次式によって算出できる．

$$V = \pi \cdot D^2 \cdot S/4 \qquad (8.8)$$

ここで，D はスクリューの直径(cm)，S はストローク(cm)である．

　成形不良は，流動中の成形材料の温度と金型壁面の温度によって生じる．例えば，厚肉部では表面ひけや反りの発生を招くことが多い．通常，冷却速度が速い場合は気泡が生じやすく，逆に遅い場合は，ひけが生じやすい．

　射出成形技術を応用して，種々の成形品や成形法が開発されている．例えば，射出圧縮成形(injection compression molding)(図 8.39)は，射出完了と同時に型締めし，圧縮工程を併用する方法．金型構造が若干複雑であるが，成形品の内部構造の均一性，金型表面の転写性に優れる．ガスアシスト成形(gas assist molding)は，不活性ガスを圧入して肉厚を調整する方法．成形品の剛性が高く，他部品との一体化や軽量化が図れる．他方，金属粉末射出成形では，カルボニル粉末，アトマイズ粉末などの微粒子を用いて，寸法精度のよい複雑な形状の成形品が得られる．また，セラミック粉末に有機バインダーを添加して射出成形し，その後，脱脂・焼結工程を経て製品(焼結体)を得る方法をセラミックス射出成形という．さらに，マグネシウム合金の半溶融状態で

成形するチクソモールデイング法(thixomolding)(第 10 章参照) も注目されており, 軽量化と機能化が図れることが大きな利点である.

* * * * * * * * * * * * * * * * * * *

===== 練習問題 =================
【8・1】 塑性加工による異方性について述べ, その対策について考察しなさい.

【8・2】 塑性加工によって材質改善が見込まれる. 具体例を挙げて説明しなさい.

【8・3】 身の回りのもので, 押出し加工や引抜き加工によって作られた製品と, その材料を列挙しなさい.

【8・4】 深絞り加工では, r 値が大きくなると成形性が良くなる. この理由を説明しなさい. また, r 値は LDR と深い関係にある. その理由を考えてみよう.

【8・5】 金属材料を結晶構造で分類し, それぞれに属する金属材料の名称を挙げなさい.

【8・6】針金を繰り返し折り曲げるとやがて折れる. その理由を述べなさい.

【解答】
【8・1】 図 8.9 の板圧延で, 圧下率が増大するとともに, 圧延と同一方向 (圧延方向)では大きく変形(延伸)し, その直角方向(幅方向)の変形は極小となる。このとき, それぞれの方向における引張強さや伸びに大きな差が生じる. この現象を異方性と呼び, この対策例としてクロス圧延や 2 軸圧延法などがある. また, 異方性のある板を用いて深絞り成形すると, 耳やしわが生じるなどの欠陥が多くなる(図 8.29). 異方性は, 棒圧延や押出し加工でも生じる.

【8・2】 例えば, 同じ部品を製造する場合, 図 8.19(b)の鍛造で製造する場合と, 機械加工(切削加工)で製造する場合を比べてみる. 後者は, 旋盤で所要の寸法に削り取って形状を賦与する. これに対して鍛造は, 所要の金型を用いて材料を強制的に押しつぶして形状を賦与する方法である. このとき材料の流動変形と同時に脆い材料も"鍛錬"されて強靭になる.

【8・3】 押出し加工品例 (重要な工程を占める製品) として, サッシ(アルミニウム), パイプ(アルミニウム, 銅), 各種形材[熱交換器, 構造用フレーム等](アルミニウム, 銅, マグネシウム), 乾電池ケース(アルミニウム), シャープペンシルの芯(黒鉛+タール他)
　引き抜き加工品例(重要な工程を占める製品)として, 注射針(ステンレス鋼),

金属バット(アルミニウム), 電線[導線](銅), 金属細線(アルミニウム, 鉄, 銅),
トランペット[管楽器](黄銅).

【8・4】　r 値は, 平板の単軸引張試験における板幅方向の対数ひずみ ε_b と板
厚方向の対数ひずみ ε_t の比であり,

$$r=\frac{\varepsilon_b}{\varepsilon_t}=\frac{\log(b_0/b)}{\log(t_0/t)}$$

で定義される. これは, 板面内と板厚方向との変形のしやすさが異なるため
に生じるものである. また, 試験片の採取方向によっても異なり, 板の圧延
方向に対して 0°, 45°, 90°方向で異なるため, 平均した r 値で示す. この値
は, LDR(限界絞り比)と深い関係にあり, この値が大きいほど, 肩部(ポンチ
側)の板厚減少は少なく, 逆にフランジ部の縮み変形が大きくなるため, LDR
が大きくなる.

【8・5】
　面心立方格子(fcc):Cu, Al, Ni, Au, Ag, Pb, など
　体心立方格子(bcc):Fe(α), Cr, Ti(β), W, Mo, など
　最密六方格子(hcp):Mg, Zn, Ti(α), Be, Co(α), など

【8・6】. 針金に繰り返し引張変形を与えると, その材料の降伏点が増加す
る. すなわち, ひずみエネルギーが蓄積して硬化(加工硬化)し, やがて低い(小
さい)力で破断する. ミクロ的には, 加工が進行すると転位が生じ, この転位
は結晶粒界, 介在物などに蓄積し結晶の内部ひずみが増加する. さらに多く
のすべり面上の転位が絡み合って動きが鈍くなり, 微小空孔が生じ破断に至
る.

第 8 章の文献

(1) 松岡信一, 図解 材料加工学, (2006), 養賢堂.
(2) 田村博, 溶融加工, (1996), 森北出版.
(3) 鈴木弘, 塑性加工, (1991), 掌華房.
(4) 川並高雄ほか, 基礎塑性加工学, (2004), 森北出版.
(5) 日本塑性加工学会編, 塑性加工用語辞典, (1998), コロナ社.
(6) 前田禎三, 塑性加工, (1972), 誠文堂新光社.
(7) 松岡信一, 図解 プラスチック成形加工, (2004), コロナ社.
(8) 村川正夫ほか, 塑性加工の基礎, (1988), 産業図書

第9章

鉄鋼材料　－その特性と応用－

Iron and Steel Materials

－Their Properties and Applications－

＊＊＊＊＊＊＊＊＊＊＊＊＊＊＊＊＊＊＊＊＊＊＊＊＊＊＊＊＊＊＊＊＊＊＊＊＊＊

材料加工を行う場合には，加工する材料の特性を十分に知ることが重要である．ここでは，金属のなかで最も広く利用されている鉄鋼材料の種類と特性，特に機械的性質について学ぶ．実用材料としては多種類あるので，本章では，実際に使用する場合の参考となる日本工業規格(Japanese Industrial Standards) JIS を抜粋して示してある．ただし，JIS 規格は随時更新されるので，最新版を参考にすることが望ましい．

＊＊＊＊＊＊＊＊＊＊＊＊＊＊＊＊＊＊＊＊＊＊＊＊＊＊＊＊＊＊＊＊＊＊＊＊＊＊

9・1　炭素鋼および合金鋼の状態図と組織 (phase diagrams of carbon steel and alloy steel)

金属材料で最も多く利用されるのは鉄鋼材料である．鉄鋼とは Fe-C 系の合金で，単に鋼(steel)ともいう．これらの組織変化を知ることは重要で，その基礎となるのが Fe–C 系平衡状態図(第4章，図4.14)である．ここでは鉄鋼材料(0.02~2.14 mass%C，以下，特に指定しない限り mass%で示す)を対象とすることから，まず，図9.1 に Fe-Fe$_3$C 系平衡状態図の共析領域における組織変化を示す．この領域は炭素鋼(carbon steel)に対応し，共析点(0.76%C)の成分の鋼を共析鋼(eutectoid steel)，これ以下のものを亜共析鋼(hypoeutectoid steel)，これ以上のものを過共析鋼(hypereutectoid steel)という．オーステナイト(austenite, γ)領域から冷却していくと，
①亜共析鋼では，A$_3$変態線の温度以下でγ相粒界からフェライト(初析フェライト(proeutectoid ferrite))という)が析出する．この領域でのフェライト(α)とオーステナイト(γ)の割合は，0.25%C の場合には，てこの関係(第4章)により，

$$（フェライトの量）= \frac{0.76 - 0.25}{0.76 - 0.02} \times 100 \approx 70\%$$

$$（オーステナイトの量）= \frac{0.25 - 0.02}{0.76 - 0.02} \times 100 \approx 30\%$$

となる．オーステナイトは A$_1$変態温度(727℃)で共析反応

$$γ→α+Fe_3C$$

してフェライトとセメンタイトからなる層状のパーライト(pearlite)へ変態す

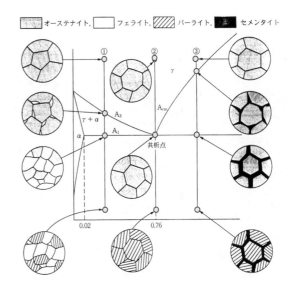

図 9.1　Fe-Fe$_3$C 系平衡状態図(共析部分)における組織変化

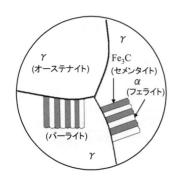

図9.2　パーライト変態

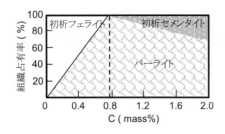

図9.3　炭素量に対する組織変化

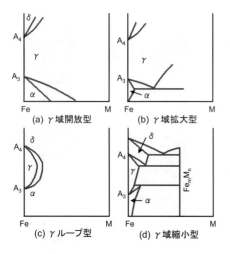

図9.4　Fe-M 2元系状態図の基本型[6]

る(図9.2). したがって, この温度以下では初析フェライトとパーライトの組織となる.

②共析鋼では, A₁変態温度で, オーステナイト相はすべてパーライトに変態する.

③過共析鋼では, Acm変態線の温度以下でオーステナイト相の粒界からセメンタイト(初析セメンタイト(proeutectoid cementite)または二次セメンタイト(secondary cementite)という)を析出し, A₁変態温度以下でオーステナイト相はパーライトに変態し, 初析セメンタイトとパーライトの組織となる. したがって, 常温では, これらの組織の割合と炭素量の間には図9.3に示すような関係となる.

炭素鋼に一つまたは数種の合金元素(元素記号で表示する, 付表S·4「元素記号の読み方」参照)を添加してその性質を改善し, いろいろな目的に適合するようにした鋼を合金鋼(alloy steel)という. 主な合金元素としてはNi, Cr, Si, Mn, Mo, W, V, Co, Ti, B, Nb などがあり, その役割は鋼の焼入性を向上させ, 強さとじん性を与えるものと, 耐摩耗性, 耐熱性, 耐食性, 強磁性などの特殊な性質をもたせるものとがある. 低炭素の合金構造用鋼では, 主として前者が目的の合金元素として添加されている. 後者は工具鋼, ステンレス鋼, 耐熱鋼などがある. このように合金鋼は合金元素の作用を有効に利用したものであり, それらの役割を理解するためには, Fe-C 状態図, 変態挙動, 焼もどし挙動などに及ぼす合金元素の影響を知ることが重要である.

合金元素(M)が添加されると, 本来ならば3元系や多元系合金となるが, おおよその傾向は, Fe-M合金の2元系状態図から知ることができる.すなわち, A₁変態点や共析組成など, 相平衡の状態が Fe-C 合金状態図とは異なってくる.オーステナイトやフェライトの生成領域におよぼす合金元素による効果について, 図9.4 にその基本的な4つの状態図を示す.

(a)の場合は合金元素量が増すにしたがって A₃変態温度が低温側に変化し, ついには室温でもオーステナイトが安定になるもので, γ域開放型と呼んでいる. このような合金元素には Ni, Mn, Pt, Pd, Co などがある. ただし, Co は A₃点をほとんど低下させない.

(b)の場合は(a)とほとんど同様な効果であるが, 合金元素量が多くなるとオーステナイト域が狭くなってくる. この場合オーステナイトは共析変態を起こす. これをγ域拡大型といい, これに属する合金元素としてはC, N の侵入型元素および Cu, Au などがある.

(c)は合金元素量の増加とともに A₃変態温度は上昇し, A₄変態温度が低下してオーステナイト域が閉鎖される形になる場合で, これをγループ型またはγ域閉鎖型という. この型の状態図に属する合金元素は多く, Al, Cr, Mo, Si, Ti, V, W, P, Be などがある.

(d)はオーステナイトがフェライト相以外の相と平衡してオーステナイト域を狭くするもので, γ域縮小型といい, B, S, Nb, Zr, Ta, O などがこれに属する.(a),(b)型に属する合金元素はオーステナイトを安定にするものでオーステナイト生成元素(austenite former)とよび,(c),(d)に属する合金元素はオーステナイトを不安定にし, フェライト生成傾向が強いのでフェライト生成元素

(ferrite former)と呼ばれる.

　炭素鋼の場合,室温ではフェライト中に固溶する炭素量が極めて少ないので,過剰な炭素はセメンタイト(Fe₃C)として存在する.高炭素の合金鋼の場合では,Fe₃C 以外の炭化物を生成するようになる.鋼の成分の中で,合金元素の炭化物生成能はおおよそ次の順である.

　Ti > Nb > V > Ta > W > Mo > Cr > Mn >(Fe)> Ni, Co, Al, Si

なお,多種類の合金元素が同時に添加された場合には,炭化物には各種合金が固溶する.たとえば,Fe₃C に Cr や Mn が固溶し,Fe と一部置換して(Fe,Cr)₃C や(Fe,Mn)₃C をつくる.高速度鋼(9・3・3項参照)では(Fe,W,Cr,V)₆C となる.これらを M₃C, M₆C 炭化物と記すことがある.M₆C は複炭化物である.

　炭素鋼に合金元素が添加されると,一般にオーステナイト中では拡散しにくいので変態が遅くなり,TTT 線図や CCT 線図(第6章)が長時間側へ移行する.TTT 線図に及ぼす合金元素の影響としては図9.5に模式的に示したように2通りの変化が現れる.

　(a)は変態線図そのものの形は変化せず,変態線図がそのまま長時間側に移り,マルテンサイト変態の開始温度(M_s 点)が低温となって,準安定オーステナイト範囲が拡大されるもので,これに属する合金元素には Ni, Si, Co, Cu などがある.これらはいずれも鋼中で独自の炭化物を生成しない元素である.

　(b)はパーライト生成が著しく長時間側へ移動するが,ベイナイト生成は少ししか長時間側へ移動せず,そのためにベイナイト変態開始曲線が低温側に突き出したような形となって2重の S 曲線をつくる.また,M_s 点も低温に移動する.これに属する合金元素としては,Cr, Mo, V, W, Ti, Nb などであり,これらは炭化物形成能の強い元素である.

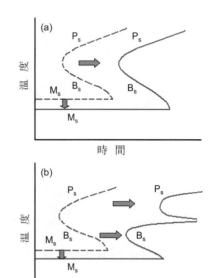

図 9.5　恒温変態線図の形状に及ぼす合金元素の影響を示す摸式図[6]

【例題 9・1】　＊＊＊＊＊＊＊＊＊＊＊＊＊＊＊＊＊＊＊＊＊＊

　恒温変態線図の形を左右する因子を挙げて,簡単にその作用を説明しなさい.

【解答】

　基本的な恒温変態線図は共析鋼(第6章)の S 曲線で示されるが,炭素量により鼻温度での共析変態開始時間が異なり,共析鋼がもっとも遅く,炭素量が少ないと短時間側に移る.さらに第3の合金元素が加えられると図9.5のように変化する.

＊＊＊＊＊＊＊＊＊＊＊＊＊＊＊＊＊＊＊＊＊＊

9・2　機械構造用鋼とその特性 (machine structural steel and its properties)

9・2・1　機械構造用鋼 (machine structural steel)

　機械構造用鋼とは,一般機械,産業用機械,輸送用機械などの構造用材料として用いられているもので,キルド鋼(第8章)から製造されており,使用に際して機械加工や熱処理が施される.構造用鋼では,機械構造用炭素鋼,

機械構造用合金鋼および焼入性を保証した構造用鋼が JIS 規格で規定されており，炭素量や添加合金元素の違いによって分類されている．

(1) 機械構造用炭素鋼(machine structural carbon steel)

構造用炭素鋼には一般構造用と機械構造用がある．一般構造用(表 9.1)では，SS の記号で表され，板，棒，形材などがある．機械構造用炭素鋼とは，炭素(C)を 0.10~0.60％含有するもので，一般には SC 材と呼ばれており，S と C の間に数字が表示されている．この数字は規定されている C 量の中間値を示しており，たとえば S45C の炭素量は 0.42~0.48％である．

表 9.1　主な一般構造用圧延鋼材の化学成分と機械的性質 （JIS G 3101）

記号	化学成分 (mass%)			機械的性質		
	C	Mn	P, S	耐力 MPa	引張強さ MPa	伸び %
SS300	―	―	<0.05	>195	330~430	>26
SS400	―	―		>235	400~510	>21
SS490		―		>275	490~610	>19
SS540	<0.30	<1.60	<0.04	>390	>540	>17

表 9.2　機械構造用炭素鋼の機械的性質 （JIS G 4051）

記号	化学成分 C	熱処理	降伏応力 MPa	引張強さ MPa	伸び %
S10C	0.08~0.13	N	>205	>310	>33
S15C	0.13~0.18	N	>235	>370	>30
S20C	0.18~0.23	N	>245	>400	>28
S25C	0.22~0.28	N	>265	>440	>27
S30C	0.27~0.33	N	>285	>470	>25
		H	>335	>540	>23
S35C	0.32~0.38	N	>305	>510	>23
		H	>390	>570	>22
S40C	0.37~0.43	N	>325	>540	>22
		H	>440	>610	>20
S45C	0.42~0.48	N	>345	>570	>20
		H	>490	>690	>17
S50C	0.47~0.53	N	>365	>610	>18
		H	>540	>740	>15
S55C	0.52~0.58	N	>390	>650	>15
		H	>590	>780	>14
S58C	0.55~0.61	N	>390	>650	>15
		H	>590	>780	>14

N；焼ならし，　H；焼入れ，焼もどし

このC量は，使用する際の硬さや引張強さの目安になるものであり，C量が多いほど全般的に高い硬さが得られる．機械構造用炭素鋼の場合は，炭素含有量に比例してパーライトが増加するため，焼なまし状態の金属組織を観察すれば，パーライトの占有面積率からその鋼の炭素量を判定することができる．たとえば，フェライト組織の引張強さが 300MPa，パーライト組織が 900MPa とすると，S45C におけるパーライトの占有面積率は約 50％であるから，複合則(第 12 章参照)により，約 600MPa となる．

(2) 機械構造用合金鋼(machine structural alloy steel)

機械構造用合金鋼とは，0.12~0.50％の炭素の他に，表 9.3 に示すような種々の合金元素を添加したものである．機械構造用鋼を選択する際には，これら合金元素の種類や量が選定の目安となる．たとえば，
①高い硬さが必要なときは，C量の多い鋼種を選ぶ．
②高い引張強さが必要なときは，C 量が多くて，Cr や Mo を含有する鋼種を選ぶ．
③高いじん性が必要なときは，C 量が少なくて Ni や Mn を含有する鋼種を選ぶ．
④高い引張強さと高いじん性の両方が必要なときは，Cr，Mo および Ni などのすべてを含有する鋼種を選ぶ．
⑤大型の製品で内部まで強度が必要なときは，Mn，Cr，Mo などを多量に含有する鋼種を選ぶ．
たとえば，要求される引張強さが 800MPa 以下の小型部品であれば S45C

表9.3 主な機械構造用合金鋼に添加されている合金元素の種類と化学成分 (JIS G4053)

鋼種		化学成分 /mass%			
名称	記号	Mn	Cr	Ni	Mo
クロム鋼	SCr	0.60~0.85	0.90~1.20	-	-
クロムモリブデン鋼	SCM	0.30~1.00	0.90~1.50	-	0.15~0.45
ニッケルクロム鋼	SNC	0.35~0.80	0.20~1.00	1.00~3.50	-
ニッケルクロムモリブデン鋼	SNCM	0.30~1.20	0.40~3.50	0.40~4.50	0.15~0.70
マンガン鋼	SMn	1.20~1.65	-	-	-
マンガンクロム鋼	SMnC	1.20~1.65	0.35~0.70	-	-

程度でも良いが，800~1000MPaが必要であればSCM435やSCM440を，また，1000MPa以上が必要であればSNCM439を使用する方がじん性も高く，有利である．しかし，いずれの場合も焼入れ・焼もどしの組み合せによって，はじめて目的の性能が発揮される．その他，特殊な用途を目的とした機械構造用合金鋼があり，そのひとつにアルミニウムクロムモリブデン鋼(SACM645)がある．この鋼種は，Cr および Mo と Al の相乗効果によって窒化処理(nitriding)後の表面硬さが1000HVにも達するため，別名窒化鋼(nitriding steel)とも呼ばれており，とくに窒化処理によって十分な耐摩耗性を得たい場合には有効な鋼種である．

9・2・2 快削鋼 (free cutting carbon steel)

快削鋼とは，鋼にSやPbを添加して硫化物や鉛粒子を微細に分散させることにより，切削抵抗を下げて工具寿命を向上させるとともに，切屑を細かくするなど切削性を向上させた材料である．このため，切削加工の自動化・無人化に重要な役割を果たしている．代表的な快削鋼として，鋼にSとMnを多く添加してMnSを組織中に均一に分散させた硫黄および硫黄複合快削鋼(steel use machinability, SUM)やPbを均一分散させた鉛快削鋼がある．鉛快削鋼は，強度の低下が小さいために，自動車用構造部品に広く用いられている．しかし，最近では環境問題のため，鉛快削鋼の利用は減少しており，これに代わって，MgとCaの硫化物を析出させたり，Biを添加した高強度快削鋼が開発され，クランクシャフト，コネクティングロッドなどの自動車用部品，電気製品，OA機器などの部品に利用されている．

9・2・3 鋳鉄および鋳鋼 (cast iron and cast steel)

機械構造用材料としては，炭素鋼や合金鋼のほかに低コストで被削性や振動吸収性などに優れる鋳鉄が多く用いられている．また，鋳鉄は衝撃強度が低いため，鋳造では加工しにくい複雑形状品の場合には，鋳鋼が用いられている．鋳鋼には，炭素鋼鋳鋼品(SC材)をはじめ種々の合金鋼鋳鋼品がある．

鋳鉄のJIS規格にはねずみ鋳鉄品(表9.4)，球状黒鉛鋳鉄品(表9.5)とオーステンパ球状黒鉛鋳鉄品(表 9.6)の 3 種類があり，引張強さ 100MPa から1200MPaまで幅広い材種が規定されている．これらの強度は黒鉛形状(図9.6)および基地組織の違いから生じている．

表 9.4　ねずみ鋳鉄品の機械的性質（JIS G 5501）

記号	引張強さ	抗折性		硬さ
		最大荷重	たわみ	
	MPa	N	mm	HB
FC100	>100	>7000	>3.5	<201
FC150	>150	>8000	>4.0	<212
FC200	>200	>900	>4.5	<223
FC250	>250	>10000	>5.0	<241
FC300	>300	>11000	>5.5	<262
FC350	>350	>12000	>5.5	<277

表 9.5　球状黒鉛鋳鉄品　（JIS G 5502）

記号	引張強さ MPa	耐力 MPa	伸び %	硬さ HB
FCD370	>370	>230	>17	<179
FCD400	>400	>250	>12	<201
FCD450	>450	>280	>10	143-217
FCD500	>500	>320	>7	170-241
FCD600	>600	>370	>3	192-269
FCD700	>700	>420	>2	229-302
FCD800	>800	>480	>2	248-352

表 9.6　オーステンパ球状黒鉛鋳鉄品　（JIS G 5503）

記号	引張強さ MPa	耐力 MPa	伸び %	硬さ HB
FCD900A	>900	>600	>8	-
FCD1000A	>1000	>700	>5	-
FCD1200A	>1200	>900	>2	>340

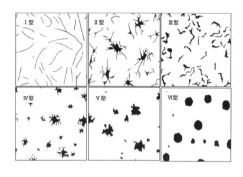

図 9.6　黒鉛形状の分類 (ISO 945)　Ⅰ型は片状，Ⅱ型は
バラ状，Ⅵ型は球状黒鉛ともいう．

＊＊＊＊＊＊＊＊＊＊＊＊＊＊＊＊＊＊＊＊＊＊

9・3　工具鋼とその特性 (tool steel and its properties)

　　工具鋼とは金属あるいは非金属材料を常温あるいは高温で切削したり，成形したりする際に工具として使用される鋼である．

　　工具鋼には，(1)常温・高温の硬さが大きいこと，(2)耐摩耗性の大きいことが要求される．もちろん，市場性があり価格が適当なことも重要である．用途によっては，特に(3)耐衝撃性の大きいこと，(4)耐酸化性，耐食性，耐ヒートチェック性，耐溶損性などが優れていること，(5)熱処理が容易で，熱処理による変形の少ないこと，(6)被削性が良好なことなども重要である．これらの特性のすべてを満たすことは困難であるが，使用目的によってそれぞれの特性の重要度に応じて適当な鋼種を選択する．工具鋼の発展の原点を 1％炭素鋼(SK3)として，これに耐熱性，耐摩耗性，不変形性，耐衝撃性をそれぞれ高めた鋼種を分類して図 9.7 に示す．図中に示す記号は，JIS に規定されている記号で，材料選択の際に利用するとよい．

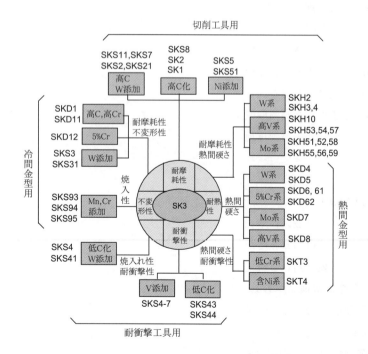

図 9.7　工具鋼の主な用途・特性と鋼種[6]

9・3・1　炭素工具鋼 (carbon tool steel)

　　炭素工具鋼は JIS 規格では SK(K は工具を意味する)で表示され，0.6~1.5％の炭素が添加されているか，JIS G 4401 では，SK の後に炭素量(規格の中間

値)を示す数字を付記した 11 種類を規定している. たとえば, SK85 の炭素量は 0.80~0.90％である.

　じん性を重視する場合には炭素量の少ない方が, 耐摩耗性を重視する場合には炭素量の多いほうが有利である. 通常は SK105 と SK85 が適用対象物によって使い分けられている.

　炭素工具鋼は, 工具鋼の中では最も安価であるが, 焼入性が悪いため, 金型に用いる場合には低面圧用や小型のものに限られる. そのため実用的には, 焼入性を高めるために 0.3~0.4％程度の Cr を添加したものが SK 材として用いられている場合が多い.

9・3・2　合金工具鋼 (alloy tool steel)

　合金工具鋼は炭素以外に合金元素を添加して焼入性および耐摩耗性を高めたもので, 種類が多く, 金型にも広く用いられている. JIS では SK の後に用途別の記号を付けて SKS(S は特殊を意味する)と SKD(D は金型を意味する)に分類されており, それぞれ特殊工具鋼, ダイス鋼(dies steels)とも呼ばれている. 炭素量は, 一般に 0.9~1.5％と多く含有するものが用いられており, 炭素以外の合金元素としては, Cr を基本として W, Mo および V が適宜添加されており, それらの含有量は 0~10 数％の広い範囲に及んでいる.

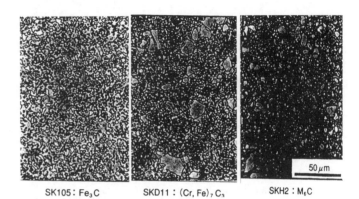

SK105 : Fe₃C　　　SKD11 : (Cr, Fe)₇C₃　　　SKH2 : M₆C

図 9.8　各種工具鋼の顕微鏡組織と主な炭化物[1]

　SKS は SKD に比べて, 添加されている合金元素の種類や量は少なく, 主にタップやゲージ類によく用いられている. プレス用の型材としては SKS3 が用いられる場合が多いが, SKD に比べて焼入性が悪いことから比較的小形のものに限られており, 高面圧のものには適していない.

　SKD は耐摩耗性と焼入性に優れることから, 冷間ならびに熱間用の金型に最も多く用いられている. 通常は SKD11 が用いられる場合が多いが, じん性を重視する場合には SKD12 の方が有利である. 改良型としては, SKD11 よりも靱性を向上させ SKD12 より耐摩耗性を向上させて両者の中間的な性質を持つもの, より被削性を向上させたもの, 焼もどし軟化抵抗を大きくしたものなどがある.

　以上の冷間成形用工具鋼よりも炭素含有量が少なくて, SKD の中でも 0.3~0.6％程度のものが熱間成形用に用いられている. また, 熱間鍛造用として SKT(T は鍛造を意味する)も規格化されている. 図 9.8 に主な工具鋼の炭化物の状態を示す.

9・3・3　高速度工具鋼 (high speed tool steel)

　高速度工具鋼は, 従来からドリルやバイトなどの切削工具用として, よく用いられていたが, 最近では耐摩耗性を必要とする部材への適用も増している. JIS 規格では SKH(H は高速を意味する)で表示されており, 通称ハイスとも称されている. 工具鋼のなかでは最も耐摩耗性に優れており, 多種多量

の合金元素が添加されているため，かなり高価である．

　高速度工具鋼には必ず Cr が約 4％添加されているが，Cr の他に W と V を含有している W 系のものと，W，Mo，V を含有している Mo 系のものとに分類される．金型には SKH51(6％W，5％Mo，4％Cr，2％V)および SKH57(10％ W，3％Mo，4％Cr，3％V，10％Co)がよく用いられている．ただし，切削工具用の通常の焼入れ・焼もどしを施すと，じん性の点で問題があるため，熱処理は低温焼入れ(under hardening)が採用されている．

　高速度工具鋼においては，炭素以外に，Cr や W などの添加量を減らすことによってじん性が向上する．炭素や W の添加量が減少すると複炭化物が微細化するため，じん性が改善するだけでなく，焼入温度を低くできることも有利な点である．たとえば，SKH51 の焼入温度は，通常 1200~1240℃であるが，改良鋼は 1100~1180℃で十分である．これらの合金元素量は通常の高速度工具鋼の半分程度であることから，セミハイス(semi high speed tool steels)とも称されている．

　このほか，通常の高速度工具鋼と同等の組成をもつ合金粉末，いわゆる粉末ハイス(powder high speed tool steels)が金型に用いられるようになった．粉末ハイスが登場したのは 1970 年代で，日本でも 1980 年以降に各製鋼メーカーから相次いで発売され，その適用範囲も急速に拡大している．粉末ハイスとは，焼結技術によって製造されるもので，高価ではあるが，従来の溶製ハイス(wrought high speed tool steels, SKH)にはない多くの特徴を持っている．すなわち，溶製ハイスに比べて炭化物が微細，かつ球状であるとともに，それらの分布状態が均一であることなどが特徴である．図 9.9 は同一組成をもつ溶製ハイスと粉末ハイスの金属組織を比較したものであるが，明らかに，粉末ハイスの炭化物(白色粒状物)の方が微細，球状である．このことは，粉末ハイスの焼入温度が溶製ハイスより低温で済む点や，より高い硬さが得られる点，焼入れに伴う変形や焼入れ焼もどしによるじん性の点でも有利であることを示唆している．

　粉末ハイスの組成は溶製ハイスと類似しているものが多いが，JIS 規格(JIS G 4403)では 6W-5Mo-3V-8Co の化学組成のものが SKH40 として規定されているだけで，大半は各製鋼メーカーの商品名で販売されている．

　ところで，多種多量の合金元素を含有するダイス鋼や高速度鋼工具鋼は，図 9.10 に示すように，高温で焼もどしを行っても硬さはあまり低下しない．このことは，これらの工具鋼は使用中に多少の温度が上昇しても使用できることを意味している．焼入温度や鋼種によっては，500~600℃で焼もどしした場合，焼入れ時よりも硬さが上昇することもある．この温度領域では残留オーステナイトのマルテンサイト化が生じるとともに，硬質で微細な二次炭化物が多量に析出するためであり，このような硬化現象は二次硬化(second hardening)と称している．

　切削工具に用いられる高速度工具鋼においては，焼もどしによって二次炭化物を十分に析出させることが重要であり，最も二次硬化がおおきな 550℃付近の温度で焼もどしされ，しかも最低 2 回は焼入れ焼もどしを繰り返す必要がある．その理由は，1 回だけの焼もどしでは十分に二次炭化物が析出し

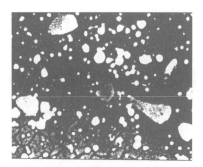

溶製ハイス

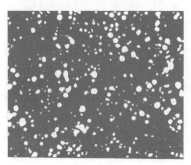

粉末ハイス

図 9.9　溶製ハイスと粉末ハイスの焼入組織[1]

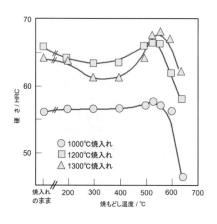

図 9.10　各温度から焼入れした SKH57 の焼もどしにともなう硬さ推移曲線[1]

ないためである．焼入れ直後の高速度工具鋼の組織は，マルテンサイトの基地のほかに 10 数％の未固溶炭化物(一次炭化物)と 20％程度の残留オーステナイトから成っている．1 回の焼もどしでは，マルテンサイトからの二次炭化物の析出と残留オーステナイトのマルテンサイト化が生じる．このマルテンサイトは焼入れ時に生じたマルテンサイトと同じもので，この部分では二次炭化物も析出していないことから非常に脆い．そのため，2 回の焼もどしを施すことによって二次炭化物が析出し，基地のじん性だけでなく耐摩耗性も大幅に向上することになる．このことから，高速度工具鋼は 2 回以上焼入れ焼もどしすることによって，各鋼種のもつ特性が発揮できるのである．

＊＊＊＊＊＊＊＊＊＊＊＊＊＊＊＊＊＊＊＊＊＊

9・4　ステンレス鋼とその特性 (stainless steel and its properties)

　一般的に炭素鋼や鋳鉄はさびやすいため，鋼に Cr を加えて材料表面に Cr 酸化膜を作り，耐食性を著しく向上させた Fe-Cr 系合金が用いられている．特に，11％Cr 以上のものをステンレス鋼とよんでいる．ステンレス鋼はこの Cr 系と，さらに耐食性，加工性などを向上させるために Ni を添加した Fe-Cr-Ni 系に大別されている．また，基地組織の違いにより Cr 系ステンレス鋼のフェライト系およびマルテンサイト系(SUS 400 番台の数字で表記)，Cr-Ni 系ステンレス鋼のオーステナイト系(SUS 300 番台で表記)とに分けられる．その他，2 相系および析出硬化系ステンレス鋼などがある．このように，ステンレス鋼の組織は主に Cr と Ni により決まるが，その他に添加されている Mo，Si，Nb を Cr 当量に，C，N，Mn，Cu を Ni 当量に換算して組織変化を表した，図 9.11 に示すシェフラーの状態図(Schaeffler diagram)がよく利用される．これを利用することにより，化学成分から組織を予測できる．表 9.7 に代表的なステンレス鋼の機械的性質を示す．

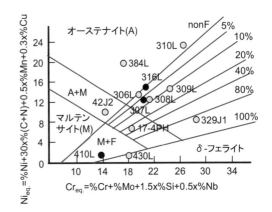

図 9.11　シェフラーの状態図

表 9.7　主なステンレス鋼の化学成分と機械的性質(JIS G 4303)

記号	化学成分				熱処理	機械的性質		
	C	Ni	Cr	その他		降伏応力 MPa	引張強さ MPa	伸び %
SUS430	<0.12	-	16.0~18.0	-	焼なまし	>205	>450	>22
SUS403	<0.15	-	11.5~13.0	-	焼入れ焼もどし	>390	>590	>25
SUS420J	0.26~0.40	-	12.0~14.0	-	焼入れ焼もどし	>540	>740	>25
SUS440C	0.95~1.20	-	16.0~18.0	-	焼入れ焼もどし	-	-	-
SUS304	<0.08	8.0~10.5	18.0~20.0	-	溶体化処理	>205	>520	>40
SUS316	<0.08	10.0~14.0	16.0~18.0	Mo=2.0~3.0	溶体化処理	>205	>520	>40
SUSJ1	<0.08	3.0~6.0	23.0~28.0	Mo=1.0~3.0	溶体化処理	>390	>590	>18
SUS630	<0.07	3.0~5.0	15.0~17.0	Cu=3.0~5.0 Nb=0.15~0.45	析出硬化処理	>1175	>1310	>10
SUS631	<0.09	6.50~7.75	Al=0.75~1.50		析出硬化処理	>960	>1140	>5

9・4・1　フェライト系ステンレス鋼(ferritic stainless steel)

フェライト系ステンレス鋼の代表は 17% Cr系の SUS 430 である. この系は耐食性, 加工性に優れ, オーステナイト系ステンレス鋼で問題となる応力腐食割れ(stress corrosion cracking)を発生しにくいという特徴がある.

9・4・2　マルテンサイト系ステンレス鋼(martensitic stainless steel)

マルテンサイト系ステンレス鋼の代表は 13% Cr系の SUS 403 と 17% Cr系の 440系で, 炭素量を高くして焼入れ・焼もどしの熱処理を施し, マルテンサイト組織としたものである. このため, 強度, 耐摩耗性には優れるが, 耐食性は他の系のものよりも劣る. 刃物, ゲージ類, ベアリングなどに用いられる.

9・4・3　オーステナイト系ステンレス鋼(austenitic stainless steel)

オーステナイト系ステンレス鋼の代表は 18%Cr - 8% Ni系の SUS304(18-8 ステンレス鋼)で, 炭素量を低く抑えかつ Ni を添加しているため酸化性および非酸化性(硫酸, 塩酸など)の酸にも強く, 加工性にも優れているため広い分野で使用されている. しかし, 溶接した場合, 粒界割れを起こすウェルド・ディケイ(weld decay)や, 内部応力の存在する状態で塩化物を含む溶液やアルカリ溶液中で使用すると局部き裂を生じて破壊に至る応力腐食割れ(第 7 章)を起こすため, 使用環境状況に注意する必要がある. 耐粒界腐食性, 耐孔食性を向上させた SUS316 なども用いられる.

9・4・4　析出硬化系および二相ステンレス鋼(precipitation hardening and duplex stainless steels)

析出硬化系ステンレス鋼には, 17-4PH とよばれる SUS630 と 17-7PH とよばれる SUS631 がある. PH は, 析出硬化(第 6 章)を意味する. このステンレス鋼は固溶化処理によりマルテンサイト組織となるが, 炭素量が低いため加工は容易である, 析出硬化処理により, 17-4 PH では Cu を主体とした金属間化合物を, 17-7 PH では Ni_3Al を微細に析出して強化するステンレス鋼である. ステンレス鋼の中では最も強度が高く, 17-4 PH では引張り強さ 1400MPa 程度まで強化できるため, 耐食性と耐摩耗性, 高強度を必要とする部分に用いられる. 17-7PH は高強度ばね, ジェットエンジン部品などに用いられている.

二相ステンレス鋼はオーステナイト相とフェライト相の 2 相からなるオーステナイト・フェライト系の SUS329-J1 で, 粒界腐食, 応力腐食割れなどに強いステンレス鋼で, ポンプ部品, 化学装置部品などに用いられている.

＊＊＊＊＊＊＊＊＊＊＊＊＊＊＊＊＊＊＊＊＊＊＊

9・5　耐熱鋼とその特性 (heat-resisting steel and its properties)

ガスタービンの最高運転温度はすでに 1100℃(1400K)を越え, 石油化学工業でも 1000℃(1300K)付近の反応装置は数多く, ジェットエンジンは 1200~1400℃(1500~1700K), 自動車のエンジンや排ガス浄化装置でも

700~800℃(1000~1100K)に達しており，これら各種機械装置等の高温部の構成材料は，それぞれの温度で数万時間あるいはそれ以上の長期にわたり使用に耐えることが要求される．そこでそれらの用途に合うように，高温の各種環境での耐酸化性，耐高温腐食性，あるいは強度・靱性などを改善した合金鋼を耐熱鋼と称し，数％以上のCrのほか，必要に応じてNi，Co，W，Mo その他の合金元素が添加されている．前章で述べたステンレス鋼をそのまま使用したり，あるいはステンレス鋼を高温用に改良した鋼種も多いため，ステンレス鋼と同様に，その組織によってマルテンサイト系，フェライト系，オーステナイト系および析出硬化系の４つに分類される．しかし，ステンレス鋼における Cr12％以上というような特別な限界はなく，それ以下でも Cr 量の増加とともに耐酸化性は改善されるので，1~2％Cr 程度の鋼もボイラその他に多用されている．

　一方，オーステナイト系の耐熱鋼は，10数％以上の Cr と数％以上の Ni を含んでいて高温の耐食性に優れ，また面心立方構造であるため高温強度も大きい．このオーステナイト系耐熱鋼の Cr や Ni の含有量を増やすとともに Co，Mo，W あるいは Al，Ti などを添加して固溶強化や析出強化を利用すれば，高温特性は一層改善される．このようにして合金元素の総量が約 50％を越えたもの，あるいは Ni または Co そのものを主成分とする合金は超耐熱合金(super heat-resisting alloys)または単に耐熱合金あるいは超合金(super alloys)とよばれている．一例として，ジェットエンジン部品用の耐熱合金を表9.8に示す．

表9.8　ジェットエンジン部品用耐熱合金[1]

品種	名称	組成	用途
ニッケル・クロム・鉄基耐熱合金	A-286	15Cr-26Ni-1.3Mo-2.1Ti-0.3V-Fe	タービンディスク他
	V-57	15Cr-26Ni-1.3Mo-1Ti-0.3V-Fe	タービンディスク
	INCOLOY T	20Cr-32Ni-1Ti-Fe	燃焼室ライナ
	INCO 901	12.5Cr-5.8Mo-2.3Ti-40Ni-Fe	タービンディスク
	N-155	20Cr-20Ni-20Co-4V-4Mo-4Nb-Fe	ライナ
	TIMKEN	16Cr-25Ni-6Mo-Fe	タービン車軸
ニッケル・クロム基耐熱合金	INCONEL	15.5Cr-8Fe-Ni	燃焼室
	INCONEL X	15.5Cr-7Fe-2.5Ti-1Nb-0.7Al-Ni	排気ケーシング
	INCONEL W	15.5Cr-7Fe-2.5Ti-0.7Al-Ni	タービンケーシング
	TAZ-8	6Cr-4Mo-4W-6Al-1Zr-8Ta-2.5V-Ni	タービンブレード
	INCO713C	13Cr-4Mo-6Al-2Nb-0.7Ti-Ni	タービンノズル
	HASTELLOY X	22Cr-9Mo-18Fe-1.5Co-0.5W-Ni	燃焼室
	INCO718	18Cr-3Mo-0.8Ti-0.4Al-5Nb-Ni	コンプレッサーブレード，タービンディスク
ニッケル・コバルト・クロム基耐熱合金	M252	19Cr-10Co-10Mo-2.5Ti-1Al-Ni	タービンブレード
	RENE41	19Cr-11Co-10Mo-3Ti-3Al-Ni	タービンノズル，ディスク
	U-500	18Cr-17Co-4Mo-3Ti-3Al-Ni	タービンブレード
	U-700	15Cr-18Co-5Mo-3.5Ti-4Al-Ni	タービンブレード
	SEL-1	15Cr-26Co-4.5Mo-4.4Al-2.4Ti-Ni	タービンブレード
	SEL-15	11Cr-14.5Co-6.5Mo-1.5W-0.5Nb-5.4Al-2.5Ti-Ni	タービンブレード
	SENE80	9.5Cr-15Co-3Mo-4.2Ti-5.5Al-Ni	タービンブレード
	WASPALLOY	19.5Cr-18Co-4Mo-3Ti-1.4Al-Ni	タービンブレード
	IN100	10Cr-15Co-3Mo-4.7Ti-5.5Al-Ni	タービンブレード
	MAR-M-200	9Cr-10Co-12.5W-2Ti-5Al-1Nb-Ni	タービンブレード
	B-1900	8Cr-10Co-6Mo-1Ti-6Al-4Ta-Ni	タービンブレード
コバルト基耐熱合金	L-605	20Cr-15W-10Ni-Co	タービンノズル他
	S-815	20Cr-20Ni-4Nb-4Mo-4W-Co	タービンブレード
	VITALLIUM	27Cr-5Mo-3Ni-Co	タービンノズル
	X-40	0.5C-25Cr-10Ni-7.5W-Co	タービンノズル
	X-45	0.25C-25Cr-10Ni-7W-Co	タービンノズル
	WI-52	21Cr-11W-9Ta-Co	タービンノズル
	MAR-M-302	21.5Cr-10W-9Ta-Co	タービンノズル
	HS188	22Cr-14W-22Ni-0.08La-Co	燃焼室

　耐熱鋼はステンレス鋼と同様にその組織によりオーステナイト系，フェライト系およびマルテンサイト系に分類されており，SUH(steel use heat-resisting)材として JIS 規格に規定されている．オーステナイト系では，SUS 310（25 Cr - 20 Ni），V，Ti，Al などを添加した析出硬化型の SUH660 が

700℃までの使用条件でタービンロータ，シャフトなどに用いられている．
また，高温クリープ特性を必要とする蒸気タービンやガスタービンのブレード，ディスクなどにはマルテンサイト系 SUS616(12Cr-1 Ni-1 Mo-1 W-0.25C)が用いられている．

===== 練習問題 =====================
【9・1】Fe-C-M3 元系において，合金元素(M)の炭化物生成傾向から合金元素を分類し，その作用の特徴を述べなさい．

【9・2】鋼の被削性向上法について述べなさい．

【9・3】合金工具鋼および高速度工具鋼に添加される V の役割について説明しなさい．

【9・4】Explain the effect of alloying elements on the secondary hardening.

【9・5】Classify the stainless steels by composed phases, and compare their strong and weak points.

【9・6】Explain about super heat-resisting alloys.

【解答】
【9・1】　9・1項での合金元素の炭化物生成能についての説明を参照．

【9・2】　9・2項の快削鋼の項を参照．

【9・3】　極めて硬い(2250~3200HV)炭化物（VC,V$_4$C$_3$）を形成し，耐摩耗性，焼戻し軟化抵抗に寄与．

【9・4】　9・3項の高速度工具鋼での二次硬化の説明を参照．

【9・5】　9・4項のステンレス鋼とその特性の項を参照．

【9・6】　9・5項での超耐熱合金の説明を参照．

第9章の文献

(1) 仁平宣弘，朝比奈圭，機械材料と加工技術，(2003)，技術評論社．
(2) 柳沢平，吉田総仁，材料科学の基礎，(1994)，共立出版．
(3) 田中政夫，朝倉健二，機械材料第 2 版，(1993)，共立出版．
(4) 須藤一，機械材料学，(1993)，コロナ社
(5) 吉田総仁，京極秀樹，篠崎賢二，山根八洲男，機械技術者のための材料加工学入門，(2003)，共立出版．
(6) 日本金属学会編，講座・現代の金属学，材料偏，(1985)，日本金属学会．

第10章

非鉄金属材料 －その特性と応用－

Non-Ferrous Metallic Materials

－Their Properties and Applications －

＊＊

　非鉄金属材料は，鉄鋼以外のすべての金属材料の総称であり，鉄以外の金属元素を主成分とした材料であるから，その種類は極めて多い．各々の非鉄金属は，その金属元素の特徴を有し，そのまま純金属として利用されるものもあるが，多くは合金にして用いられる．本章では，代表的な非鉄金属としてアルミニウム，銅，ニッケル，チタン，マグネシウムを取り上げ，これらの合金の特性や応用について学習するが，その他，金や銀，白金などの貴金属(noble metal)やリチウム，ケイ素，バナジウムなど資源として貴重な希少金属(rare metal)なども合金元素として多用されている重要な非鉄金属である．

＊＊

10・1　アルミニウムおよびアルミニウム合金(aluminum and aluminum alloy)

10・1・1 アルミニウムとは (what is an aluminum?)

　アルミニウム(Al)が実用金属として用いられるようになったのは比較的新しく，約150年ほど前からである．1855年に開かれたパリの万国博覧会で，主催者のナポレオン3世が「大切な来賓客にはアルミニウム製食器を，どうでもよい客には銀食器を使え！」と命じたと言う伝説がある．当時は，それほど貴重な金属材料であった．アルミニウム工業が著しく発展したのは，第1次世界大戦からで，軍事品に用いられるようになった．特に，戦闘機の機体構造をアルミニウム合金とすることで，軽量化し，操縦性が一段と向上した．零式艦上型戦闘機(通称ゼロ戦)の戦闘能力が高まった要因である．米国でも，1934年から開発を始めた戦略爆撃機B29がアルミニウム合金製エンジンであることが，墜落した部品から判明した(図10.1)．終戦後も航空機には，アルミニウム合金が主要な材料となり，軽量で高強度のアルミニウム合金が多種類開発されてきた．現在では，自動車や電車等，航空機以外の輸送機にも多用され，身の回りの日用品から，宇宙・通信機用素材まで多岐に亘る分野まで利用されている工業材料である．

図 10.1　横浜市に墜落した B29 長距離爆撃機のアルミニウム合金製のエンジン．(東京都市大学に展示)

10・1・2 アルミニウムの特性 (properties of aluminum)

　現在のようにアルミニウムが多量に用いられるようになったのは，他の金属材料にない，多くの特性を有しているからである．それらを挙げると，

(a) 軽い；比重が 2.7 で，鉄(7.9)や銅(8.9)の約 1/3 である．

(b) 強い；微量な添加元素を加えて合金にすると，強さが倍増する．合金化

表 10.1　純アルミニウムの物性値

結晶構造	面心立方晶(fcc)
比重	2.70
融点	933.4K
沸点	2743K
線膨張係数	23.7×10^{-6}/K
融解熱	10.7kJ/mol
蒸発熱	291kJ/mol
比熱	24.3J/K·mol
熱伝導率	237W/m·K
電気伝導率	37.66m/($\Omega \cdot$mm^2)
比抵抗	$26.55 \times 10^{3}\Omega \cdot$m^2/m
抵抗の温度係数	4.2×10^{-3}
電気化学当量	0.3354g/A·h
磁化率	0.61m^3/g
弾性率	68.3GPa
剛性率	25.5GPa

図 10.2　特徴を利用したアルミニウム製品 (軽金属協会資料，アルミニウムとは，(1995) (社)日本アルミニウム協会)

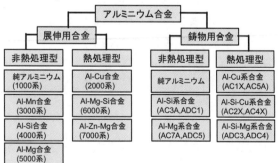

図 10.3　アルミニウム合金の種類

しても，比重はほとんど変らないので，比強度が高く，航空機や自動車・電車の車体材料等に適する.

(c)　さびにくい；表面が安定な酸化皮膜に覆われ，高耐食性である. 海水にも強いので，船舶にも使われている.

(d)　加工しやすい；塑性加工が容易で，複雑な形状の製品を 1 工程で製造できる.

(e)　鋳造し易い；融点が低いので溶かし易く，ダイカスト法によって薄肉製品や複雑形状の製品がつくれる.

(f)　電気をよく通す；電気伝導率は銅の約 60%であるが，比重が 1/3 であるから，同じ質量で銅の約 2 倍の電気を通す.

(g)　磁気を帯びない；磁場下でも磁化されないので，リニアモーターカーや医療機械の MRI(磁気共鳴映像)装置などに適する.

(h)　熱をよく伝える；熱伝導率は鉄の約 3 倍であり，冷却効果が高いので，ラジエターやエアコンなどに用いられる. 飲料缶に用いるとよく冷える.

(i)　低温に強い；鉄鋼は低温になるとぜい化するが，液体窒素(77K)や液体酸素(90K)でも脆くならない. 液体窒素ガス(LPG)用の貯蔵タンクに用いられる.

(j)　光や熱を反射する；よく磨かれたアルミニウムは放射エネルギーの 90% 以上を反射する. 光エレクトニクス製品や天体観測の電波望遠鏡にも用いられている.

(k)　毒性がない；無害，無臭であり，万が一，溶出して化合物をつくっても，軽金属であるため，人体に害を与えたり，土壌を汚染することがない. 食品や医薬品の包装に用いられている.

(l)　色が美しい；純白色で，塗装することなく，そのまま製品とすることができる. 陽極酸化処理(anodizing, anodic oxide treatment)すると，いろいろな着色や模様も描ける.

(m)　接合しやすい；反応しやすい金属で，溶接，ろう付け，ハンダ，接着剤などで接合できる. 段ボールのような形状に接着してつくるパネルは，建造物や航空機，新幹線などの壁材として用いられている.

(n)　真空特性がよい；真空中でもガス放出率が低いので，真空ポンプや真空装置に用いられている.

(o)　再生しやすい；さびにくく，溶かし易いので，使用済みの製品を再溶解して地金にできる. その時の使用エネルギーはボーキサイトから電解精錬(第 8 章)してつくる地金で使用するエネルギーの約 3%で済む.

10・1・3　アルミニウム合金の種類 (kind of aluminum alloy)

　アルミニウム合金(aluminum alloy)の種類は多く，加工して用いる展伸用合金と金型鋳造やダイカストして用いる鋳物用合金がある. さらに，図 10.3 に示すように，加工や鋳物のまま製品とする合金と，時効処理などの熱処理に適する合金に分類される. 実用されている合金は JIS で規格化されていて，図 10.4 に示すような記号や数字で表示されている. また，これらの合金の中には，耐食性を目的に使われる合金がある. 調質の方法は塑性加工と熱処理

で行い，組織や機械的性質を調整する．表 10.2 はそれらの表示法を示す．

アルミニウム合金のJIS記号

A2024P-H14

アルミニウム及びアルミニウム合金を表す

合金系を表す；2は2000系

制定された順位を表す
0は基本合金
1~9は改良順位

等級を表す
純アルミニウムでは純度
合金では成分と成分量
旧アルコア規格に相当
24は Alcoa 24S

質別を表す
H1は加工硬化のみ
4は度合い，強さ

材料の形状を表す
Pは板，条，円板

記号	意味	記号	意味
O	軟質	F	製出のまま
OL	軽軟質	S	溶体化処理材
1/2H	半硬質	AH	時効処理材
H	硬質	TH	時効処理後時効処理材
SH	ばね質	SR	応力除去材

記号	意味	記号	意味
P	板，条，円板	TE	押出継目無管
PC	合せ板	TW	溶接管
BE	押出棒	S	押出形材
BD	引抜棒	FH	自由鍛造品
W	引抜線	H	箔

図 10.4 アルミニウム合金の JIS 記号の表し方とその意味

10·1·4 鋳物用アルミニウム合金 (aluminum alloy for casting)

Al-Si 合金系は典型的な共晶型の合金であり(第 4 章)，11.7mass%Si の共晶組成の場合 850K で溶融し，金型鋳造やダイカスト成形しやすい．組織は，11.7mass%Si 以下の合金で初晶の α-Al 相と共晶組織から成り，11.7mass%Si 以上であれば，初晶の Si 相が晶出した組織である．組織上から，Si 量によって亜共晶合金，共晶合金，過共晶合金に分類される．実用合金では，AC3A や AC4A 合金がある．これらの合金を，米国では Alpax，フランスでは Aldar，ドイツでは Silumin といい，日本ではドイツ名のシルミン(Silmin)が使われている．

Al-Mg 系合金では，当初(1898 年)，Al-(10~30)mass%Mg のマグナリウム(Magnalium)合金が，軽量・高強度合金として開発された．しかし，耐食性が著しく低いため，その後，Mn，Ti，Sb などを加え，耐食性を改善した合金となっている．特に，Sb は Al に固溶し，海水中でも表面に塩基性塩化アンチモン皮膜が形成し，耐海水性の高い合金をつくる．Al-Cu 系合金も共晶型であり，32.5mass%Cu で 831K に共晶点をもつ．しかし，実用合金では，Cu を 5mass%以下とし，時効硬化型の合金としている．

表 10.2 アルミニウム合金に用いられる主な調質記号(JIS H0001)

記号	処 理 法
F	圧延や押出しで製造したままのもの
T1(TA)	熱間加工後冷却，自然時効したもの
T2(TC)	焼なましたもの（鋳物のみ）
T3(TD)	溶体化処理後，加工硬化したもの
T4(TB)	溶体化処理後，自然時効したもの
T5(TE)	熱間加工から焼入れ後，人工時効したもの
T6(TF)	溶体化処理後，焼もどししたもの
T7(TM)	溶体化処理後，安定化処理したもの
T8(TH)	溶体化処理後，冷間加工と焼もどししたもの
T9(TL)	溶体化処理後，焼もどして冷間加工したもの
T10(TG)	熱間加工後冷却，冷間加工し人工時効したもの

（ ）内記号はISO記号であり，これを使用してもよい

図10.5 アルミニウム合金のダイカスト製品例 (日本ダイカスト協会資料，ダイカストって何？，(2003)，日本ダイカスト協会)

表 10.3 主なアルミニウム合金鋳物の化学成分と金型鋳物(F 材，AC1B,AC5A は O 材)の機械的性質 (JIS H5202)

合金系	種別記号	化学成分(%)						引張強さ MPa	伸び %	硬さ HB
		Cu	Si	Mg	Mn	Ti	Al			
Al-Cu系	AC1B	4.2~5.0	0.3>	0.15~0.35	0.1>	0.35>	残部	330<	8<	95
	AC2A	3.0~4.5	4.0~6.0	0.25	0.55>	0.2>	残部	180<	2<	75
	AC5A	2.0~4.0	0.6>	1.2~1.8	0.35>	0.2>	残部	180<	—	65
Al-Si系	AC3A	0.25>	10.0~13.0	0.15>	Zn=0.3	Fe=0.8>	残部	170<	5<	50
	AC4A	0.25>	8.0~10.0	0.3~0.6	Zn=0.25>	Fe=0.55	残部	170<	3<	60
	AC4B	2.0~4.0	7.0~10.0	0.5>	Zn=1.0>	Fe=1.0>	残部	170<	—	80
	AC4C	0.25>	6.5~7.5	0.25~0.45	Zn=0.35>	Fe=0.55>	残部	150<	3<	55
	AC4D	1.0~1.5	4.5~5.5	0.4~0.6	Zn=0.3>	Fe=0.6>	残部	160<	—	70
Al-Mg系	AC7A	0.1>	0.2>	3.5~5.5	0.2>	0.2>	残部	210<	12<	60

代表的な鋳物用アルミニウム合金の化学成分と機械的性質を表 10.3 に示す．これらの合金はダイカスト成形に適し，様々な機械部材に用いられている(図 10.5)．表 10.4 は主なアルミニウム合金鋳物の特徴とその用途例を示す．

表 10.4　主なアルミニウム合金鋳物の特徴と用途例 (JIS H5202)

合金系	種別記号	特　徴	主な用途例
Al-Cu系	AC1A	機械的性質に優れ，切削性も良好であるが，鋳造性に劣る	架線用部品，自動車用部品，航空機用油圧部品，電装品
	AC2A	AC3Aと同様に，鋳造性が劣るので，鋳造法案に注意	ナニホールド，ポンプボディ，シリンダーヘッド，自動車の走行系部品
	AC5A	高温引張強さは高いが，鋳造性はやや劣る	シリンダーヘッド，クランクケース，シリンダーブロック，燃料ポンプボディ，航空機油圧部品や電装品
Al-Si系	AC3A	流動性に優れ，耐食性もよいが，耐力は低い	ケース類，カバー類，ハウジング類，複雑形状部品，カーテンウオール
	AC4A	鋳造性がよく，じん性が優れ，強度を有する大型鋳物に適す	ブレーキドラム，ミッションケース，クランクケース，ギヤボックス，船舶・車両用エンジン部品
	AC4B	鋳造性がよく，じん性が優れ，強度を有する大型鋳物に適す	クランクケース，シリンダーヘッド，マニホールド，航空機よう電装品
	AC4C	鋳造性に優れ，耐圧性，耐食性もよい	油圧部品，ミッションケース、フライホイールハウジング，航空機フィティング部品，小型船舶用エンジン部品・電装品
	AC4D	鋳造性がよく，じん性が優れ，強度を有する大型鋳物に適し，機械的性質もよい．耐圧性に優れる	水冷シリンダーヘッド，クランクケース，シリンダーブロック，燃料ポンプボディ，ブロワーハウジング，航空機エンジン部品
Al-Mg系	AC7A	耐食性に優れ，じん性が高く，陽極酸化処理に適す	架線金具，船舶用部品，事務機器用部品，航空機用電装品
	AC7B	耐食性に優れ，機械的性質もよいが，鋳造性はやや劣る．経年変化すると延性が低下	光学器械フレーム類，航空機用部品・機体部品

【例題 10・1】　＊＊＊＊＊＊＊＊＊＊＊＊＊＊＊＊＊＊＊＊＊

過共晶 Al-Si 合金の初晶 Si 相は，徐冷して凝固すると，粗大な結晶となる．微細な結晶とするにはどのような方法があるか？また，微細結晶組織にすると，機械的性質はどのように変化するか？

【解答】　水冷金型のように，冷却速度が高いと，初晶 Si 相の成長が抑制され，共晶組織の Si も微細となる．あるいは，溶湯中に微量の Na や P を添加すると，Si の晶出過程で核生成のきっかけとなり，結晶核数が増加して微細組織となる(第 6 章)．このような処理を改良処理(modification)という．

初晶の Si 相は角板状の硬くて脆い結晶である．したがって，割れが Si 相のところから生じ，引張強さや伸びが低い．微細な結晶にすると，割れ発生の起点になりにくいため引張強さや伸びの低下を抑止できる．また，改良処理すると，微細 Si 相となり，耐摩耗性が向上して，自動車用エンジンブロックなどに適した合金となる．

＊＊＊＊＊＊＊＊＊＊＊＊＊＊＊＊＊＊＊＊＊

10・1・5　展伸用アルミニウム合金 (wrought aluminum alloy)

(1) 非熱処理型展伸用アルミニウム合金(non heat-treatmentable wrought aluminum alloy)

Al-Mn 合金(JIS A3003, A3203 など)，Al-Si 合金(JIS A4032 など)，Al-Mg 合金(JIS A5052, A5454, A5083 など)があるが，いずれの合金元素の添加量も 1~3

mass%程度であり，アルミニウム合金の軽量性は変わらない．Al-Mn 合金は Mn を 1.2mass%程度含み，耐食性に優れ，絞り加工性や溶接性も良好である．Al-Si 合金は鋳物用合金であるが，Mg を加えると鍛造加工や引抜き加工がし易くなる．特に，焼入れ後，強引抜き加工してから焼戻しすると，導電性が純アルミニウム程度となるので送電線用として用いられる．

　Al-Mg 合金は 37mass%Mg で Al_3Mg_2 相が生成し，さらに Si を加えると Mg_2Si が生成するので，Al-Al_3Mg_2 合金や Al-Mg_2Si 合金のような二相合金となる．

(2) 熱処理型展伸用アルミニウム合金(heat-treatmentable wrought aluminum alloy)

　熱処理型展伸用合金には，表 10.5 に示すような Al-Cu-Mn 合金(2000 系)，Al-Mg-Si 合金(6000 系)，Al-Zn-Mg 合金(7000 系)がある．Al-Cu-Mg 合金は，古くから開発された時効硬化性合金で，A2017 合金はジュラルミン(duralumin)として知られている．ジュラルミンは 1910 年に Alfred Wilm によって開発された合金で，ドイツの Durener Metallwerk 社の名前に由来する．組成は 3.5~4.5mass%Cu，0.4~1.0 mass%Mn で，770K から水冷する溶体化処理後，自然時効か人工時効すると，強度が数倍上昇するので航空機の機体に用いられた．さらに，Mn 量を減らし，代わりに Mg 量を増加した A2024 合金の超ジュラルミン(super duralumin)は，高強度とともに加工性も改良される．表 10.5 は熱処理型の主な展伸用アルミニウム合金板の熱処理による調質と，得られる引張特性を示す．

　時効硬化性を高めるために，さらに，Zn，Ti，Cr などを加え，人工時効することで強度はさらに高まり，ジュラルミンの欠点であった耐食性や時期割れ(season cracking)を改良した 7000 系の合金は超々ジュラルミン(extra super duralumin)と呼ばれ，航空機以外に自動車などの輸送用機器材料として広く用いられている．図 10.6 は大型旅客機の主要部材として使用されているアルミニウム合金を示す．

表 10.5 主な熱処理型展伸用アルミニウム合金板の引張特性 (JIS H4000)

種別記号	調質記号	厚さ mm	0.2耐力 MPa	引張強さ MPa	伸び %
A2014P	O	0.35~3.2	140>	220>	16<
	T6	0.5~1.0	390<	440<	6<
	T651	6.0~13	405<	460<	6<
A2017P	O	0.5~25	110>	215<	12<
	T4	0.5~1.6	195<	355<	15<
	T451	6.0~25	195<	355<	12<
A2024P	O	0.5~13	95>	215<	12<
	T351	6.5~13	290<	440<	12<
	T42	0.5~6.5	265<	430<	15<
A6061P	O	0.5~2.9	85>	145>	16<
	T4	0.5~6.5	110<	205<	16<
	T6	0.5~6.5	245<	295<	10<
A7075P	O	0.5~13	145>	275<	10<
	T6	0.5~1.0	460<	530<	7<
	T651	6.5~13	460<	540<	9<

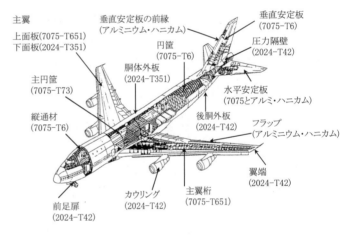

図 10.6 ジェット旅客機の部材に使用されているアルミニウム合金 (新素材便覧, (1993), 通産資料調査会事典出版センター)

(3) 耐食性アルミニウム合金(anticorrosive aluminum alloy)

　時効硬化性を有し，加工性もよく，さらに耐食性を向上するために，少量の Mn，Mg，Si，Cr などが加えられた Al-Mn 系(A3003，A3004 など)，Al-Mg 系(A5005，A5052 など)，Al-Mg-Si 系(A6061 など)は耐食性アルミニウム合金である．耐食性は表面に強固な酸化物皮膜が形成しているためで，人工的に表面酸化層を形成する方法として陽極酸化処理(anodic oxide treatment)がある．アルミニウム合金ではアルマイト処理(alumite treatment)とも呼ばれ，処理する材料を陽極とし，硫酸やシュウ酸の電解浴中で直流を通電すると，図 10.7 に示すような構造の酸化皮膜が形成する．皮膜には直径約 30nm ほどの微小な孔があり，これに塗料を浸透させ，高温の蒸気を吹きかけると，皮膜が収

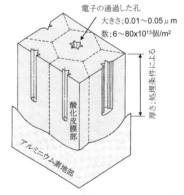

図 10.7 陽極酸化アルミナ皮膜の構造 (軽金属協会資料，アルミニウムとは，(1995) (社)日本アルミニウム協会)

縮して微細な割れが生じるとともに，塗料が封じられ，いろいろな着色や模様を描くことができる．

＊＊＊＊＊＊＊＊＊＊＊＊＊＊＊＊＊＊＊＊＊

10・2　銅および銅合金　(copper and copper alloy)

10・2・1　純銅の特性　(properties of pure copper)

銅(Cu)は，金属材料の中でも熱伝導性と電導性が高く，耐食性，塑性加工も良好な材料である．特に，電導性は貴金属の金(gold)や白金(platinum)について高く，工業用電気材料として，種々の電気・電子製品に使用されている．また，銅の電気抵抗は導電率を表す国際標準焼なまし銅(International Annealed Copper Standard, IACS)となっている．

銅の電導性は，不純物が増すと IACS 値も低下するが，不純物の種類によって異なり，Pb, Bi, Sn, Sb などはあまり影響しない(図 10.8)．また，純度は銅地金の製造法により変化し，比較的純度の高い地金は，無酸素銅(oxygen free conductivity copper, OFHC), (JIS H C1100)や電気銅(electrolytic cathode copper),(JIS H 2121)がある．

10・2・2　黄銅の特性　(properties of brass)

黄銅は Cu-Zn 合金で真鍮(しんちゅう)とも呼ばれている．Zn は Cu 中に固溶しやすく，約 35mass%Zn まで固溶し，純銅と同じ fcc 構造の α 単相組織となる．さらに Zn を増すと bcc 構造の β 相が生成し，35〜50 mass%Zn では(α+β)二相組織となる．α 相は延性が高く，β 相は硬くて脆い．さらに Zn を増すと β 単相となるので，実用黄銅は Zn が 40mass%までの合金が使われ，α 単相を α 黄銅(α-brass)と称している．2 相の組織では(α+β)黄銅あるいは二相黄銅(double phase brass)という．Zn 量により 30mass%のものを 7-3 黄銅，40mass%Zn のものを 6-4 黄銅と呼ぶことがある．このように，黄銅の機械的性質や電気的性質は Zn 量によって変化する．図 10.9 は Zn 量による機械的性質の変化を示す．その他，黄銅は Zn 量による種々の合金があり，表 10.6 に黄銅の種類と主な用途を示す．

α 単相であっても，機械的性質はその結晶粒径によって変化する．図 10.10 は 65-35 黄銅の焼まなし温度にともなう平均結晶粒径と引張特性の変化を示す．再結晶によって結晶粒が成長すると，引張強さは低下し，延性が増す．特異な現象として，強加工してから回復温度で焼なましすると，強さや硬さが加工硬化の状態よりも上昇することがある．これは低温焼なまし硬化(hardening by low temperature annealing)と呼ばれ，回復過程における一種のひずみ時効(strain aging)硬化で，α 黄銅の強化法として利用されることがある．

黄銅のもつ独特な特徴として色彩がある．純銅は銅赤色であるが，図 10.11 に示すように，Zn 量が増

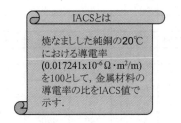

IACSとは

焼なましした純銅の20℃における導電率(0.017241x10⁻⁶ Ω・m²/m)を100として，金属材料の導電率の比をIACS値で示す．

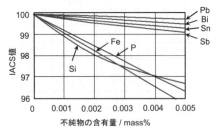

図10.8 不純物量による純銅の IACS 値の変化[1]

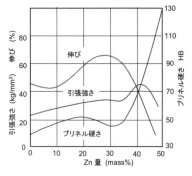

図10.9 亜鉛量による黄銅の機械的性質の変化[1]

表 10.6 黄銅の種類と主な用途

Zn量	名称	JIS規格	特性と主な用途
5(mass%)	griding metal	C2100	コイニングしやすくメタル，貨幣など
10(mass%)	丹銅 commercial bronze	C2200	プレス加工しやすく，容器のような深絞り製品など
15(mass%)	red brass	C2300	電導性があり加工性もよいので，電球ソケット，建築金具，ファスナなど
20(mass%)	low brass	C2400	装飾用金具，楽器など
30(mass%)	7-3黄銅	C2600	ラジエター，配線金具など
35(mass%)	65-35黄銅	C2680	7-3黄銅と同じ用途で，強度が高い
40(mass%)	6-4黄銅 Muntz metal	C2680	強度，切削性が良好，精密機械部品，冷間鍛造品など

すと黄色帯びて，30mass%Zn では黄金色に変わり，その美しさから建物の装飾部分や家具などに使われる.

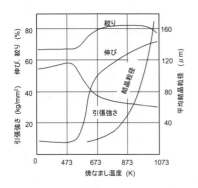

図 10.10 (65-35)黄銅の焼なまし温度による引張特性と結晶粒径の変化[1]

Zn量 /(mass%)

| 0～3 | 3～10 | 10～12 | 12～20 | 20～30 | 30～40 | 50～90 | 100 |

銅赤色　色赤黄帯びた　灰黄色　白と黄のまだら色　金色　赤灰帯びた　暗灰色　淡白色　銀白色

図 10.11 黄銅の Zn 量による色の変化

その他，特殊黄銅として以下のような合金がある.

(a) 鉛入り黄銅(leaded brass)；7-3 黄銅や 6-4 黄銅に(1.0~4.0)mass%の Pb を加え，切削チップを細かくすることによって切削性が向上する. 快削黄銅(free cutting brass)ともいう(JIS:C3601~04).

(b) 錫入り黄銅；6-4 黄銅に(0.7~1.5)mass%の Sn を加えると，脱亜鉛現象 (dezincification)を抑制して耐海水性が向上する. 船舶部品に使用できる. ネーバル黄銅(naval brass)ともいう(JIS:C4621, C6464).

(c) 高力黄銅；(7.0~10.0)mass%の Al の他，Fe, Mn, Ni などを加え，強度を高め，耐食性や耐摩耗性を改善した合金で，アルミニウム黄銅(aluminum brass)ともいう. 各種機械部品や化学工業用部品に用いられる(JIS C6161,C6280, C6301).

(d) 洋白(nickel silver)；Cu-(20-30)mass%Zn-(8.5-20)mass%Ni の組成で，色彩が銀色に近く，洋銀(german silver)とも呼ばれている. 耐食性に優れ，色彩が美しいので装飾品，食器，楽器など銀の代用となる. 工業製品ではバネや化学工業用品に使用される(JIS:C7060).

脱亜鉛現象

黄銅のようなZnを含有する合金では，Znの電極電位が負の大きな値(第7章，表7.3)であるため，Znだけが腐食し溶出する現象

10・2・3　青銅の特性 (properties of bronze)

青銅は Cu-Sn 合金で，古代ギリシャ時代にはすでに使われていた最古の実用合金である. したがって青銅という言葉は銅合金の総称として用いられることがある. この合金は，溶融したとき流動性がよいため，鋳造性に優れる. また，長期間，外気にさらされると酸化して，美しい青緑色の緑青(patina)となり，銅像や仏像など(図 10.12)，古くから美術鋳物として使われている. 実用合金では，

(a) 青銅鋳物(bronze casting)；砂型鋳物や連続鋳造用として使われ，湯流れがよく，耐圧性，耐摩耗性に優れるので，船舶用の給排水ポンプ，バルブ，軸受等に使用される. JIS 規格では，BCx の種別記号で表示し，x は等級数字で 1 から 7 まで 7 種がある(JIS:H5111).

(b) リン青銅(phosphor bronze)；耐食性，耐摩耗性がよく，水中ポンプの軸受，ブッシュ，スリーブ，プロペラ等に用いられる. JIS 規格では，PBCx の記号で表示され，x は 2 種と 3 種がある(JIS:H5113).

図10.12 1252年に建造されたと伝えられる鎌倉大仏(阿弥陀如来坐像)青銅(Cu-10.2mass%Sn-13.6mass%Pb)でつくられている.

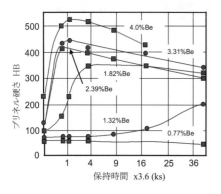

図 10.13 種々の Be 量のベリリウム銅の時効硬化曲線(1073K より焼入れ後, 623K で保持[1]).

10・2・4　その他の銅合金　(other copper alloys)

(a) アルミニウム青銅(aluminum bronze)；青銅の名称がついているが Cu-Al 合金である. (5~10)mass%Al では加工用, (9~11)mass%Al では鋳物用となっている. 鋳物用アルミニウム青銅は, 強度, じん性が高く, 耐食性, 耐熱性, 耐摩耗性に優れる. 耐酸用ポンプや軸受に用いられる. 特に, 耐海水性, 耐エロージョン腐食(erosion-corrosion)性が優れ, 高強度, 低比重なので大型船舶のプロペラに用いると重量を 10-20%軽減できる. JIS 規格では CAC7xx で表示され, CAC701~CAC704 の 4 種ある(JIS H5121).

(b) ベリリウム銅(beryllium bronze)；Cu-(1.8~2.0)mass%Be 合金で, 時効硬化型合金である(図 10.13). 時効処理前は延性に富み, 時効処理すると機械的性質, 耐摩耗性, 導電性が増す. 特に, バネ性が優れる. 航空機部品, プロペラ, カム, 歯車, 溶接用電極などに用いられる. JIS 規格では棒(C1720B)と線(C1720W)がある(JIS H3270).

【例題 10・2】 ＊＊＊＊＊＊＊＊＊＊＊＊＊＊＊＊＊＊＊＊＊＊
　ブラスバンドとは, 黄銅製の管楽器を用いた演奏楽団からつけられた名称である. なぜ, 管楽器に黄銅が用いられるか理由を考えなさい.

【解答】　Cu-20mass%Zn 合金の黄銅は塑性変形しやすく, 肉厚の薄い管を複雑な形状に塑性加工できる. 弾性係数(E=130GPa)が高く, 音をよく伝える上, 色彩も美しいので, 表面に塗装を必要としない.
　　　　　＊＊＊＊＊＊＊＊＊＊＊＊＊＊＊＊＊＊＊＊＊＊＊

10・3　ニッケルおよびニッケル合金　(nickel and nickel alloy)

10・3・1　ニッケルの特性　(properties of nickel)

　ニッケル(Ni)は隕石にも含まれ, 古代中国の武器や装身具に使われていたとされている. 現在では特殊鋼, ステンレス鋼, 耐熱鋼などの合金元素として多く用いられているが, 塑性加工性や磁性が高く, 高温強度も高いことから, ニッケル系耐熱合金として利用されている.

　純ニッケルとしての利用は少ないが, 板, 棒, 線などの製品がつくられ, 化学工業部品, 電子部品に使われている. 純ニッケル板では常炭素ニッケル板と低炭素ニッケル板がある. 表 10.7 にその化学成分と機械的性質を示す.

表 10.7 ニッケル板の化学成分と機械的性質 (JIS:H4451)

種類	種別記号 (ISO記号)	調質	化学成分 (mass%)				板厚 mm	0.2%耐力 MPa	引張強さ MPa	伸び %	硬さ HV
			Ni	Cu	Mn	C					
常炭素ニッケル	NW2200	O	99.0	0.2	0.3	0.15	1.2>	100<	380<	30<	—
		H					1.5<	480<	620<	2<	180~215
低炭素ニッケル	NW2201	O	99.0	0.2	0.4	0.02	1.2>	80<	345<	30<	—

10・3・2　ニッケル合金の種類と特性　(kinds and properties of nickel alloy)

　Ni を基にした合金は, その特徴から, 展伸性, 耐食性(Ni-Cu 系, Ni-Mo 系),

高磁性，高電気抵抗性(Ni-Fe 系，Ni-Cr 系)，(Ni-Co 系，Ni-Cr 系)に大別される(表 10.8).

(a) Ni-Cu 系；Ni-Cu 系合金は全率固溶型であるから(第 4 章)，Ni-Cu 合金の諸特性は Cu 量によって連続的に変わる．実用合金では，Ni-50mass%Cu 合金 (JIS:TP345N)や，さらに 3mass%Al と 1mass%Ti 加えた合金(JIS:TAPxxx)がある．

表 10.8　主なニッケル合金の化学成分と焼なまし板の引張特性　　(JIS H4551)

合金番号	合金記号	化学成分 (mass%)									引張強さ	0.2%耐力	伸び
		Al	C	Co	Cr	Cu	Fe	Mn	Mo	Ni	MPa	MPa	%
NW4400	NiCu30	—	0.30	—	—	28.0~34.0	2.5	2.0	—	残	480<	195<	35<
NW5500	NiCu30Al3Ti	2.2~3.2	0.25	—	—	27.0~34.0	2.0	1.5	—	残	—	—	—
NW0001	NiMo30Fe5	—	0.05	2.5	1.0	—	4.0~6.0	1.0	26.0~30.0	残	790<	345<	45<
NW0665	NiMo28	—	0.02	1.0	1.0	—	2.0	1.0	26.0~30.0	残	750<	350<	40<
NW0276	NiMo16Cr15Fe6W4	—	0.01	2.5	14.5~16.5	—	4.0~7.0	1.0	15.0~17.0	残	690<	275<	40<
NW6007	NiCr22Fe20Mo6Cu2Nb	—	0.05	2.5	21.0~23.5	1.5~2.5	18.0~21.0	1.0~2.0	5.0~7.5	残	620<	240<	40<
NW6002	NiCr21Fe18Mo9	—	0.10	0.5~2.5	20.5~23.0	—	17.0~20.0	1.0	8.0~10.0	残	660<	245<	35<

(b) Ni-Cr 系；Ni-20mass%Cr 合金は，加工性もよく高電気抵抗であるので，発熱体のニクロム(nichrome)線として広く用いられる．

(c) Ni-Fe 系；Ni-(52~59)mass%Fe 合金はジュメット線(dumet wire)として電子管，電球，放電ランプ，半導体ディバイス類に使用されている．JIS 規格では DW1, DW2(JIS:H4541)がある．パーマロイ(permalloy)は Ni-21.5mass%Fe 合金で，830K から空冷すると軟磁性材料となる．

(d) 3 元系；Cr, Mo, Ti などの数種類の合金元素を加え，高耐食性合金として石油化学工業や公害防止装置，海水淡水化装置に用いられている．JIS 規格では，NWxxxx(x は 5000 や 6000 で表示する数字)などがある．

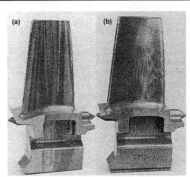

図 10.14 ニッケル基耐熱合金製のタービン翼 (a)一方向凝固合金，(b)単結晶合金 (新材料成形加工辞典，(1988)，通産資料調査会事典出版センター)

10・3・3　耐熱ニッケル合金 (heat-resistant nickel alloy)

　ガスタービンやジェットエンジンの回転翼(図 10.14)などは，高温状態でも高強度がもとめられ，このような部材には耐熱ニッケル合金が用いられている．しかし，Ni-Cr 系や Ni-Co 系，Ni-Mo 系合金などは，いずれの合金元素も高融点であるため，通常の溶解・鋳造法では製造が困難である．高周波溶解や粉末冶金法によって製造される．そして，製造過程で結晶方位を揃えたり，金属間化合物のような粒子を分散させる組織制御を行うと，クリープ強

表 10.9　主な外国製耐熱ニッケル合金と引張強度

合金名	組成	0.2%耐力	引張強さ
	mass%	MPa	MPa
Inconel 600	Ni-15.5Cr-8Al	180	270
Inconel 718	Ni-20Cr-3Mo-5Cr	750	970
Nimonic 80	Ni-19.5Cr-1.4Al-2.4Ti	520	610
Nimonic 115	Ni-14.3Cr-13.2Co-4.9Al-3.7Ti	820	1110
Udimet 520	Ni-19Cr-12Co-6Mo-1W-2Al-3Ti	530	740
IN 100	Ni-10Cr-15Co-3Mo-5.5Al-4.7Ti-1V	710	900

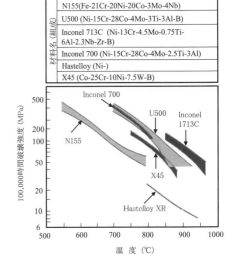

図 10.15 耐熱合金として開発されたニッケル合金のクリープ強さ (先端材料応用辞典，(1990)，通産資料調査会事典出版センター)

さ(第 5 章)が向上した耐熱合金となる．外国においても種々の耐熱ニッケル合金が開発され，表 10.9 に示すような材料名の合金がある．図 10.15 は主な耐熱ニッケル合金の温度とクリープ強さの関係を示す．

＊＊＊＊＊＊＊＊＊＊＊＊＊＊＊＊＊＊＊＊＊＊

10・4　チタンおよびチタン合金 (titanium and titanium alloy)

10・4・1　チタンの特性 (properties of titanium)

チタン(Ti)は比較的比重(4.50, 室温)が小さく，融点(1933K)が高い金属である．結晶構造は，低温で hcp 構造 (α 相)から，1155K で bcc 構造(β 相)に同素変態(allotropic transformation)する．また，熱伝導率(21.9W/m・K)および導電率($42.0 \times 10^{-6}\Omega$cm)が低く，化学的には非常に活性であり，表面に安定な TiO_2 が生成するので耐食性が良好である．機械的性質は，強度が高く，延性に富み，塑性加工により種々の形状の製品となる．

10・4・2　チタン合金の種類と特性 (kinds and properties of titanium alloy)

合金元素により，二元系合金状態図は 4 つの型に分類される．α 安定型は Al, Sn, O などが合金元素としてあり，β 安定共析型は Mn, Cr, Fe, Ni, Co, Pd, Cu, Si, W など多くの合金元素がある．β 固溶体型には Mo, V, Nb, Ta などがあり，Zr は全率固溶体型となる．実用合金では(α+β)共析型が多く，α 相は延性があり，β 相は強度が高くなる．JIS 規格では，TXYxxxH あるいは TXYxxxC で表示する(x は種類番号)．また，H は熱間加工の仕上げ品，C は冷間加工仕上げ品を示す．その他，図 10.4 に示したアルミニウム合金と同様に，X は製品形状を(たとえば，P は板，B は棒)のように表示する．Y は主要元素で，Al の場合は A の記号を用いて表す．

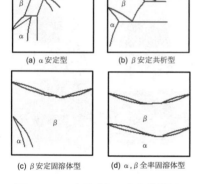

(a) α 安定型　　　(b) β 安定共析型

(c) β 安定固溶体型　(d) α, β 全率固溶体型

図 10.16 二元系チタン合金状態図の形式

表 10.10 主なチタン合金の化学成分と引張特性(JIS H4600)

種類	記号	化学成分 (mass%)									引張強さ	0.2%耐力	伸び
		Fe	O	Al	V	Pd	Co	Cr	Ni	Ti	MPa	MPa	%
1種	TP270H,-C	0.2>	0.15>	-	-	-	-	-	-	残	270-410	165<	27<
11種	TP270PdH,-C	0.2>	0.15>	-	-	0.12-0.25	-	-	-	残	270-410	065<	27<
14種	TP345NPRCH	0.3>	0.25>	-	-	0.01-0.02	-	0.1-0.2	0.35-0.55	残	345<	275-450	20<
19種	TP345PCoH,-C	0.3>	0.25>	-	-	0.04-0.08	0.2-0.8	-	-	残	345-515	275<	20<
60種	TAP6400H,-C	0.4>	0.25>	5.50-6.75	3.5-4.5	-	-	-	-	残	895<	825<	10<
61種	TAP3250H,-C	0.25>	0.15>	2.5-3.5	2.0-3.0	-	-	-	-	残	620<	485<	15<
80種	TAP8000H,-C	1.0>	0.25>	3.5-4.5	20.0-23.0	-	-	-	-	残	640-900	850>	10<

表 10.10 は主なチタン合金の主要成分と機械的性質を示す．合金元素の添加量はいずれも 10mass%以下で，比重はほとんど変わらず，強度や耐食性が改善された合金である．軽量で高強度を必要とする航空機部材では，アルミニウム合金に代わってチタン合金が使われる．特に，軍用機では，飛行条件が厳しいため，チタン合金が多用されている(表 10.11)．

【例題 10・3】＊＊＊＊＊＊＊＊＊＊＊＊＊＊＊＊＊＊＊＊＊＊

表 10.10 に示す各種チタン合金板の特徴と主な用途例を挙げなさい．

【解答】

　JIS H4600 では，次のような特徴と用途例が示されている.

第1種；耐食性，特に耐海水性がよい. 化学装置，石油精製装置，パルプ製紙工業装置など.

第11, 14, 19, 21 種；耐食性，特に耐すきま腐食性がよい. 1種と同じ.

第60種；高強度で耐食性がよい. 化学工業，機械工業，輸送機器などの構造材. 例えば，高圧反応槽，高圧輸送パイプ，レジャー用品，医療材料など.

第61種；中強度で耐食性，溶接性，成形性がよい. 冷間加工性に優れる. はく(箔)，医療材料，レジャー用品など.

第80種；高強度で耐食性に優れ，冷間加工性がよい. 自動車エンジン用リテーナ，ゴルフクラブのヘッドなど.

＊＊＊＊＊＊＊＊＊＊＊＊＊＊＊＊＊＊＊＊＊＊＊

10・5　マグネシウムおよびマグネシウム合金 (magnesium and magnesium alloy)

10・5・1　マグネシウムの特性 (properties of magnesium)

　マグネシウム(Mg)は，周期表の金属には入らないⅡAに属するが，軽金属元素として扱われる. そして，比重が 1.74 と金属元素の中で最も小さく，漢字では金へんに美「鎂」と書くように色彩が銀白色の美しい金属である. しかし，電気化学的に卑な金属であるため，表面はすぐに酸化し，灰黒色に変わる. 結晶構造は hcp であるから，すべり面は基面(00・1)に限られ，塑性変形は強い方向性をもち，冷間加工しにくい. したがって，機械的強度が高く，比強度は純アルミニウムより大きい. その他，熱伝導性はアルミニウムの1/2程度であるが，鉄の2倍ほどの熱伝導率である. 特異な性質として，高い振動吸収性(減衰能(damping capacity)ともいう)と電磁遮蔽性を有している. 一般に，重い金属ほど高減衰能とされているが，マグネシウムは軽量で，よく振動を吸収する材料である. また，電磁遮蔽性が高ければ，ノートパソコンや携帯電話に有効で，軽量・高強度であるから，携帯用電子機器には最適である. 表 11.12 はマグネシウムの主な物性値を示す. このようにマグネシウムは他の金属にない長所と短所を有するが，合金元素を加えて合金化することで，長所を損なうことなく，実用合金とすることができる.

10・5・2　鋳物用マグネシウム合金 (magnesium alloy for casting)

　マグネシウム合金鋳物の鋳造法はアルミニウム合金鋳物と同様な方法で行われるが，アルミニウムより溶解温度が低く，金型鋳造やダイカスト成形が容易である. 特に，半溶融・半凝固状態でも成形できるので，プラスチックの射出成形のようなチクソモールド(thixomolding)法(図 10.17)により，複雑形状で薄厚製品が効率的に生産できる.

　Mg-Al 系，Mg-Zn 系，Mg-Al-Zn 系があり，これに結晶粒の微細化や耐食性改善のために，微量の Si, Mn, Zr などが加えられている. さらに，高温強度を

表 10.11 航空機の部材に用いられているチタン合金

構造体	民間機	軍用機
翼		
骨格		Ti-6Al-4V
取付け部品		Ti-6Al-4V
外板		Ti-6Al-4V, Ti-8Mn, Ti-6Al-6V
スポイラーフラップ	Ti-6Al-4V	Ti-6Al-4V, IMI550
胴体		
骨格		Ti-6Al-4V, IMI230, Ti-6Al-6V-2Sn
取付け部品		Ti-6Al-4V
外板		Ti-6Al-6V-2Sn, Ti-8Mn
エンジンナセル	Ti-6Al-4V, IMI230	Ti-6Al-4V
パイロン	IMI680, Ti-6Al-4V	Ti-6Al-4V
脚部	Ti-6Al-4V	Ti-6Al-4V, Ti-6Al-6V-2Sn
油圧配管	Ti-3Al-2.5V	Ti-3Al-2.5V
ファスナー類	Ti-13V-11Cr--3Al, Ti-11.5Mo-6Zr-4.5S	Ti-11.5Mo-6Zr-4.5Sn, Ti-13V-11Cr-3Al

表 10.12 マグネシウムの物理的性質

比重	1.74
融点	923 K
沸点	1280 K
比熱	1.05 kJ/kg・K
固有電気抵抗	4.46×10^{-3} Ω-cm
電気抵抗の温度係数	1.784×10^{-5} Ω・cm/K
熱伝導率	167 W/m・K
線膨張係数	24×10^{-6} /K

向上するために希土類元素(rare earth)RE を添加した合金がある．JIS 規格で
は合金鋳物とダイカスト合金があり，それぞれ MCx (JIS H5203)と MDCx (JIS
H5303)のように記述されている(x は種別番号を示す)．表 10.13 は主な合金鋳
物の化学成分と引張特性およびそれらの特徴と用途例を示す．また，表 10.14
に主なマグネシウム合金ダイカストの化学成分とその特徴を示す．

表 10.13 主な鋳物用マグネシウム合金の引張特性と特徴・用途例　(JIS H5203)

種類	記号		調質	引張強さ	耐力	伸び	特徴	用途例
	JIS	ISO		MPa	MPa	%		
鋳物1種	MC1	—	F	180<	70<	4<	強度とじん性がある．鋳造性はややおとる．比較的単純形状の鋳物に適す．	一般用鋳物，テレビカメラ用部品，織機用部品など．
			T6	240<	110<	1<		
鋳物2種	MC2	—	F	160<	70<	—	じん性があって鋳造性もよく耐圧用鋳物としても適す．	一般用鋳物，クランクケース，トランスミッションケース，ギヤボックス，テレビカメラ用部品，工具用ジグ，電動工具など．
			T6	240<	110<	3<		
鋳物3種	MC3C	MgAl9Zn2	F	140<	75<	1<	強度はあるがじん性はやや劣る．鋳造性はよい．	一般用鋳物，エンジン用部品など．
			T6	235<	110<	1<		
鋳物6種	MC6	MgZn	T5	235<	140<	4<	強度とじん性が要求される場合に用いられる．	高力鋳物，レーサ用ホイールなど．
鋳物10種	MC10	MgZn4REZr	T5	200<	135<	2<	鋳造性，溶接性，耐圧性があり高温での強度低下が少ない．	耐圧鋳物用，耐熱用鋳物ハウジング，ギアボックスなど．
鋳物13種	MC13	—	T6	255<	175<	2<	現状のマグネシウム合金の中で，最も高温強度が高い．	レーシング用部品特に，シリンダーブロック，ヘッド・バルブカバーなど．
ISO1種	—	MgAl6Zn3	M	160<	75<	3<	MC1よりAl，Znの成分範囲を広くしている．	一般用鋳物
ISO3種	—	MgAl8Zn	M	140<	75<	1	MC2よりAl，Znの成分範囲を広くしている．	一般用鋳物
			TF	235<	95<	2<		
ISO4種	—	MgRE2Zn2Zr	TE	140<	95<	2<	MC2よりZnの成分範囲を広くしている．	耐熱用鋳物部品．

表 10.14 マグネシウム合金ダイカストの化学成分と特徴(JIS H5303)

種類	記号			化学成分　(mass%)						特徴
	JIS	ISO	ASTA相当	Al	Zn	Mn	Si	Cu	Mg	
1種B	MDC1B	—	AZ91B	8.3-9.7	0.35-1.0	0.13-0.5	0.5>	0.35>	残	耐食性はやや劣るが，機械的性質はよい
2種B	MDC2B	—	AM60B	5.5-6.5	0.22>	0.24-0.6	0.1>	0.01>	残	伸びとじん性に優れる。鋳造性はやや劣る
3種B	MDC3B	—	AS41B	3.5-5.0	0.12>	0.35-0.7	0.5-1.5	0.02>	残	高温強度がよい．鋳造性がやや劣る
4種	MDC4	—	AM50A	4.4-5.4	0.22>	0.26-0.6	0.1>	0.01>	残	伸びとじん性に優れる。鋳造性はやや劣る
ISO1種A	—	MgAl8Zn1	—	7.0-9.5	0.3-2.0	0.15>	0.5>	0.35>	残	種々の用途に適合させるため厳密に成分範囲を規定する必要がない
ISO2種	—	MgAl9Zn	—	8.3-10.3	0.2-1.0	0.15-0.6	0.3>	0.01>	残	1種AよりもAl，Znの成分範囲を幅広くしている
ISO3種	—	MgAl9Zn2	—	8.0-10.0	1.5-2.5	0.1-0.5	0.3>	0.01>	残	砂型及び金型用合金で国内ではダイカストには一般的に用いていない

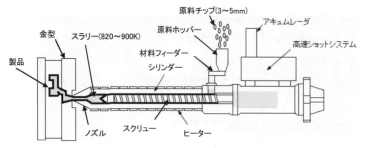

図 10.17 チクソモールディングマシンの概要図．チップ状の原料をポッパーから入れ，スクリュで送りながら加熱すると半溶融状態となる．チクソとは thixotropy の簡略で、固液混合状態を攪拌すると、粘性が低下することを意味する．

10・5・3 展伸用マグネシウム合金 (wrought magnesium alloy)

　純マグネシウムは加工が困難であるから，展伸用は Al や Zn などを加えた合金である．Mg-Al 系では 570K で 12mass%Al が，Mg-Zn 系では 8mass%Zn が Mg に固溶する．しかし，室温では固溶限が小さく，$Mg_{17}Al_{12}$ や MgZn 相

表 10.15　主な展伸用マグネシウム合金棒(JIS; H4203)の化学成分と外国規格

種類	記号		外国規格			化学成分 (mass%)				
	JIS	ISO	ASTM	BS	DIN	Al	Zn	Zr	Mn	Mg
1種	MB1	Mg-Al3Zn1Mn	AZ31B	MAG-E-111	MgAl3Zn1	2.5~3.5	0.5~1.5	—	0.2<	残
2種	MB2	Mg-6Zn1Mn	AZ61A	MAG-E-121	MgAl6Zn	5.5~7.2	0.5~1.5	—	0.15~0.4	残
3種	MB3	Mg-Al8Zn	AZ80A	—	MaAl8Zn	7.5~9.2	0.2~1.0	—	0.1~0.4	残
4種	MB4	Mg-Zn1Zr	—	MAG-E-141			0.75~1.5	0.4~0.8	—	残
5種	MB5	Mg-Zn3Zr	—	MAG-E-161			2.5~4.0	0.4~0.8	—	残
6種	MB6	Mg-Zn6Zr	ZK60A	MAG-E-143	MgZn6Zr		4.8~6.2	0.45~0.8	—	残

外国規格；ASTM(アメリカ)，　　BS(イギリス)，　　DIN(ドイツ)

の金属間化合物が形成し，延性が低下するので，添加量は 10mass%以下である．実用合金では Mg-Al 合金あるいは Mg-Zn 合金に Mn や Zr を少量添加するか，Mg-Al-Zn 系や Mg-Zn-Mn 系などの三元合金がある．表 11.15 に主な展伸用マグネシウム合金棒(JIS; H4203)の化学成分と，これらに相当する外国規格の合金記号を示す．Mn は耐食性に有害な元素である Fe を置換固溶するので耐食性を改善できる．Zr は結晶微細化元素で，加工性を改善するとともに，強度が著しく向上する．

　マグネシウム合金は塑性加工しにくい材料とされていたが，近年，合金の改良や加工法の工夫により，複雑形状の製品がつくられるようになり(図 10.18)，アルミニウム合金に代わる軽量・高強度材料となりつつある．

＊＊＊＊＊＊＊＊＊＊＊＊＊＊＊＊＊＊＊＊＊＊

10・6　低融点金属とそれらの合金 (low-temperature melting metals and those alloy)

　亜鉛(zinc) Zn, 融点 692K，鉛(lead) Pb, 600K，錫(tin) Sn, 505K，ビスマス(bismuth)Bi, 544K などの合金は比較的低い温度で溶融するためダイカスト用合金やはんだ用合金として用いられる．

(a) 亜鉛合金；ダイカスト用合金で，Zn-(3.5-4.3)mass%Al-(0.74-1.25)mass%Cu 合金(ZDC1)と Zn-(3.5-4.3)mass%Al 合金(ZDC2)がある(JIS H5031)．鋳造しやすい特性の他に，耐食性，めっき性に優れ，自動車用各部取付け金具や CP コネクターなど，小型部品に使用されている．Zn-Al 系では，Zn-22mass%Al 合金が共析組成で微細結晶粒組織となり，超塑性(super plasticity)(第 13 章参照)が発現する．

(b) 鉛合金；主に化学工業用として Pb-(7.5-10.5)mass%Sn 合金(JIS 記号;HPbC)の硬鉛鋳物(hard leaded castings)がある．Pb-Sn 合金は，はんだ(soft solder)として使用されていたが，重金属のため，人体に有害であり，鉛フリーはんだ(lead-free soft solder)として Sn-Bi 系合金が代用されている．その他，鉛合金は放射線遮蔽材料とし

図 10.18 マグネシウム合金で作られた軽量製品. (写真提供　新潟県県央地域地場産業振興センター)

表 10.16 極低融点合金

合金名	化学成分(mass%)				融点 (℃)
	Bi	Pb	Sn	Cd	
メッテロ合金	50	19	31	31	99.9
ニュートンメタル	50	31.2	18.8	18.8	94.5
ダルスメタル	50	25	25	25	93
クローズ合金	45	25	25	25	88
ローズメタル	50	28	22	22	19
ウッドメタル	50	25	12.5	12.5	71
リポウィックメタル	50	26.7	13.3	13.3	70

て重要な金属である.

(c) その他の極低溶融合金；373K(100℃)以下で溶融する合金があり(表10.16).
電導性を必要とする金属の接着材料などに使用される. 複雑形状の中空品の
曲げ加工は困難であるため, 極低溶融合金を空洞部に詰め, 中実形状にして
から曲げ変形し, 変形後, 溶融して取り出すような特殊な使用法もある.

===== 練習問題 =======================

【10・1】 What is the main difference between two Al-Si alloys use for a casting
and a forming ?

【10・2】Cu-Ni合金は全率固溶型合金である. 合金状態図と電気的性質の関
係を考察しなさい.

【10・3】 Show the distinctive features, limitations, and applications of the
following alloy groups: titanium alloy and nickel alloy.

【10・4】マグネシウムは耐食性が劣り, 製品化での問題点となっている. そ
の対策法を考えなさい.

【解答】

【10・1】鋳物用Al-Si合金(AC3A, AC4A)はSi量が約10mass%であり, 共晶
組成であるので溶融温度が低く, 鋳造に適する. 展伸用Al-Si合金(JIS規格
では6000系, Al-Si-Mg合金)では約1.0massSi%でほとんどアルミニウムに固
溶し, 時効硬化型合金となる.

【10・2】 Cu-Ni合金では, 純銅と純ニッケルの電気抵抗は小さく, Cu-50
mass%Ni合金で極大となり, 全率固溶型の合金における電気抵抗は組成に比
例する. (第4章, 図4.5と第7章, 図7.2を対比する).

【10・3】10・3「ニッケルおよびニッケル合金」および10・4「チタンおよ
びチタン合金」を参照.

【10・4】合金元素としてAl, Mn, Si, Sn, Na, Pbなどを極少量添加したマグネ
シウム合金とすると, 耐食性は著しく向上する. アルミニウムと同様に陽極
酸化処理も有効な方法である.

第10章の文献

(1) 椙山正孝, 非鉄金属材料, (1963), コロナ社.

(2) 浜住松二郎, 非鉄金属および合金, (1972), 内田老鶴圃社.

(3) 鋳造技術講座編集委員会編, 非鉄合金鋳物, (1969), 日刊工業新聞社.

(4) 機械工学便覧, デザイン編β2, 材料学・工業材料, (2006), 日本機械学会.

第１１章

高分子・セラミックス材料－その特性と応用－

Plastics and Ceramics

－Their Properties and Applications－

＊＊

　高分子(プラスチック)材料は，その製造法によって様々な分子構造となり，特性も異なってくる．したがって，製造法・製造条件等の技術開発により，無限に近いプラスチックの出現や改質の可能性を秘めている．一方，セラミックスは窯業の一種で，粘土（無機質固体）を焼き固めることで造形できる．プラスチックもセラミックスも金属材料にはない特性をもち，その特性を効果的に応用する部材として用いられている．本章では，これらについて学習する．

＊＊

11・1　高分子材料の種類と特性 (classifications and properties of plastics (polymer))

　高分子材料の代表材料であるプラスチックは構成分子の種類，組合わせ，配列，構造などによって多くの種類の材料ができる．この材料のなかで，線状と網状の高分子構造およびその材料特性から，熱可塑性プラスチックと熱硬化性プラスチックに大別できる．前者は溶融・固化過程を経て目的の形状に腑形(成形)する．これに対して後者は，成形時の加熱によって化学反応が生じ三次元的な網目構造を有して成形する(図 11.1).

11・1・1　熱可塑性プラスチック (thermoplastics)

　熱可塑性プラスチックは，加熱し軟化・流動した状態で造形し，冷却・固化して製品とする．したがって成形サイクルは熱硬化性のものより短時間であり，大量生産に適する．また，再加熱によって軟化・流動が可能なため，リサイクルをはじめ再加工が容易であることも大きな利点である．

　熱可塑性プラスチックの中で，力学的強度や耐熱性などから分類すると，汎用プラスチック，汎用エンジニアリングプラスチック，特殊エンジニアリングプラスチックに分けられる．表 11.1 に熱可塑性プラスチックの種類を示す．汎用プラスチックは，価格も比較的安価で，大量に生産され，耐食性，耐摩耗性，電気絶縁性などに優れ，機械構造用や各種工業用製品材料から一般の日用品用材料として広範囲に利用されている．汎用プラスチックに対して，力学的強度が大きく，耐熱性，耐薬品性などが優れたものとしてエンジニアリングプラスチック(engineering plastics)(通称エンプラともいう)あるいは特殊エンジニアリングプラスチックがある．

　一方，結晶構造の観点から結晶性プラスチック(crystalline plastics)と非晶性プラスチック(amorphous plastics)に分類され，分子量や分子量分布，充填

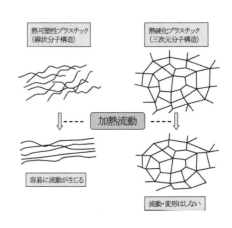

図 11.1 流動による分子構造モデルの一例

表11.1 熱可塑性プラスチックの種類と構造 （*結晶性，　**非結晶性）

汎用プラスチック

種類	記号	比重	構造
ポリエチレン*	PE	0.91-0.97	$-\!\!-\!(CH_2-CH_2)\!_{\overline{n}}$
ポリプロピレン*	PP	0.90-0.91	$-\!\!-\!(CH_2-CH)\!_{\overline{n}}$ ＜br＞ CH₃
ポリ塩化ビニル**	PVC	1.4	$-\!\!-\!(CH_2-CH)\!_{\overline{n}}$ ＜br＞ Cl
ポリスチレン**	PS	1.05	$-\!\!-\!(CH_2-CH)\!_{\overline{n}}$ （フェニル基）
ポリメタクリル酸メチル**	PMMA	1.19	CH₃ ＜br＞ $-\!\!-\!(CH_2-C)\!_{\overline{n}}$ ＜br＞ C-O-CH₃ ＜br＞ O
ポリエチレンテレフタレート*	PETP (PET)	1.4	$-\!\!-\!(O-(CH_2CH_2)-O-CO-\bigcirc-CO)\!_{\overline{n}}$

汎用エンジニアリングプラスチック

種類	記号	比重	構造
ポリアミド（ナイロン6）*	PA6	1.14	$-\!\!-\!(NH(CH_2)_5CO)\!_{\overline{n}}$
ポリアミド（ナイロン66）*	PA66	1.14	$-\!\!-\!(NH(CH_2)_6-NH-CO-(CH_2)_4CO)\!_{\overline{n}}$
ポリオキシメチレン（ポリアセタール）*	POM	1.14-1.42	$-\!\!-\!(CH_2-O)\!_{\overline{n}}$
ポリカーボネート**	PC	1.20	CH₃ ＜br＞ $\{O-\bigcirc-C-\bigcirc-O-C\}_n$ ＜br＞ CH₃　O
ポリブチレンテレフタレート*	PBTP (PBT)	1.31	$\{CO-\bigcirc-COO(CH_2)_4O\}_n$

特殊エンジニアリングプラスチック

種類	記号	比重	構造
ポリフェニレンスルフィド*	PPS	1.3-1.37	$(\bigcirc-S)_n$
ポリエーテルエーテルケトン*	PEEK	1.32	$(O-\bigcirc-O-\bigcirc-C-\bigcirc)_n$
ポリイミド**	PI	1.36	（イミド構造）
ポリテトラフルオロエチレン*	PTFE	2.13-2.22	F F ＜br＞ $(C-C)_n$ （四フッ化） ＜br＞ F F

材，補強材の種類・割合等によって，その物性や特性が大きく異なってくる．熱可塑性プラスチックには次のような種類があり，その主な特性と用途を挙げると，

(1) 汎用プラスチック(general purpose plastics)

(a) ポリエチレン(polyethylene, PE)は，結晶性プラスチックで比重が 0.91~0.925 の低密度ポリエチレン(PE-LD)，0.926~0.94 の中密度ポリエチレン(PE-MD), 0.941~0.96 の高密度ポリエチレン(PE-HD)に分類される. PE-LD は，結晶化度も低く(60％)，フイルムは透明で，強度は PE-HD より低い. また，衝撃に強く耐寒性，電気絶縁性に優れる. PE-HD は，半透明の結晶性(90％)プラスチックである. 剛性が高く，耐衝撃性，耐寒性，耐薬品性，電気絶縁性などに優れる. フイルムは水蒸気や空気を通さない. また，成形品の表面は比較的柔らかく, 125℃で溶け，燃焼時にはロウの臭いがする.

(b) ポリプロピレン(polypropylene, PP)は，比重が 0.90~0.91 の透明で結晶性(95％)プラスチックである. 常温での耐衝撃性は良いが，低温(-5℃以下)では弱い. 耐摩耗性，耐熱性，耐薬品性，電気絶縁性などに優れる. PE と同様，日光や熱(100℃)で徐々に劣化する.

(c) ポリ塩化ビニル(poly vinyl chloride, PVC)は，比重 1.45(硬質)で，透明な非結晶性プラスチックである. 硬質 PVC は強靭であるのに対し，可塑剤を加えることにより軟質化する. 硬質 PVC は分子量が小さく，熱安定性が低く，軟質 PVC は分子量の高いものを用いる. いずれも難燃性で誘電率が大きく，耐候性に優れる.

(2) 汎用エンジニアリングプラスチック (general purpose engineering plastics)

(a) ポリアミド(polyamide, PA)は，ナイロン(nylon)6，ナイロン 66，ナイロン 12 などがあり, 結晶性プラスチックである. それぞれの融点(T_m)は, 220, 255, 172℃近傍にある. 強靭なエンプラで耐衝撃性，電気特性，耐薬品性，低温特性に優れる. 表面硬度が大で，摩耗係数は小さく，自己潤滑性に優れる. また，若干の吸水性により多少の寸法変化が生じ，物性も変化する.

(b) ポリアセタール(polyoxymethylene, POM)は，比重 1.42 の結晶性プラスチックである. 機械的性質に優れ，ホモポリマーとコポリマーがある. 融点は，ホモポリマーが 170~185℃で，コポリマーは 160~170℃である. 耐疲労性，耐クリープ性，耐摩擦，耐摩耗性，耐薬品性などに優れている.

(c) ポリカーボネイト(polycarbonate, PC)は，比重 1.2~1.4 の非結晶性プラスチックである. 強靭で耐衝撃性が高い. ガラス転移温度(T_g)は, 145~150℃で，耐熱性が大きく，低温特性も良い. 電気特性，耐候性などに優れている. フイルムはガスバリヤー性に優れる.

(3) 特殊エンジニアリングプラスチック(super engineering plastics)

(a) ポリフェニレンサルファイド(polyphenylen sulphide, PPS)は，比重 1.6~1.96, ガラス転移温度は 90℃，融点が 290℃の結晶性の特殊エンプラである. 通常，ガラス繊維などのフィラーを複合させたものに多用され，熱変形温度が 260℃以上ときわめて高い. 耐熱性，耐薬品性，難燃性，耐摩耗性などに優れる.

(b) ポリイミド(polyimide, PI)は，比重 1.4~1.5 の非結晶性プラスチックである. 熱変形温度が 300℃以上で超耐熱性の特殊エンプラである. 低温から高

温まで特性変化は少なく，さらに 250℃の連続使用が可能で，耐衝撃性，耐摩耗性，耐薬品性に優れる.

(c) フッ素樹脂(polytetra fluoroethylene, PTFE)は，ポリ四フッ化エチレン(PTFE)を代表とする，比重 1.76(ETFE, PVDF)~2.15(PTFE)のフッ素系の結晶性プラスチックである．耐熱性，耐薬品性，電気特性に優れる．不燃性で耐候性もよく，摩擦係数も小さい.

11・1・2　熱硬化性プラスチック (thermosetting plastics)

熱硬化性とは，熱や触媒によって硬化する性質をいい，可溶・可融性の比較的低分子量の物質が化学反応で三次元網目構造をつくり，不溶・不融性の物質に変化したものを熱硬化性プラスチックという．代表的なものに，ユリア (urea-forma ldehyde, UF)，メラミン (melamine- forma ldehyde, MF)，エポキシ (epoxy, epoxide, EP)などがある．硬化前の低分子量物質は流動性があり，この間に混練，成形して化学反応で硬化・固形化する．その後の二次加工はできない．表 11.2 のように，熱硬化性プラスチックは硬化反応の違いから，重縮合と重付加の 2 通りの製造過程がある．重縮合は，2 種類以上の化合物が反応して巨大高分子に成長するもので，分子の中から水が遊離して反応する．

表 11.2　熱硬化性プラスチックの種類

硬化反応	種類	記号	備考
重縮合 (縮重合)	フェノール樹脂	PF	レゾール樹脂とノボラック樹脂の2種類．レゾール樹脂はメチロール基(−CH₂OH)をもつ．ノボラック樹脂は−CH₂−でベンゼン環結合する.
	ユリア樹脂	UF	尿素とホルマリンの付加，縮合反応によるプリポリマー
	メラミン樹脂	MF	メラミンとホルマリンの重縮合プリポリマー
	シリコン樹脂	SI	$-Si-O-Si-O-$
重付加 (付加重合)	エポキシ樹脂	EP	エポキシ基 $-CH-CH-$ の開環による三次元化
	不飽和ポリエステル	UP	常温硬化性,
	ポリウレタン樹脂	PUR	ウレタン結合 $-O-C-N<$ をもつ

縮合重合(condensation polymerization)ともいう．代表的な材料にフェノール樹脂(phenol-formaldehyde, PF)，メラミン樹脂(melamine- formaldehyde, MF)，ユリア樹脂(urea- forma ldehyde, UF)などがある．重付加は，2 種類以上の低分子化合物が反応して高分子になる際，結合が切れて放出された原子が，成長した高分子に再び結合し反応を繰り返すもので，この場合，水は発生しない．エポキシ樹脂(epoxide, EP)，不飽和ポリエステル(unsaturated polyester, UP)，ポリウレタン樹脂(polyurethane, PUR)などが代表的である.

11・1・3　加工法と製品例 (working methods and products)

日用品から先端工業製品まで幅広く利用されているプラスチックは，用いる成形材料や加工法および用途などにより，次のように分けられる(表11.3 参照)．たとえば，食器類・プリント基板には，熱硬化性プラスチックが多用され，熱変形温度が高く，寸法安定性に優れている．電機機器・精密部品・日用雑貨等には，熱可塑性プラスチックが採用され，主に射出成形(成形材料を加熱・溶融し，金型内へ注入した後，冷却・固化して製品と

する)(第 8 章)により製造される. パイプ・繊維・電線等の長尺物は押出し成形(成形材料をバレル内のスクリュの回転によって溶融と混練を与え, 目的形状のダイから連続的に押出して製品とする), ボトル・タンク類はブロー成形(blow molding)(金型内で圧縮空気を吹き込むことにより目的形状の中空製品を製造する), カップ・トレイ等の薄物製品は真空・圧空成形で製造される. フイルム・繊維類は延伸成形, 断熱材・緩衝材は発泡成形が採用される.

表 11.3 プラスチック製品の応用分野とその事例

応用分野	応用事例	適用材料
		主な成形法
機械部品 構造部品	歯車, カム, ピストン, ローラ, バルブ, 羽根(ポンプ, ファン), ロータ, 洗濯機の羽根, 各種シール	熱硬化性(フェノール樹脂), 熱可塑性(汎用プラ・特殊エンプラ)
		射出成形, 押出成形
機械構造部品 装飾部分	ノブ, ハンドル, バッテリケース, 配線用クランプ, 装飾品, カメラボディ, 管継手, 眼鏡フレーム, 自動車ハンドル, 工具類の取っ手	熱硬化性(フェノール樹脂), 熱可塑性(汎用プラ)
		射出成形
小型ハウジング 小形中空体	電話機・ケース, フラッシュライト・ケース, スポーツ用ヘルメット, ヘッドライト枠, 事務機ハウジング, 電動工具ハウジング, ポンプハウジング	熱硬化性(フェノール樹脂), 熱可塑性(汎用プラ・特殊エンプラ)
		射出成形
大型ハウジング 大形中空体	ボート船体, オートバイ座席, コンバイン類座席, 大形器具ハウジング, 通信機ハウジング, 圧力容器, タンク, 浴槽, 導管, 冷蔵庫内箱	熱可塑性(汎用プラ・特殊エンプラ), FRP, FRTP
		射出成形, 押出成形, ブロー成形, 発泡成形, ハンドレイアップ成形, スタンピング加工
光学部品 透明部品	安全眼鏡, 眼鏡レンズ, オプチカルファイバ, テールライトレンズ, 安全カバー, 冷蔵庫棚, メータ類カバー, 透明標識, 調理器具	熱可塑性(特殊エンプラ)
		射出成形, 押出成形, 熱成形
耐摩耗部品	歯車類, ブッシュ, 軸受, スベリ面用板, 各種すべり路, ロールカバー, 産業機械用車輪, ローラースケート車輪	熱硬化性(フェノール樹脂, ポリウレタン), 熱可塑性(特殊エンプラ)
		射出圧縮成形, 押出成形

【例題 11・1】 ＊＊＊＊＊＊＊＊＊＊＊＊＊＊＊＊＊＊＊＊＊＊＊＊

プラスチック成形加工法を 2 つ例示し, その概要と特徴を述べなさい.

【解答】

たとえば, 射出成形では, 成形材料をシリンダ内で加熱・溶融させた後, 金型キャビテイ内へ高圧で射出注入し, 冷却・固化して製品とする. 大量生産向きである. この成形技術を応用して射出圧縮成形, ガスアシスト成形, 二

色二材成形，サンドウイッチ成形およびこれらの複合成形技術などがある．ブロー成形では，金型内に圧縮空気を吹き込むことにより，目的の形状の容器や中空製品(ボトルなど)を製造する方法で，中空成形とも呼ばれる．PETボトル(正しくはプラスチックボトル．PET は樹脂の名称)で代表されるように，化粧品容器，医薬品，家庭用品，油脂食品，調味料，酒類等の容器は，すべてこの手法で製造される．

＊＊＊＊＊＊＊＊＊＊＊＊＊＊＊＊＊＊＊＊＊＊＊

11・1・4　各種プラスチックの強度特性 (mechanical property of plastics)

　プラスチック材料の性質は，おおむね引張強さ，伸び，耐熱性，耐衝撃性で決まる．一般に引張強さの大きいものは耐熱性(熱変形温度)も高く，また，衝撃強さの大きいものは伸びも大きい．図 11.2 に，各種プラスチック材料の引張強さ(a)と引張弾性率(b)を示す．ただし，図中に表示した値は一般的なもので，プラスチックの強度や弾性率は分子量，結晶化度，分子配向度などによる構造の変化によって左右される．また，図 11.3 に示す引張強さと比重の比で表示する比引張強さ(specific tensile strength)で比べると，繊維強化熱可塑性プラスチック(FRTP)は構造用鋼や黄銅と同程度であり，繊維強化熱硬化性プラスチック(FRP, FRTS)はクロムモリブデン合金鋼などに匹敵する．

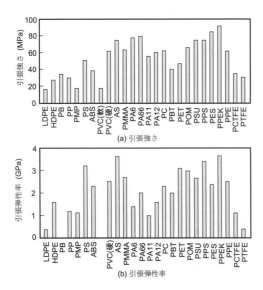

図 11.2　各種プラスチック材料の引張強さと引張弾性率

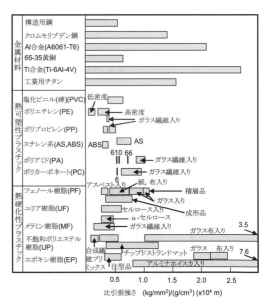

図 11.3　各種プラスチック材料の比引張強さ

　プラスチック材料の弱点である耐熱性については，非鉄金属材料と比べてもそれほど大きくないが，温度によって引張強さや耐衝撃性をはじめ電気抵抗，硬さ，曲げ強さなどにも大きく影響を及ぼす．また熱膨張は金属材料より大きく，熱伝導は極めて小さい．

【例題 11・2】　＊＊＊＊＊＊＊＊＊＊＊＊＊＊＊＊＊＊＊＊＊＊
　結晶性プラスチックの成形に伴う状態変化(V-T)について簡単に説明しな

さい.

【解答】

　室温から漸次温度を上げていくと，容積増加(結晶融解膨張)に伴って結晶構造が崩壊する．さらに温度が上昇すると溶融状態となり結晶構造が消滅し，非結晶状態となる．つぎに冷却が始まると容積減少(結晶収縮)が生じ，結晶化が進行する．このとき相転移を伴うため冷却速度の大小で融点(T_m)やガラス転移温度(T_g)に若干差が生じる．

【例題 11・3】　＊＊＊＊＊＊＊＊＊＊＊＊＊＊＊＊＊＊＊＊＊＊
　プラスチック加工と金属加工の類似点と相違点を簡単に述べなさい．

【解答】

　いずれの材料も、加熱・溶融して金型等に注入するか鋳込んで賦形する点は類似している．しかし，加工温度や成形性で大きく異なる．たとえば，加工(成形)温度の面では，プラスチックは 120~250℃で溶融するのに対し，金属は 650~1300℃で溶融する．また，加工(成形)性の面では，低い温度で成形できるプラスチック材料の方が容易で大量生産向きである．これに対し，金属材料は高温域の温度制御等が難しく，また冷却・固化の際の熱収縮や形状保持等の点で難しいことが多い．

　　　　＊＊＊＊＊＊＊＊＊＊＊＊＊＊＊＊＊＊＊＊＊＊＊

11・2　無機材料の種類と特性 (classifications and properties of inorganic material (ceramics))

　セラミックス(無機材料)の語源はギリシャ語で粘土を表す Keramos で，当初は粘土などの天然素材を火で焼き固めた陶磁器，レンガ，タイルなどが中心であったが，その後ガラス，セメント，耐火物，さらには人工的に精製された原料を用いて作られたファインセラミックス(fine ceramics)もセラミックスと呼ばれるようになった．ファインセラミックスには，高温強度・硬度・耐摩耗性に優れる機械構造材料，種々の電磁気的機能を有する電気・電子材料，優れた光学特性を示す光学材料，原子炉材料，炭素材料，複合材料，生体材料，環境材料，合成単結晶などがある．ファインセラミックスは，産業の高度化・機能化になくてはならない材料として急速に発展しつつある．

11・2・1　セラミックスの結合様式と特性 (atomic bonding of ceramics and its properties)

　高強度耐熱材料として注目されている

表 11.4 高強度・耐熱セラミックスの種類

元素	酸化物	炭化物	窒化物	ホウ化物	ケイ化物
Be, Mg, Ca	BeO, MgO				
Y, La	Y_2O_3, La_2O_3	LaC		LaB_6	$LaSi_2$
Ti, Zr, Hf	TiO_2, ZrO_2, HfO_2	TiC, ZrC, Ti_3SiC	TiN, ZrN	TiB_2, ZrB_2	
V, Nb, Ta		VC, TaC, NbC	TaN, VN, NbN		
Cr, Mo, W	Cr_2O_3	Cr_3C_2, Mo_2C, WC	CrN		$CrSi_2$, $MoSi_2$, WSi_2
B, Al	Al_2O_3	B_4C	AlN, BN	(BN, B_4C)	
Si	SiO_2	SiC	Si_3N_4		
その他	Eu_2O_3, UO_3, ThO_3, Gd_2O_3	C	Si-Al-O-N	EuB_5C	$EuSi_2$

各種セラミックスを表11.4に示す．これらは酸化物，炭化物，窒化物，ホウ化物，ケイ化物系に大別される．セラミックスの融点はおおよそ，炭化物，窒化物，ホウ化物，酸化物，ケイ化物の順に高くなって，鉄や銅などの一般の金属に比べてはるかに高温まで溶融しない．セラミックスの原子結合はイオン結合と共有結合が主であり(第2章)，これらは金属結合や分子結合に比べるとはるかに強固であるため，融点・弾性率・硬度が高く，化学的に安定である．しかし，その結合が強い方向性を示すため，一般にセラミックスの結晶構造は複雑で平均原子間距離が大きく，密度，熱膨張係数，表面エネルギーが小さい．そのため金属と比べると転位の移動や増殖が起こりにくく，表面や内部に存在する欠陥まわりの応力集中が緩和されず，ぜい性破壊しやすい．これがセラミックスのもろさと強度の信頼性を低くしている原因となっている．

【例題11・4】　＊＊＊＊＊＊＊＊＊＊＊＊＊＊＊＊＊＊＊＊

　The corundum crystal structure, found for alumina (Al_2O_3), consists of an *hcp* arrangement of O^{2-} ions; the Al^{3+} ions occupy octahedral positions. What fractions of the available positions are filled with Al^{3+} ions?

【解答】コランダム構造とは M_2X_3 型で，配位数比は 6:4 である(第2章，表2.4参照)．したがって，最密六方晶(hcp)形で，Al イオンと O イオンは図11.4に示すような配置となる．

＊＊＊＊＊＊＊＊＊＊＊＊＊＊＊＊＊＊＊＊＊＊＊＊

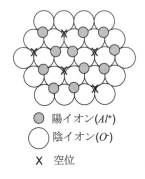

●　陽イオン(Al^+)
○　陰イオン(O^-)
✕　空位

図 11.4 酸化アルミニウム(アルミナ)の結晶構造

表 11.5 セラミックスの製造法

生成経由	製造法	形状
(1)析出経由	化学法	バルク状 膜状 繊維状
	溶融法	
	液相反応法	
	熱分解法	
(2)拡散経由	焼結法	
	固相反応法	
(3)粉体経由	粉末成形法	バルク状 板状
(4)重合反応経由	前躯体法	バルク状 膜状 繊維状
	ゾル－ゲル法	

11・2・2 セラミックスの製造法による特性変化 (production methods of ceramics and their influence on properties)

　セラミックスの製造は生成経由により，

(a)出発状態が気相，液相，固相にかかわらず，いずれの系においても核生成，成長過程で析出(第6章)する方法，

(b)固相を含む系において物質移動，すなわち拡散(第5章)によって生成する方法，

(c)粉体を配合，成形する過程で生成する方法，

(d)無機重合反応により生成する方法に大別される．

　セラミックスの生成過程で得られる形状は，表11.5に示すように，製造法によって異なるが，工業製品としてのセラミックスはバルク状であり，その大部分が粉体経由で製造される．粉体経由プロセスとは，

　粉体合成→混合→成形→乾燥／脱脂→焼結→機械加工・接合→製品

の工程で製品が製造される粉末冶金法(第8章)と同様である．

　セラミックス製品の特性は，上記の各工程の良否により大きな影響を受ける．焼結(sintering)は，融点以下の高温に保持することにより，構成粒子同士が原子の拡散によって合体・成長し(第5章)，気孔を排除しながら緻密化が進行するプロセスである．通常，結晶粒の異常成長を抑制しながら焼結を促進させる目的で各種焼結助剤が使用される．焼結助剤の種類によって物性が大きく変化するので，使用目的に応じて最適な助剤系を選択する必要がある．

焼結品は多くの場合，機械加工(研削，研磨など)が必要であるが，加工コストが非常に高いため，機械加工を最小限に抑えるよう工夫し，焼結前の成形体状態で加工することが行われる．なお，研削などの機械加工によりき裂が発生し，強度が著しく低下することがあるので注意が必要である．

11・2・3 機械構造用セラミックス (engineering ceramics for machine structural use)

機械構造用セラミックスには，酸化物系セラミックス(oxide ceramics)と非酸化物系セラミックス(non-oxide ceramics)がある．酸化物系セラミックスはイオン結合性が高く，通常 60%~70% である．構造材料として最も多量に使用されているのはアルミナ(alumina, Al$_2$O$_3$)で，その製品例を図 11.5 に示す．その他，強靭な部分安定化ジルコニア(zirconia, ZrO$_2$)，耐熱衝撃性に優れるムライト(mullite, 3Al$_2$O$_3$・2SiO$_2$)，耐火物の主要原料として使用されているマグネシア(magnesia, MgO)やクロミア(chromia, Cr$_2$O$_3$)がある．酸化物系セラミックスは高温の酸化雰囲気中で安定して使用でき，一般に安価である．

非酸化物系セラミックスは共有結合性が高く，酸化物系に比べて拡散係数が小さいため，反応焼結，ホットプレス法，熱間静水圧プレス法(hot hydrostatic press, HIP)などにより焼結される．非酸化物系セラミックスには，炭化物系，窒化物系，ホウ化物系，ケイ化物系などがあり，以下のようなセラミックスが機械構造用として用いられている．

(1) 炭化物系セラミックス(carbide ceramics)

炭化ケイ素(silicon carbide, SiC)は高温強度・硬度が高く，化学安定性・耐酸化性・耐摩耗性に優れるため，高温構造材料のみならず各種摺動材料，LSI 製造用材料としても期待が高い．しかし，破壊じん性(第 3 章)が 4MPa・m$^{1/2}$ 程度と低いため，使用が制限される．また，強度のばらつきを表すワイブル係数(Weibull factor)，(形状母数(shape factor)ともいう)も低いことが多いので，機械設計にはワイブル統計論による信頼性設計が不可欠である．SiC の特性は焼結助剤よって大きく異なる．最も優れているのは，B と C を 1mass%程度混合することで焼結温度は 2000~2100℃である．

その他の炭化物セラミックスで重要なものに，主として工具鋼の表面コーティング用に使用される炭化チタン(titanium carbide, TiC)がある．超硬工具として知られている炭化タングステン(tungsten carbide, WC)は Co を結合剤として，焼結されてつくられている．

(2) 窒化物系セラミックス(nitride ceramics)

窒化ケイ素(silicon nitride, Si$_3$N$_4$)は高温強度，破壊靱性，耐熱衝撃性，強度信頼性に優れているため，非酸化物系構造用セラミックス中で最も多用されている．SiC と同様に，その特性は焼結助剤の種類によって大きく影響される．Yb 等の希土類元素を添加した Si$_3$N$_4$ では，1500℃という高温でも高い強度を有する．ベアリング，自動車エンジン部品，セラミックガスタービン材料，金属線延伸用ダイス，製鉄用各種支持ローラなどに使用されている．

その他の重要な窒化物セラミックスには，耐摩耗性コーティング材として用いられている窒化チタン(titanium nitride, TiN)があり，金色の光沢をもっている．熱伝導率が高く，LSI 等の基板材料として使用量が急増している窒化

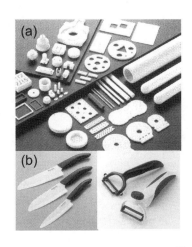

図 11.5 (a) アルミナセラミックス製品 (b) セラミックス刃物，さびない，摩耗しない，酸やアルカリに強いなどの特徴を有している．(写真提供 京セラ㈱)

ワイブル分布とは

材料特性のバラツキを示す分布関数で，脆性材料の強さなどのバラツキ度を表すのに用いられる．

確率密度関数 $f(x)$ は

$$f(x) = \frac{\alpha}{\beta}(\frac{x-\gamma}{\beta})^{\alpha-1} \exp\{-\frac{(x-\gamma)^2}{\beta}\}$$

累積分布関数 $F(x)$ は

$$F(x) = 1 - \exp\{-(\frac{x-\gamma}{\beta})^\alpha\}$$

で表す．ここで，α は形のパラメータ，β は尺度，γ を位置のパラメータと呼ぶが，簡単なために，$\gamma = 0$ とする場合が多い．

アルミニウム(aluminum nitride, AlN)などがある.

(3) ホウ化物系セラミックス(boride ceramics)

ホウ化チタン(titanium boride, TiB$_2$)は熱的・化学的に安定で強さ(1MPa 程度)と硬さ(2500HV 程度)とも SiC に近い材料であるが, 破壊じん性が 3~4MPa・m$^{1/2}$ と非常に低いことが欠点である. しかし, 電気伝導性があり, 放電加工が可能である. ホウ化炭素(carbon boride, B$_4$C)はダイヤモンド, 立方晶 BN(c-BN)に次いで硬さが高く, 研磨剤や切削工具などに用いられ, 半導体的性質をもっている. 窒化ホウ素(boron nitride, BN)は, 黒鉛に似た層状構造の h-BN, ウルツ鉱型の w-BN, 立方晶系の c-BN がある. h-BN は常圧における安定相で, 潤滑性に富んでいる. 自由電子を持たないため, 高温でも高い絶縁性を示し, 高温用固体潤滑剤, 離型剤, 高周波絶縁剤として用いられる. 空気中では 1000℃付近から酸化して B$_2$O$_3$ となる. c-BN は超高圧法(温度1200℃~2000℃, 圧力 50~100kbar)によって合成される材料で, ダイヤモンドに次ぐ硬さと高い熱伝導率をもち, 空気中では 1300℃まで安定である. ダイヤモンドが Fe, Ni, Co と約 1000℃で反応するのに対し, c-BN は安定なので, 合金鋼の高速切削工具・研削工具に使用されている.

(4) ケイ化物系セラミックス(silicide ceramics)

ケイ化モリブデン(molybdenum silicide, MoSi$_2$)は,酸化雰囲気中で 1900℃まで使用できるヒーター材料として, 大量に使用されている. その特性を生かして, 酸化雰囲気中で長期に使用できる高温構造材料としての開発が進んでいる.

11・2・4　炭素材料 (carbon material)

ダイヤモンドは炭素系セラミックス(carbon-system ceramics)の一種であり, あらゆる物質中, 共有結合性と硬度が最も高く, 電気絶縁体であり, 耐摩耗性に優れ, 屈折率および熱伝導率が最も高い. 機械材料としては, 主として研削工具, 切削工具, 研磨剤として使用されている. 気相法により合成されたダイヤモンド薄膜は, 電子材料, 耐摩耗性コーティング材として使用されつつある.ダイヤモンド類似炭素(diamond like carbon, DLC)系薄膜も高い硬度と耐摩耗性, 耐薬品性を示す.

黒鉛(graphite)は電気良導体であり, 層面間の結合が弱いため, 良好な固体潤滑材となる. 耐熱性に優れ,溶融金属やガラスにぬれ難い. これらの優れた性質を有するため, 黒鉛は電気精錬用電極, 高温炉用電極, モーターのブラシ, 摺動材, パッキン, ガスケット, 耐火物, るつぼ, 原子炉用減速材・反射材などに使用されている. また, 炭素繊維(carbon fiber)は, 2~3GPa という高強度を示し, 強化繊維としてプラスチックやセラミックス複合材料に大量に使用されている. 黒鉛はある種の元素, 化合物, イオンなどが層間に容易に侵入し, いわゆる層間化合物(intercalation compound)を作るため, 燃料電池の負極材料として期待されている. カーボンナノチューブ(carbon nano-tube)は, 図 11.6 に示すように炭素が金網状に結合した構造をもつ繊維であり, 鋼鉄の数 10 倍の強さをもち, いくら曲げても折れないほどしなやかで, 薬品や高熱にも耐え, 電気や熱をよく伝える新素材である. また, 高い電子放射機

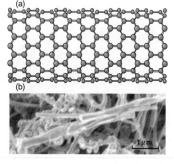

図 11.6 (a)カーボンナノチューブの構造と(b)SEM 像

能が注目され，新規ディスプレー候補材料として実用化競争が行われている．

11・2・5　バイオセラミックス材料 (bio-ceramics material)

セラミックスは優れた力学的，化学的特性を有しているが，生体用材料として用いるには，生体との適合や，絶対に害とならない生体親和性 (bio-affinity) が求められる．水酸化アパタイト (hydroxyl apatite) は $Ca_{10}(PO_4)_5(OH)_2$ の構成成分から成るセラミックスで，生体組織との適合性が優れ，人工歯根や骨の欠損部への補填材料として用いられている(図 11.7)．一方，人工骨のように，生体の代替材とするには，長期間の強度と機能を持続するために，金属材料が補強材として用いられる．さらに，バイオセラミックスには本来の生体組織が回復するような物質で，構造も回復を助けるようなセラミックスが求められている．

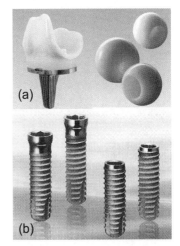

図 11.7 バイオセラミックス製品　(a) 人工関節，(b) 人工歯根
（写真提供　京セラ㈱）

11・2・6　セラミックスの機械的・熱的性質(mechanical and thermal properties of ceramics)

表 11.6 に各種多結晶セラミックスの弾性率(ヤング率とポアソン比)を示す．大部分のセラミックスのヤング率は金属のそれと比較して数倍高い値となっている．セラミックスは複雑な結晶構造をもつため，すべり系が制限されており，すべり開始温度も金属に比べて著しく高い．常温ですべることが可能であるのはマグネシア(MgO)のみで，大多数は1000℃から2000℃の高温においてのみすべることができる．他方，結晶粒径を nm のオーダーまで微細化すると，ZrO_2，Si_3N_4，SiC などのセラミックスにおいても金属と同様に超塑性(第 5 章)を示すことがあり，加工，鍛造，圧接などへの応用が始まっている．

セラミックスの熱伝導率はダイヤモンドの900~2300W/mKから耐火煉瓦の1W/mK や石膏の 0.13W/mK まで，約 4 桁の幅がある．他方，平均線膨張係数は熱伝導率より差が小さく，MgO の 15×10^{-6}/K からコージエライトの 1.7×10^{-6}/K まで約 1 桁の差しかない．

セラミックスは，エレクトロニクス技術とエネルギー技術の分野において果たしてきた役割は極めて大きく，今後もますます発展することは間違いない．また医療や種々の地球環境問題を解決するための材料として，セラミックスに大きな期待が寄せられている．

＊＊＊＊＊＊＊＊＊＊＊＊＊＊＊＊＊＊＊＊＊

表 11.6 各種セラミックスの弾性

セラミックス材料	ヤング率 E(GPa)	ポアソン比
ダイヤモンド	~965	—
炭素繊維	250-750	—
WC	534	0.22
SiC	420	—
Al_2O_3	390	0.23
AlN	310~350	—
BeO	320	—
Si_3N_4	320	0.25
B_4C	300	—
TiO_2	290	—
MgO	250	—
$MgO \cdot Al_2O_3$	250	—
ZrO_2(PSZ)	210	0.31
$3Al_2O_3 \cdot 2SiO_2$	100	—
hBN	84	—
石英ガラス	73	0.17
パイレックスガラス	72	0.27
磁器	70	—

====【練習問題】========================

【11・1】熱可塑性および熱硬化性プラスチックの種類，構造，特性の相違点を簡潔に述べなさい．

【11・2】Write and describe two more examples of material reinforcing methods in forming process of FRP (Fiber Reinforced Plastics).

【11・3】プラスチック材料のリサイクル技術を 2 つ挙げ，その目的と手法について簡潔に述べなさい．

【11・4】次の用語を簡潔に説明しなさい.
(1)熱可塑性プラスチック　(2)ガラス転位温度　(3)スプリングバック　(4)比強度.

【11・5】絶縁材料となるセラミックスにはどのような種類があるか，また，どのようなところに利用されているか調べなさい.

【解答】

【11・1】　熱可塑性プラスチックは，種類；PE，PP，PA，POM，PC，PETなど，構造；構造の違いで結晶性と非結晶性プラスチックがある．特性；分子量や充填材，補強材の種類・割合で特性が変わる．また汎用プラに対し，力学的，耐熱性，耐摩耗性などに優れたエンプラがある．熱硬化性プラスチックでは，種類；PF，UF，MF，EP，PUR など，構造；重縮合(縮重合)と重付加(付加重合)に分けられ，化学反応で三次元網目構造となる．特性；混練，成形し化学反応で硬化・固形化したものは，不溶・不融性の物質に変化する.

【11・2】・強さや変形は，繊維の容積含量に比例する(複合則)．(1)繊維のアスペクト比（長さ/直径）が大きいもの．(2)繊維の種類によって強度が左右される．(カーボン，ガラスなど)・マトリックスを選ぶ.

【11・3】(1)マテリアルリサイクル：材料，製品として再使用，(2)ケミカルリサイクル：熱分解，化学分解による原料(油化)などの再使用，(3)サーマルリサイクル：熱エネルギーとして再使用．還元剤など.

【11・4】(1) 熱可塑性プラスチック：　加熱し軟化・流動した状態で賦形し，冷却・固化して製品とする．成形サイクルは短く，大量生産に適する。再加熱が可能で，リサイクルが容易である．(2) プラスチックを溶融状態から冷却するときゴム状態を経て，ある温度に達すると分子運動が凍結されガラス状態になる．この現象をいう．(3) たとえば，曲げ加工で，材料を曲げたあとに弾性回復により曲げ角度が少し戻ること．(4) 材料の強さと比重との比.

【11・5】種類は付表S・8「絶縁材料の電気的特性」参照，応用例として，IC基板・パッケージ，送電用碍子，点火プラグなど.

第11章の文献

(1) 松岡信一：図解 プラスチック成形加工，(2002)，コロナ社
(2) 水田進，河本邦仁，セラミックス材料，(1986)，東京大学出版会.
(3) 日本セラミックス協会編，セラミックス先端材料，(1991)，オーム社.
(4) 西田俊彦，安田榮一編，セラミックスの力学特性評価，(1989)，日刊工業新聞社.

第１２章

複合材料と機能性材料　－その特性と応用－

Composite Materials and Functional Materials

－Their Properties and Applications－

＊＊＊＊＊＊＊＊＊＊＊＊＊＊＊＊＊＊＊＊＊＊＊＊＊＊＊＊＊＊＊＊＊＊＊

複合材料や機能性材料は，第 9,10,11 章で学んだ通常の機械材料ではもち得ない特性を，人為的に作り出した新しい材料である．したがって，これらの材料の基礎的知識を習得すれば，機械材料の応用分野は一層拡大し，有効な利用法となる．ただし，材料開発は日進月歩で行われているため，今後，新しい複合材料・機能性材料が生まれることは当然であろう．本章では，現在，実用材料として広く応用されるようになった複合材料・機能性材料について学習する．

＊＊＊＊＊＊＊＊＊＊＊＊＊＊＊＊＊＊＊＊＊＊＊＊＊＊＊＊＊＊＊＊＊＊＊

12・1　複合材料とは　(what is a composite material ?)

複合材料とは性質の異なる 2 種類の材料を組み合わせて単一材料には無い特徴を有する材料である．複合材料は化学的に結合された界面(interface)を有する材料のことであって，金属材料における合金やプラスチックにおけるポリマーアロイとは異なる．複合材料は強化材(reinforcement)とそれを接着させる母材(matrix)で構成されており，力学的特性は強化材の性質，機能性は母材の性質がそれぞれ出るように工夫されている．複合材料の歴史は，構成基材である強化材と母材それぞれの開発の歴史であると同時に，界面処理の技術開発の歴史でもある．

軽くて強い材料であることが複合材料の特徴であって，

機械構造材料の中で比強度(specific strength) ・比剛性(specific stiffness)が大きい(図 12.1)．また，複合材料は異方性材料(anisotropic materials)であることも特筆すべき特徴として挙げられる．このことは剛性ならびに強度に方向性があり，特定の方向に力学特性が異なることを意味している．このことから，複合材料は金属材料や高分子材料などの等方性材料(isotropic materials)とは違った用途が期待でき，積極的に異方性を活用した構造部材あるいは構造物の設計(たとえば，特定の方向に強くすることなど)が可能となる材料である．

さて，複合材料を体系化すると，強化形態による分類と母材となる材料による分類が一般的である．強化形態は複合材料にとって力学的な特徴を決定づける最大の要因であって，強化材の形状を反映しているといえる．

強化形態は，(1)粒子分散複合材料(particle dispersion composite)，(2)繊維強化複合材料(fiber reinforced composite)，(3)積層複合材料(laminar composite)に

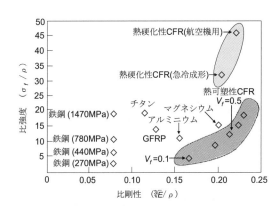

図 12.1　各種構造材料の比剛性・比強度の比較．(工業材料，Vol.54,No.7(2006)日刊工業新聞社)

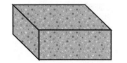

(1) 粒子分散強化複合材料

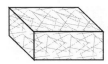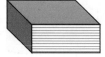

(2) 短繊維および長繊維強化複合材料

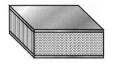

(3) 積層強化複合材料

図 12.2　強化形態による複合材料の分類

分類される．積層複合材料はハニカム材やクラッド材のことで，板状に積層して強化したものである(図 12.2)．

　母材による分類は，(1)高分子基複合材料(polymer matrix composite)，(2)金属基複合材料(metal matrix composite)，(3)セラミック基複合材料(ceramic matrix composite)となる．いずれも母材である材料の物性を向上させる目的で複合化されたものであって，耐熱性，耐食性などの機能性は母材の性質が基本となっている．なお，本章では工業的に最も良く利用されている高分子基複合材料について述べる．

＊＊＊＊＊＊＊＊＊＊＊＊＊＊＊＊＊＊＊＊＊＊

12・2 高分子基複合材料 (polymer matrix compositel)

　プラスチック(plastics)を母材とする複合材料のことで，無機材料であるガラス繊維や炭素繊維，あるいは有機材料であるアラミド繊維を強化材とした繊維強化プラスチック(fiber reinforced plastic, FRP)として工業的に広く利用されている．炭素繊維強化プラスチック(carbon fiber reinforced plastics, CFRP)は，炭素繊維を強化材にした代表的な高分子基複合材料であって，軽量性あるいは熱伝導性が重要な宇宙分野では必須の材料となっている．

　高分子基複合材料に用いられている代表的な強化繊維の機械的特性を表 12.1 に示した．一方，母材として用いられる代表的な樹脂として，熱硬化性樹脂(thermosetting resin)である不飽和ポリエステル樹脂，エポキシ樹脂，ビニルエステル樹脂，フェノール樹脂などが挙げられる．これらは重合反応する官能基を有する樹脂で，成形時の粘度が小さく，強化材へのぬれ性が良いことから大型の成形品を作るのに適している．また，熱可塑性樹脂(thermoplastic resin)ではポリプロピレン(PP)，ポリスチレン(PS)，ポリアミド(PA)などが主で，反応する官能基を持たず，溶融温度以上に加熱して流動性をもたせた後，金型に入れて成形する．

表 12.1　強化繊維の機械的特性

材質	繊維	弾性係数 GPa	引張強さ MPa	密度 x10³ kg/m³
ガラス	E	72.4	2400	2.55
	S2	88	4600	2.47
	C	69	3030	2.49
アラミド	49	125	2750	1.44
	29	83	2750	1.44
カーボン	T300	230	3530	1.77
	T800H	294	5590	1.81
	T1000	294	7060	1.82
	M40J	390	4200	
	M46J	450	4100	

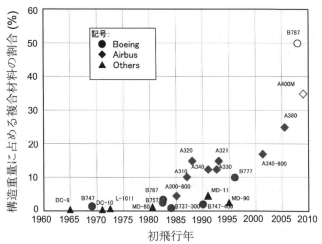

図 12.3　航空機における先進複合材料の重量割合
(「航空機産業における先進複合材料の適用拡大の課題」調査報告書(2005))

　高分子基複合材料はプラスチックの機能性(耐食性，電気絶縁性，耐摩耗性など)が特徴となるが，複合材料の中で工業材料としての歴史が長く，近年では大型構造物の 1 次構造材料(衛星や民間航空機の構造材など)としての用途が急速に拡大しつつある(図 12.3).

＊＊＊＊＊＊＊＊＊＊＊＊＊＊＊＊＊＊＊＊＊＊＊

12・3　強化理論 〔theory of reinforcement〕

12・3・1 複合則 〔law of mixtures〕

　剛性と強度に関する複合則があるが，ここでは簡単のため剛性に関する複合則について述べる．複合材料の比強度・比剛性は強化材の機械的特性によるところ大であり，これを端的に説明する基本法則は複合則である．さて，一方向強化複合材が繊維方向に引張り荷重を受けているとき，複合材料のひずみが一様だと仮定すると次式が成り立つ．下添え字の f は繊維，m は母材，c は複合材を表している．

$$\sigma_c A_c = \sigma_f A_f + \sigma_m A_m \tag{12.1}$$

ここで複合材料中の構成基材の体積割合を，$v_f = A_f/A_c$ または $v_m = A_m/A_c$ と定義すると，

$$\sigma_c = \sigma_f v_f + \sigma_m v_m \tag{12.2}$$

が成立する．さらに，複合材料の弾性係数を E_c，繊維を E_f，母材を E_m とすると，

$$E_c \varepsilon_c = E_f \varepsilon_f v_f + E_m \varepsilon_m v_m$$

となって，全体のひずみは等しいとの仮定から，

$$E_c = E_f v_f + E_m v_m \tag{12.3}$$

が求められ，複合材料の弾性係数を全体における強化材の割合(体積含有率)で表すことが可能となる．これを複合材料における複合則(law of mixtures)と称する．代表的な複合材料では強化材の弾性係数は母材に比べて 2 桁以上大きい．これより，体積含有率が 30~60％程度の複合材料の弾性係数は，強化材の剛性に支配されることがわかる．

12・3・2 応力伝達機構 (mechanism of stress transfer)

　複合材料における界面(interface)は，母材から強化材に応力を伝達し，強化材が応力を分担する役割を担っている．強化材の形状は必ずしも連続繊維でなくてもよく，ある長さ以上なら強化材に応力(せん断応力)は界面を通して伝達され，結果として材料は強化されることになる．

　さて，応力伝達(stress transfer)のメカニズムを簡単な力学モデルを用いて考えてみる．図 12.4 に示すように，不連続繊維(discontinuous fiber)が荷重方向に配列されている場合，繊維中 dx の応力の釣り合いは式(12.4)にて表される．繊維端からの応力伝達は小さいので無視している．

$$(\pi r_f^2)(\sigma_f + d\sigma_f) - (\pi r_f^2)\sigma_f - (2\pi r_f dx)\tau(x) = 0 \tag{12.4}$$

これより，式(12.5)の関係を得る．

$$\frac{d\sigma_f}{dx} = \frac{2\tau(x)}{r_f} \tag{12.5}$$

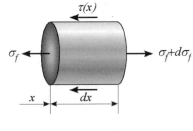

図 12.4　応力の釣合

ここで，σ_f は繊維端から x の所の応力，τ は繊維と界面でのせん断応力，r_f は繊維半径である．この微分方程式(12.5)の解は，繊維端での応力が 0 であるから，次式(12.6)のように求まる．

$$\sigma_f = \frac{2}{r_f} \int_0^x \tau(x)\, dx \tag{12.6}$$

上式(12.6)からσ_f の分布を求めるためには，$\tau(x)$の関数形を知る必要があるが，ここでは簡単のため，界面上のせん断応力が$\tau(x)=\tau_y$（一定）であると仮定してσ_fを求め，次式を得る．

$$\sigma_f = \frac{2\tau_y}{r_f} x \tag{12.7}$$

これより，繊維中の応力 σ_fは一様でなく，ある繊維長さまで増加し，有限な値となることが予想される(図 12.5)．繊維中の応力の最大値は $x=1/2(l_t)$ のところで生じるとすると，

$$\sigma_f \big|_{max} = \tau_y \frac{l_t}{r_f} \tag{12.8}$$

となる．ここで，l_t は荷重伝達長さであって，繊維が応力を分担するのに必要な繊維端からの長さとなる．

　一方，繊維のもつ破断強度まで応力を分担することのできる，最小繊維長さ，すなわち，臨界繊維長(critical length of fiber)l_c は，繊維強度を σ_{fu} として，次式(12.9)で求められる．

$$l_c = \frac{\sigma_{fu}}{\tau_y} r_f \tag{12.9}$$

以上のように，臨界繊維長以上でかつ弾性係数の大きな繊維を母材中に埋め込んだ結果，繊維への応力分担が界面を通して行われるのである．

　したがって，複合材料の強化材として期待されるのは，母材を介して伝達される界面の存在と繊維の臨界長さである．このために，プラスチック基複合材料では，界面の創製にあたってシランカップリング処理を施す等の化学的な処理が行われている．

＊＊＊＊＊＊＊＊＊＊＊＊＊＊＊＊＊＊＊＊＊＊＊＊＊

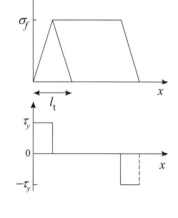

図 12.5　応力の分布

12・4　繊維強化プラスチック材料の成形(fabrication of fiber reinforced plastics)

　母材によって成形法(fabrication method)は異なるが，最も一般的な繊維強化プラスチックを例として，その代表的な成形法を紹介する．複合材料の成形は基本的にプラスチック成形の延長線上にあると考えて良いが，樹脂を強化材に含浸させて半硬化状態にしたプリプレグ(prepreg)などの中間素材を用いた成形方法が特徴的である．

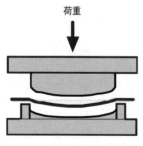

図 12.6　プレス成形

12・4・1 プレス成形 (matched-die molding method)
　型の上に中間基材であるプリプレグ状のシートを所定の配向角をもたせて積層し，油圧式のプレスによって温度と型締め力を制御して成形する方法をプレス成形という(図 12.6)．型の形状に合わせて成形され，成形の自由度が

高い．また，大量生産に適した成形法であるといえる．

　プレス成形の一つとして，樹脂に含浸させた繊維を型の間を通過させる間に硬化させる引抜き法(pultrusion method)がある(図 12.7)．引き抜く速度と型の温度を制御して成形する．この方法は連続成形であって，一方向材（一方向のみに強化材が配列した複合材料）のみならず，織物材(繊維を織物状にした強化材で二方向強化)も成形可能である．

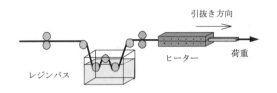

図 12.7　引抜き法

12・4・2 フィラメントワインディング法 (filament winding method)

　フィラメントワインディング法は複合材料の成形において独特な成形法として知られている．回転するマンドレル(円筒状の金型)に樹脂で含浸した繊維を巻き付け，硬化後に脱形し，パイプ状あるいは球状の複合材料を成形する方法である．通常，FW 法とも呼ばれている．繊維の巻き取る速度(マンドレルの回転速度)と送り速度を調節して，所定の巻き角度を有し，かつ数メートルもある長尺形状の複合材料が成形できる．CNG タンク，固体ロケット，宇宙用の衛星の構造物などはこの方法で成形されている．

12・4・3 オートクレーブ成形法 (autoclave molding method)

　オートクレーブ成形法とは型成形法の一種であるが，大がかりな装置(オートクレーブ)を用いることから別の分類とした．型の上に中間基材を積層するまでは同じであるが，真空バッグにて積層品を覆い，型ごと窒素ガスを充満したオートクレーブに入れて，加圧・加温する．成形品の高精度化を目的として開発された成形法である(図 12.8)．機械的に荷重をかける方法と違って，ガス圧力にて均一に圧力をかける方式を取っている．また，成形に際して余分な樹脂を吸収するための副試材を用いることも特徴的である．主として航空・宇宙用の部品や構造物の成形，レース用ヨットのマストなどに利用されている．樹脂の硬化温度を検出して，加圧・加温するプロセスが制御されているようになっていて，成形の再現性も極めて高い．また，型の熱変形による形状の誤差を極力避けるため，線膨張係数の小さな CFRP による型なども利用されている．

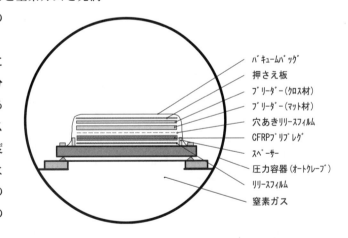

バキュームバッグ
押さえ板
ブリーダー(クロス材)
ブリーダー(マット材)
穴あきリリースフィルム
CFRPプリプレグ
スペーサー
圧力容器(オートクレーブ)
リリースフィルム
窒素ガス

図 12.8　オートクレーブ成形法

12・4・4 RTM 成形法 (resin transfer molding method)

　RTM 成形とは，離型処理した型の間に強化材を置き，真空圧によって樹脂充填を含浸させるクローズドモールド成形法である．型の種類や真空引きの簡便性の程度に応じて，L-RTM(light resin transfer molding)とかインフュージョン成形(infusion molding)とも称している．一度の成形が短時間に終了でき，設計の自由度(積層構成，板厚)に対応することが可能で，また成形環境が優れることから，近年注目されている成形法の一つである．大型 FRP 構造物には必須の成形法となっている．

＊　＊　＊　＊　＊　＊　＊　＊　＊　＊　＊　＊　＊　＊　＊　＊　＊　＊　＊

12・5 金属基複合材料の成形 (fabrication of metal matrix composites)

母材を金属とする金属基複合材料(MMC)は，高分子系では満たされない金属材料特有の性質を兼ね備える材料として成形される．たとえば，高温環境でも使用可能な耐熱性や摺動するようなところに用いるための耐摩耗性などである．さらに，金属基複合材料は，成形後に機械加工や塑性加工などの二次加工することができる．その他，電気的，磁気的，化学的などの特性と力学的特性を複合化することで，強化とともに他の特性を有する工業材料となるが，これらは機能性材料に属する．

力学的特性(強化)のための MMC の成形は，強化材(分散材)の種類や形状にもよるが，母材金属が気体，液体あるいは固体状態のいずれかよって成形法が選ばれる．表 12.2 に，種々の成形法を分類して示す．多くの成形法が，通常の金属材料の製造法や加工法(第 8 章)を利用しているが，MMC の成形のために開発された技術もある．

表 12.2 主な金属基複合材料の成形法

金属母材	成形法	適用する分散材の形状
気体状態 (分子状態)	蒸着法	長（短）繊維状、粒子状、薄膜状
	電着法	長（短）繊維状、薄膜状
	金属めっき法	長（短）繊維状、粒子状、薄膜状
液体状態	溶浸・含浸法	長（短）繊維状、粒子状、薄板状
	一方向凝固法	棒状
	溶湯攪拌法	短繊維状、粒子状
	連続鋳造法	長繊維状、粒子状、薄板状
	液相焼結法	粒子状
	プラズマ溶射法	長繊維状、粒子状、薄板状
固体状態	粉末成形法	粒子状、短繊維状、膜・板状
	塑性加工法	短繊維状、長（連続）繊維状、
	高速エネルギー加工法	長（連続）繊維状、板状

12・5・1 電着法 (electrodeposition process)

マトリックス金属の電解溶液中で強化材表面に電解析出する電着法(電解法ともいう)で，マトリックス金属と強化材の体積比は電流密度と電解時間で調整する．図 12.9 は長(連続)繊維にマトリックス金属を電解析出させ，マンドレルに巻き取りながら円筒状の複合材料を成形する方法である．繊維に対して損傷が少なく，密着性も良好であるが，大容積の複合材料の成形には長時間を要し不適当である．この方法で作製した成形体をプリフォーム(pre-form)とし，さらに，このプリフォームを用い，他の方法でマトリックス金属と接合することで，大型製品がつくれる．

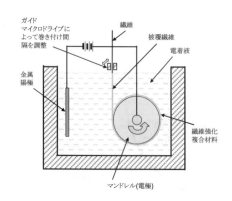

図 12.9 電着法による連続繊維強化複合材料の成形法

12・5・2 溶浸・含浸法 (infiltration process, impregnation process)

溶融金属浸透法(liquid metal infiltration)とも呼ばれている方法で，強化材を予め配列しておき，その隙間に溶融したマトリックス金属を浸透させる．図 12.10(a)に示すように，繊維と溶融金属間でぬれ性(wettability)が十分でないと浸透しない．そのため，溶融金属を加圧するか(図 12.10(b))，あるいは繊維側を真空(図 12.10(c))にして含浸させる．ぬれ性を改善するために，繊維表面を溶融金属と同種の皮膜をつける(図 12.10(d))こともある．強化材が粒子状の場合は，予めプリフォームを作製し，真空鋳造して，粒子間の隙間に溶融金属を含浸させる．

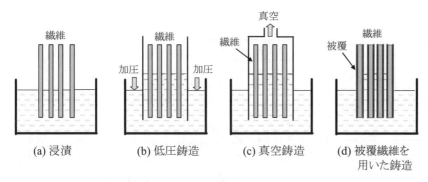

繊維　繊維　真空　繊維　被覆　繊維

加圧　加圧

(a) 浸漬　(b) 低圧鋳造　(c) 真空鋳造　(d) 被覆繊維を
用いた鋳造

図 12.10 溶融金属浸透法による繊維強化基複合材料の成形法

12・5・3　粉末成形法　(powder forming process)

　この方法は，強化材とマトリックス金属の粉末を混合し，圧縮成形して作製する方法で，強化材の種類を自由に選択でき，強化材の分散量も正確に調整できる．ただし，分散を均一にすることが重要で，強化材とマトリックスの金属粉末との粒径差が大きいと，分散に偏りが生じ易い．粒子分散強化複合材料の成形に適し，短繊維も可能であるが，繊維に損傷が生じやすい．成形は通常の塑性加工機械を用い，熱間加工で行えば，粒子間で拡散接合するので，強固な材料が得られる．SAP(sintered aluminum powder)はアルミニウム粉末を塑性加工(押出し)することで，表面酸化物のアルミナ(alumina)が破砕され，微細粒子となってアルミニウム母材中に分散する粒子分散強化複合材料となる(図12.11)．

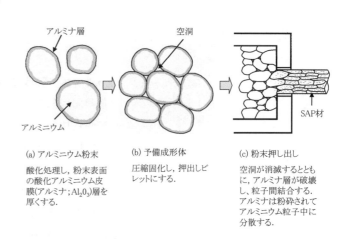

アルミナ層　空洞

アルミニウム　SAP材

(a) アルミニウム粉末
酸化処理し，粉末表面の酸化アルミニウム皮膜(アルミナ；Al_2O_3)層を厚くする．

(b) 予備成形体
圧縮固化し，押出しビレットにする．

(c) 粉末押し出し
空洞が消滅するとともに，アルミナ層が破壊し，粒子間結合する．アルミナは粉砕されてアルミニウム粒子中に分散する．

図 12.11 粉末押出しによるアルミナ粒子分散強化複合材料の成形法

＊＊＊＊＊＊＊＊＊＊＊＊＊＊＊＊＊＊＊＊＊＊＊＊

12・6　機能性材料　(functional materials)

12・6・1　機能性材料とは(what is a functional material?)

　機能とは，物のはたらき，全体を構成している各要素が有する固有な役割(広辞苑より)と定義され，機能性材料は特有な能力を有する材料である．既存の材料も，それぞれ特有の性質をもっているが，機能性材料は既存の材料に有しない特殊な性能，あるいは性能を十分に発揮するように作られた新材料である．既存材料であっても改質や合成することで新機能を創製したり，あるいは新しい製造プロセスによって様々な機能を有する材料となる(図12.12)．そして，これらの材料が広く用いられるようになれば，その時は新材料から通常の機械材料となり得る．さらに，その製造プロセスを工夫することで，未来に向けた新機能性材料が開発されている．

　現在では，日本工業規格(JIS)において，金属新素材として形状記憶合金(JIS H7001)，防振材料(JIS H7002)，水素貯蔵合金(JIS H7003)，アモルファス金属(JIS H7004)，超電導材料(JIS H7005)が用語として認められている．以下に，これらの機能性材料について特性と，いくつかの実用例を紹介する．

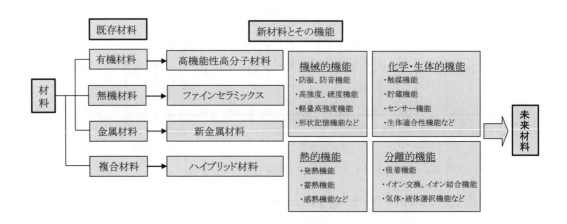

図 12.12 発展しつづける材料開発

12・6・2　形状記憶合金 (shape memory alloy)

　形状記憶効果(shape memory effect)とは，初めに与えた特定な形状を，変形してから加熱すると，元の形状に戻る現象である．この現象は弾性変形に類似していることから超弾性(super elasticity)とも呼ばれている．両現象の相違は，図 12.13 に示す応力-ひずみ線図で表わせるが，このような現象は，いずれも熱弾性マルテンサイト変態(thermoelastic martensitic transformation)によって出現する．鋼を焼入れすると，図 12.14 のような，マルテンサイト構造となる．この構造に力を加え変形すると，連続した双晶変形となって大ひずみの変形となる．このような変形は転位によるすべり変形とは異なることから，加工(ひずみ)誘起マルテンサイト変態(strain induced martensite transformation)ともいう．

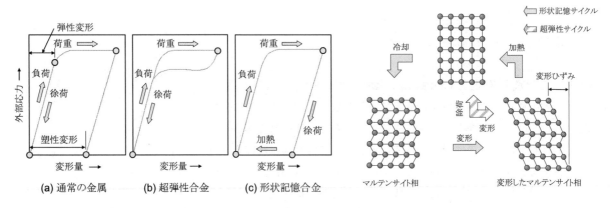

(a) 通常の金属　　(b) 超弾性合金　　(c) 形状記憶合金

図 12.13　形状記憶合金と超弾性合金の応力-ひずみ曲線

図 12.14　形状記憶と超弾性現象の変形機構

　実用されている合金には，Ti-50mol%Ni 合金や Cu-28mass%Zn-5mass%Al 合金などがあり，形状記憶効果を利用した接合継手，温度調整バルブ，人工歯根など，超弾性効果を利用したメガネフレーム，ブラジャーワイヤなどに用いられている．

12・6・3　制振材料 (high damping material)

　機械から発生する金属音，騒音，振動などは使用の快適さを阻害する．その防止処置として，ゴム，バネ，ダンパーなど機械の付属装置が用いられる．機械の構成材料自体が振動を吸収する性質(減衰能 (damping capacity))を有すれば，機械から発生する振動や騒音が減少する．このような特性をもつ材料が制振材料で，高減衰能材料(high damping material)，防振材料(vibroisolating material)とも呼ばれている．金属材料では減衰機構から4種の型がある．

(1) 強磁性型；結晶粒内にある磁区の磁歪が応力緩和して振動を吸収する．12%Crマルテンサイト鋼，低炭素クロム鋼，Fe-12%Cr-3%Al合金などがある．

(2) 双晶型；形状記憶合金の応力-ひずみ曲線が逆方向にも作用するので，大きなヒステリシスを描く．これは，加工誘起マルテンサイト変態が，双晶界面の移動によって生じるため(図 12.15)，大きな振幅の振動を吸収する．実用合金では Mn-Cu-Al 系，Cu-Al-Ni 系合金などがある．

$\varepsilon = 1.1\%$　　$\varepsilon = 2.5\%$　　$\varepsilon = 4.6\%$

図 12.15 Cu-Al-Ni 防振合金に見られる双晶組織の発達

(3) 転位型；マグネシウムなど最密六方晶では，すべり面が基面(0002)に限定されているため，転位が結晶粒界や固溶原子などによって両端が固定されると，転位の張力に伸縮する．この際のエネルギー吸収が内部摩擦(internal friction)となって減衰効果が生じる．

(4) 複合型；発泡プラスチックやガラスウールと薄鋼板をサンドウィチ状にした制振鋼板(damping plate)などの複合材料で，遮音壁などに利用される．黒鉛組織を有する鋳鉄(第9章)の高減衰能特性はこの型に属する．

12・6・4　水素貯蔵合金 (hydrogen storage alloy)

　すべての金属・合金は結晶構造をもつから，原子径の小さい水素は，その隙間に入り易く，水素化合物をつくる合金がある．この水素化合物は生成するとき発熱反応し，加熱すると水素と金属に分解するので可逆反応である．この反応を利用して，合金の外観形状を変えることなく，水素が貯蔵でき，必要に応じて水素が取り出せる．このような機能を持つ合金が水素貯蔵合金で，Mg-Ni 系合金(水素化合物は Mg_2NiH_4)，Mg-Ca 系合金($MgCaH_4$)，Ti-Cr 系合金($TiCr_{1.8}H_{4.47}$)などがある．

12・6・5　アモルファス合金 (amorphous alloy)

　アモルファスという言葉は「形をもたない」という意味で，結晶構造のように，原子配列が規則性・対称性をもたず，無秩序に配列した構造の金属である．しかし，極近い範囲ではある程度の規則性があるが，結晶全体から見て乱れた状態となっている．したがって，アモルファス金属は，同種の結晶性金属とは全く異なった特性が出現する．アモルファス金属の三大特性として，(1)高強度・高じん性，(2)高耐食性，(3)高透磁性・高電気抵抗性が挙げられる．

図 12.16 急冷凝固法で作製したアモルファス金属リボン(写真提供　日立金属㈱先端エレクトロニクス研究所)

　アモルファス金属の製造は種々の方法があり，大別すると，作製しようとする金属を，(1)溶融状態から急冷凝固することで，核生成・成長を抑制し，結晶化しないまま固化する液体急冷法，(2)真空中にイオン分子として放出し，冷却板上に薄膜状に堆積する物理・化学的法，(3)高エネルギーの塑性変形を繰り返し導入し，極度の格子欠陥状態(言い換えれば，転位密度が 100%に近

い状態)にする固相反応法がある. それぞれの製造法によって特有の形状の材料となる. 図 12.16 は, 高速回転する水冷ドラム上に溶融金属を流して, 急冷凝固したアモルファス金属リボンを示す.

12・6・6　超電導材料　(superconductor material)

金属の電気抵抗は, 絶対零度(0K, -273℃)では理論的に 0 であるが, 温度の上昇とともに電気抵抗は増加する(第 7 章). しかし, 半導体のような材料では, 0 に近い電気抵抗が高温(ただし 0℃以下)まで上昇する臨界温度(critical temperature)が高く, 高温超電導材料(high temperature superconductor material)と呼ばれている. 臨界温度を高めるには, (1)フェルミ面での状態密度を高める, (2)電子-フォノン相互作用を大きくする, (3)デバイ温度を高くすることが明らかになっている. しかし, これらのことを満たす材料を見出すことが困難で, さらに開発・研究が続けられている. 臨界温度が常温となる材料が開発されれば, 強力・小型・低消費電力の磁石や発電機, 変圧器, 送電線などの電力消費を無くすことなどが可能となる. リニアモーターカー(図 12.17)は超電導磁石を利用した実例であり, 今後, 様々な分野で「夢」を実現する未来型材料として期待されている.

図 12.17 高温超電導磁石を搭載したリニアモーターカー. 2005 年 12 月に高温超電導磁石を搭載した走行試験で最高時速 553km/h を記録した.

(写真提供, JR 東海, Linear Express)

12・6・7　超塑性合金　(superplastic alloy)

通常の合金では, 引張変形による最大伸びが数 10%である. これに対し, 超塑性合金は数 100%~数 1000%の伸びが生じる. 超塑性には微細結晶粒型と変態型がある. 微細結晶粒(平均粒径がほぼ 3μm 以下)の合金は, 適当な温度とひずみ速度のもとで変形すると, 結晶粒内でのすべり変形よりも粒界すべり(第 5 章)が優先し, 超塑性が発現する(図 12.18). このような変形では, 粒内での転位密度はほとんど増加しないから加工硬化せず, 結晶粒の形も変わることなく, 変形が進む. 式(5.14)に示したように(第 5 章), 変形応力はひずみ速度と比例関係があり, 熱間加工で変形に要する変形抵抗(flow stress)σ_Y は

$$\sigma_Y = A\,\dot{\varepsilon}^{\,m} \tag{12.10}$$

で表される実験式が成り立つ. ここで, A は比例定数で, m は変形抵抗のひずみ速度依存性指数(strain rate exponent)で, 微細結晶粒超塑性は $m \geqq 0.3$ のとき発現する. m 値が大きいほど粒界すべりが誘発され, $m=1$ であれば粘性流動となる. そして, 結晶粒が微細になるほど大ひずみ速度で超塑性変形するので, ナノメータオーダーの超微細結晶粒合金であれば, 実際の熱間加工速度でも超塑性変形の加工が可能となる.

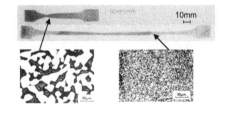

図 12.18 粗大結晶粒と微細結晶粒 Cu-Zn 合金の伸びの比較

鉄鋼は A_3 変態点でオーステナイトからパーライト変態する(第 6 章). そこで, オーステナイト温度域で変形し, 温度を下げてパーライトに変態させる. このような変形と相変態を繰り返し続けると大きな塑性変形が得られる. このような現象が変態超塑性(transformation superplasticity)で, 軸受鋼であれば, 250 回ほどの変形－相変態サイクルで 670%伸びに達する.

＊＊＊＊＊＊＊＊＊＊＊＊＊＊＊＊＊＊＊＊＊

12・7　これからの課題　(future problems)

　「軽くて強い材料」として登場した複合材料は約半世紀の歴史をもつ材料に成長したが，これから解決すべき問題もたくさんある．たとえば，FRP のような複合材料が，耐食性に優れる利点を有する反面，リサイクルの問題を複雑にしている．成形に関しては，必要とする工程を省略する反面，成形時間が長くなるとか，単一材料でないために破壊形式が複雑で，寿命予測が困難であるなど，これからの研究課題となっている．現在，問題解決が進められた課題によっては，基礎研究段階から構造物への実機試験へ発展している．これは強化繊維に人間の神経にも似た「感覚」の機能を期待する技術であって，複合材料に独特の考え方である．一方，機能性材料は，特殊な能力を有することから知的材料(intelligent materials) あるいはスマート材料(smart materials)とみなして，半導体，センサ材料，バイオ材料，エネルギー変換材料などの開発が進められ，今後の発展に期待されている．

===== 　練習問題　====================
【12・1】 いくつかの複合材料を組み合わせたハイブリッド複合材料について，代表的な組合せとその利点を考えなさい．

【12・2】CFRP 積層板は破壊じん性や繊維の圧縮強度が低い点が問題となっていた．これらのデメリットを改善すべく，これまで行われて来た改善策を列挙しなさい．

【12・3】宇宙関連機器においては CFRP や炭素繊維強化炭素(carbon fiber reinforced composite, C/C コンポジット)が多用されている．その理由を考えなさい．

【12・4】形状記憶合金・超弾性合金が (1)接続継手 (2)温度調整バルブ (3)ブラジャー用ワイヤ (4)メガネフレームに利用されている理由を考えなさい．

【解答】
【12・1】 CF/GF，GF/アルミのように，異なる強化繊維や異なる材料を組み合わせて作られ，お互いの優れた特性を発揮させた材料をハイブリッド複合材料という．利点としては，設計の自由度，耐疲労・破壊特性，剛性の向上，使用する高価な材料の削減などが挙げられる．

【12・2】 (1) 高じん性マトリックスの開発，(2) 3 次元強化法などの積層形態の提案など．

【12・3】 CFRP の特性として，(1)軽量で高強度・高剛性であること，(2)熱的特性（熱膨張や熱伝導）に優れていることが挙げられる．また，カーボン/フェノールや C/C コンポジットに代表されるように，優れた耐熱性を有することが挙げられる．

【12・4】(1) 接続継手；油圧配管などを接続する際に，配管径よりやや小さい径の形状記憶合金管を変形して広げ，接続してから加熱すると元の管径に収縮して締め付けする．溶接継手のような熱ひずみや欠陥が生じない．

(2) 温度調整バルブ；設定した温度になると変形し，バルブの開閉量を制御できる．エアコンの風向き調整やコーヒーメーカの湯量調整ができる．

(3) ブラジャー用ワイヤ；超弾性効果によって体形にあった形状となり，使用中の窮屈感がなく，洗濯などによる変形もない．

(4) メガネフレーム；超弾性効果によって，レンズを強固に固定でき，長期間使用しても，形くずれしない．

第12章の文献

(1) D．ハル，複合材料入門，(19839，培風館．

(2) 森田，金原，福田，複合材料，(1988)，日刊工業新聞社．

(3) 小山田了三，未来材料入門，(1995)，東京電機大学出版局．

(4) 鈴木，伊藤，神谷編，先端材料ハンドブック，(1988)，朝倉書店．

第１３章

機械設計と材料技術

Machine Design and Material Technology

＊＊＊＊＊＊＊＊＊＊＊＊＊＊＊＊＊＊＊＊＊＊＊＊＊＊＊＊＊＊＊＊＊＊＊＊

　機械は数多くの部品から構成され，期待される機能を果たすものである．例えば，スペースシャトル，自動車，航空機，新幹線などの輸送機械，ロボットや種々な製品を生み出す自動機などの産業機械，工作機械，建設機械，パソコンなどの電子機械などがある．どのような分野の機械であれ，それらは最適とする材料が選択された後，機械加工されて作られる．そのため材料の特性や加工技術を理解した上で，材料を選択する知識がものづくりには必要不可欠となる．機械の設計・製作においては，材料力学，熱・流体力学，機械力学，制御工学，機構学などの知識と共に，機械材料学や加工学も欠かせない知識である．

＊＊＊＊＊＊＊＊＊＊＊＊＊＊＊＊＊＊＊＊＊＊＊＊＊＊＊＊＊＊＊＊＊＊＊＊

13・1　機械設計における材料の選択 (materials selection in machine design)

　機械の設計が成功するかどうかは材料の選択に左右される．それは材料選択の範囲が広く，非常に困難である反面，十分に機械の性能・仕様を満たすための目的や使用者の要求にあった材料を選択することが成功への道となるからである．どのような材料を選択したらよいか決定するとき，その製品が十分な性能を発揮できる材料か，各部品が要求される性能を満足する材料か，製造工程で材料の特性が失われることがないか，さらに，製品の使用中に，材料は経年変化(secular change)するので，修理やオーバーホールが可能な材料か，使用後も素材として再生できるかまで考えなければならない．要求された性能を満足する最良な材料であっても,最良な製品になるとは限らない.あらゆる材料の選定要件を満たすための最良の妥協も必要となるであろう.材料の選択は非常に難解な問題であるが,第12章までに学習した材料に関する基礎的知識が問題解決に必要なことは言うまでもない．以下に，これまでの復習を兼ねて，機械設計に必要な材料選択の基礎的要因について述べる．

(a) 強さ；機械は何らかの外力を受けて用いられるので，外力に耐える強さが必要である(第3章)．外力には，図13.1に示すような様々な種類があり，さらに，これらの外力の作用方向やその組み合わせ，作用速度，作用回数，作用温度等により材料の強さは異なる．したがって，適用材料は降伏強さや破断強さを基準に選択するが，機械構造部材の強度計算には，材料の強さに下限値を適用し，さらに，最大強さを安全率(safety factor)で割った許容応力(allowable stress)が使われる．部材に働く応力は，当然許容応力より小さくなくてはならない．

(b) 弾性とじん性；たとえば，工作機械の場合，剛性(stiffness)が低いと加工精度の低下に陥るという致命的な問題となる(第3章)．この剛性を高める

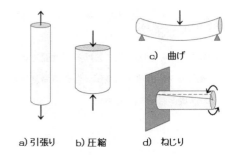

a) 引張り　b) 圧縮　c) 曲げ　d) ねじり

図 13.1　材料が受ける外力の種類

図13.2　スペースシャトル　(米国スミソニアン博物館にて撮影)

には弾性係数(modulus of elasticity)や降伏応力(yield stress)の高い材料を選択することや断面二次モーメント I が高い構造にしなければならない．各種実用材料の弾性特性について付表S・7に示してあるので参考にすること．じん性(toughness)は，外力を受けたとき，破断するまでのエネルギー吸収が大きいことであり，通常作用する外力が，衝撃力のように想定外の力となって負荷される恐れのあるところには高じん性材料を用いる．

(c) ぜい性と硬さ；ぜい性(brittleness)とは，じん性の正反対の意味で，高強度である反面，延性が極めて小さいことである(第3章)．ぜい性材料は，材料選択の上では望ましくないが，ぜい性材料は高硬度で，耐摩耗性(wear resistance)に優れている場合が多い．衝撃力の負荷しない機械の構造体などには使用が可能である．

(d) 耐熱性(thermal durability)；図13.2のスペースシャトルは，地球に帰還する際に大気圏へ突入すると，瞬間的に3000K以上の温度となる．このような温度に耐えられる金属材料はほとんどなく，セラミックス材料が使用されている(第11章)．ジェットエンジンのタービン部では1000K程度であるから耐熱ニッケル合金が適する(第10章)．一般に，金属材料は高温になると，強度が著しく低下するので，高温に長時間さらされる部材はクリープ強さを考慮した設計が必要となる(第5章)．その他，高温使用条件下では，材料の酸化や熱膨張についても設計で考慮しなければならない．

(e) 減衰能(damping capacity)；機械は，運転中に振動を発したり，あるいは外部の振動の影響を受け，精度や性能が低下することがある．このような部材には高減衰能な材料が選ばれる．鋳鉄は，黒鉛粒子が分散する組織であり，炭素鋼より強度が低く，ぜい性である．しかし，黒鉛の分散が振動伝達を抑制するため減衰性が高い．工作機械の構造体材料に適しているので広く利用されている(第9章)．

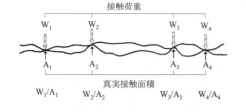

図13.3　すべり摩擦における接触面での接触応力(葉山房夫，金属・合金の摩耗現象の基礎，(1987)，丸善)

(f) 耐摩耗性；機械には，歯車や鉄道のレールと車輪のような大きな力が作用する接触機構，あるいは回転する軸を支える軸受のように高速で摺動する機械要素がある．摩耗(wear, abrasion)とは，こすり合う材料間の接触表面では，図13.3に示すように，あらさ(roughness)やうねり(waves)があるため，実際に接触している面積は極めて小さい．したがって，接触応力は大きくなり，接触突起部では変形して破壊し，極めて微細な摩耗粉(wear particle, wear debris)となって表面から離脱する現象である．摩耗が進行すると，機械の性能低下や振動発生ばかりでなく，破壊にもつながる．耐摩耗性を向上させるには，表面焼入れのような処理(第6章)によって，接触表面層を高硬度とする方法がある．すべり軸受など大きな力の作用しない摺動部には，材料内部に空洞をつくり，潤滑油を浸透させた含油軸受合金や固体潤滑材の役割を成す黒鉛組織が分散する鋳鉄(第9章)などが適する．

(g) 疲労と耐久性；運動機構のある機械では必ず繰り返し荷重が作用する．疲労(fatigue)とは，繰り返し数が増すと，その応力値が静的状態下での材料強度よりもかなり小さい応力で破壊する現象である．疲労破壊の機構や破壊力学についてはすでに学習したので(第3章)，設計段階で適用材料の疲労限を熟考するか，あるいは機械の使用条件に耐久する疲労強度の材料選択が必要である．

(h) 耐食性；腐食(corrosion)は環境との反応による材料の劣化現象(第 7 章)である．そして，腐食は清水中か海水中か，あるいは大気中であっても湿度や温度など使用環境によって進み方が異なるので，特に化学工業に用いられる製品などでは十分に耐食性を考慮した材料選択が必要となる．また，腐食対策として行われる塗装やメッキなどの表面処理(surface treatment)が可能な材料かなども考慮しなければならない．

＊ ＊ ＊ ＊ ＊ ＊ ＊ ＊ ＊ ＊ ＊ ＊ ＊ ＊ ＊ ＊ ＊ ＊ ＊

13・2 材料選択における経済性 (economical consideration in materials selection)

材料の選択にあたってはその価格も考慮しなければならない．品質が安定し，低価格でかつ，市場に多く流通しており材料調達の期間が短いことなど，経済的な考慮が製品価値に反映される．図 13.4 には，主な機械材料と製品の 1 kgf(約 9.8N)当りの価格(2007 年現在)を示す．

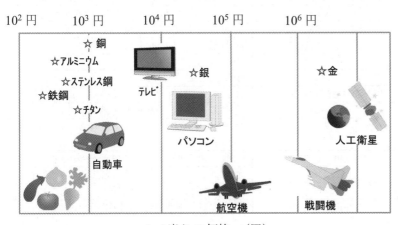

図 13.4　主な機械材料と製品の単位重量あたりの価格

材料および製品とも価格変動はあるものの，機械材料で最も使用する鉄鋼材料は安価でかつ，安定供給が可能である．鉄鋼材料の 1kgf(約 9.8N)当りの価格は約 100 円，アルミニウムは約 400 円，銅は約 1000 円である．ただ，添加元素の価格は需要量と供給量によって変動し，一般に，ステンレス鋼など特殊鋼や種々の合金価格は通常の炭素鋼より高い．その他，超伝導材料，形状記憶合金，複合材料などの新素材(第 12 章)も価格は高い．また貴金属の価格は，他の材料より価格変動が著しい．2007 年 1 月現在における銀，金の 1kgf 当りの価格は，それぞれ約 4 万円，約 250 万円である．

一方，製品ベースで見ると自動車(セダン)の重量は一般に 1000kgf から 1500kgf であり，1kgf 当りの製品価格を計算すると 1000 円から 5000 円となる．大型液晶テレビの価格は性能によって異なるが，1kgf 当りの価格は約 10000 円である．衛星やジェット戦闘機などの単位重量あたりの価格は民生品に比べ，はるかに高い．

＊ ＊ ＊ ＊ ＊ ＊ ＊ ＊ ＊ ＊ ＊ ＊ ＊ ＊ ＊ ＊ ＊ ＊ ＊

13・3　機械材料における JIS 規格 (Japanese Industrial Standards for engineering materials)

材料の標準化と適正品質の確保のために日本工業規格(JIS)が規定されている.この規格を通して機械設計者，製造者，製品の利用者の 3 者の相互理解ができることは有益である．鉄鋼材料の種類や成分の JIS 規格については第 9 章で，非鉄金属材料については第 10 章で扱ったが，その他，機械材料の分野では，材料強度など機械的性質を調べる試験法，材料の結晶粒度の測定法と

表 13.1　機械設計においてよく使われる材料の JIS 表記とそれらの用途

材料名	JIS 表記（化学成分）	主な用途
一般構造用圧延鋼材	SS400	産業機械，橋梁や船舶などの構造材
機械構造用炭素鋼	S10C S45C	小ねじ，ボルト，ナット，リベット 機械の構造材，シャフト
快削鋼	SUM31	シャフト，リベット
冷間圧延鋼板	SPCC，SPCD，SPCE	自動車の外板，家電製品の外板，建材
炭素工具鋼	SK3	ゲージ，たがね，ぜんまい，木工用きり
合金工具鋼	SKD11，SKD62	引抜き用ダイス，金型
高速度工具鋼	SKH2，SKH52	切削用工具（バイト，フライス）
クロムモリブデン鋼	SCM440	機械構造材，軸受
軸受鋼	SUJ2	軸受，ピン
ステンレス鋼	SUS304(熱処理不可)	食品製造設備，化学工業機器，流し台，車体
ステンレス鋼	SUS430	化学工業機器，機械の構造材，軸受
ねずみ鋳鉄	FC200	ピストンリング，バルブ，マンホールの蓋，ハンドル車
純銅	C1020，C1100	電線，電気機器，建築材，化学機器
りん脱酸銅	C1220	エアコンや給湯器用管，風呂釜，建築材
りん青銅	C5212	歯車，ばね，カム，軸受
黄銅	C2600，C2720	配線器具，計装板，自動車用ラジエータ，ドアノブ
純アルミニウム	A1080，A1100	日用品，電気器具，送配電用電線
ジュラルミン	A2024	航空機の外板，輸送機器
Al-Mg-Si 合金	A6061	サッシ，門扉，車体，自動車の外板
純チタン	TP28	化学装置，石油精製装置，腕時計の外装
チタン合金	Ti-6%Al-4%V	航空機の機体構造材，ジェットエンジン部品，ゴルフヘッド
形状記憶合金	Ti-55%Ni	メガネフレーム，混合水栓の制御ばね，歯列矯正ワイヤ
マグネシウム合金	AZ31，AZ91，AM60	タイヤホィール，エンジンカバー，パソコンの筐体
熱可塑性プラスチック	ポリエチレン(PE) アクロニトリル/.ブタジエン/スチレン(ABS) ポリプロピレン(PP) ポリエチレンテレフタレート(PET)	電気絶縁部品，シート，フィルム，化学用パイプ 家電商品の筐体，歯車，プロペラ 家具，梱包，家電商品の筐体 飲料・食料品用ボトル
熱硬化性プラスチック	フェノール樹脂(PF) エポキシ樹脂(EP)	電気部品，コネクタ，スイッチ，自動車ブレーキ部品，歯車 電気部品，接着剤，各種内張り材
アルミナ	Al_2O_3	集積回路基板，切削工具，工具，砥石，人口骨
シリカ	SiO_2	水晶発振子，スペースシャトルの断熱材

個々の材料において詳細に規定されている．よく使う機械材料の JIS 表記と
その用途例を表 13.1 示す．

＊＊＊＊＊＊＊＊＊＊＊＊＊＊＊＊＊＊＊＊＊＊＊

13・4　材料の加工法と熱処理法を考慮した機械設計 (machine design considerations with processing and heat treatment technology)

　機械設計者は，使用環境・条件を把握し，安価，短納期でかつ安全性・信頼性の高い機械を設計しなければならない．機械設計が終われば，まず材料や部品を調達し，その後機械加工，組み立て，製品検査となる．通常技術者が設計から製作まで一人で行うことはまずありえないので，機械の仕様ならびにコンセプトなどを的確に協力者に伝えなければならない．それと併せて機械設計に当たっては，材料だけでなく加工や熱処理などのプロセスを含めた特性などを総合的に考慮しなければならない．

　強度向上あるいは加工コスト低減策を考慮した機械製作での工夫例を下記に示す．

(a) 比強度の向上，納期短縮と加工コスト低減を図るため，切削加工から塑性加工に転換させ，材料強度を向上させる．

(b) シミュレーション技術を利用し，加工のための最適な素材形状を見出し，材料歩留まり(yield)(=製品量/使用材料量)の向上を図る．

(c) シャフト，歯車，カムや工具などの表面のみ，あるいは全体の熱処理により強度，硬さを向上させ，耐久性，耐磨耗特性を向上させる．ただし，大型部品の熱処理は質量効果(mass effect)があり熱処理性を考慮する必要がある．

(d) 機械加工や塑性加工された製品に残留する応力は，製品寿命に直接影響する．一方で，残留応力を積極的に発生させることで製品寿命を向上させることもできる．例えば，加工された自動車用ばねの場合，仕上げとして多数の小さな鋼球などをばねにぶつけるショットピーニング加工(shot peening)(図 13.5)を施し，ばね表面に圧縮の残留応力を与え疲労寿命を延長させている．

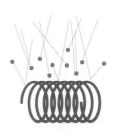

図 13.5　疲労特性を向上させるショットピーニング加工

(e) サッシ(図 13.6)，建材や機械の構造材に使用されるアルミニウム合金は，そのままでは，本来耐食性は劣るが，陽極酸化処理(anodizing)により耐食性を向上させている．

(f) 加工時の工具費低減を図るため，塑性加工ではより軟質材の素材を選択することや，切削加工では加工性に優れた快削鋼などを利用し，工具寿命の延長を図る．

(g) コンピュータ支援技術(computer aided engineering, CAE)により製作前に機械の応力・ひずみの解析や機構解析を行い，性能確認や不具合の有無を確認する．また，機械の多くは高強度を期待されるため，機械設計者は高強度材料を選択しがちであるが，その選択によっては大きな事故に至ることもあるので注意しなければならない．特殊な例ではあるが，例えば加工硬化材の応力腐食割れ(stress corrosion cracking)，溶接割れあるいは水素に

図 13.6　アルマイト処理により耐食性を向上させたアルミサッシ　(写真提供　三協立山アルミ㈱)

よる遅れ破壊(delayed fracture)などがその例としてあげられる．これらは高
強度材ほどそれらの感受性が高いことを忘れてはいけない．

＊＊＊＊＊＊＊＊＊＊＊＊＊＊＊＊＊＊＊＊＊＊

13・5 各種製品における機械材料 (machine materials in some products)

　ここでは，我々の身近な製品である自動車，航空機，新幹線車両，橋梁，
軸受，半導体接続用極細線(ボンディングワイヤ)，ハンドル車，金属製モニュ
メントにおいて機械材料がどのように使用されているかについて触れてみる．

(1) 自動車(automobile)

　燃料であるガソリンの高騰と将来化石燃料の枯渇，および二酸化炭素によ
る地球温暖化などの環境問題が重要な課題となっている．そのため，
低燃費化，軽量化，リサイクルしやすい材料の選択などに併せて，
鉛などの環境に有害な添加材料を使用しない代替材料の開発などの
研究が積極的に行われている．また，平行して電気自動車や電気モ
ータとガソリンエンジンを複合した自動車（ハイブリッドカー）の
研究開発も進んでいる．

　部品の標準化は，部品点数や管理コストの低減につながるが，消
費者の高級志向もあり現在の車では，構成部品数は3万点以上とも
言われている．自動車の構成材料の比率は鉄鋼材料が約70%，銅や
アルミニウム合金などの非鉄金属が約9%，プラスチックが約8%，
ゴム・ガラスが約7%で残りはセラミックスや塗料などである．

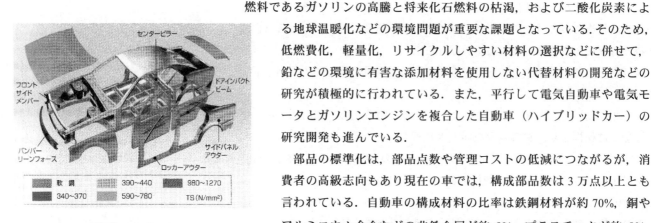

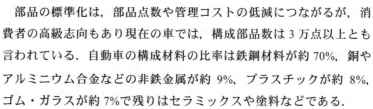

図13.7　自動車ボディの高強度化
(NIPPON STEEL MONTHLY, 2003年5月号，
新日本製鐵㈱提供)

　自動車の外板は冷間圧延鋼板であり，その構成割合は約40%と大
きく占める．軽量化のため，板厚を薄くするために，強度の高い鋼板が多用
されており，具体的に高張力鋼(high tensile strength steel), (通称，ハイテン(HT)
という)がどのように使われているかを図13.7に示す．エンジンの排気系部
品には耐食性と高温強度の面からステンレス鋼が使われている．電子制御や
電気系統の接続線には，銅のワイヤハーネス(組電線)が使われている．ピス
トン，シリンダヘッドや熱交換機には軽量であるアルミニウム合金が使われ
ている．プラスチックは意匠性や成形性に優れ，かつ軽量であるため内装品，
バンパ，燃料タンクなどに採用されている．

(2) 航空機(aircraft)

　航空機は自動車よりさらに軽量化が必要である．民間航空機の機体重量の
約80%がアルミニウム合金でできており，その他鉄鋼材料が13%，チタンニ
ウムが4%程度と言われている．また，空気抵抗の低減や塗料の重量を低減
するため，アルミニウム合金の外板を鏡面仕上げのままにするといった工夫
や化学的な腐食による加工法のケミカルミリング(chemical milling)などもな
されている．一例としてボーイング社の航空機B757の機体とその構造材を
図13.8に示す．機体外板は超ジュラルミンA2024に純アルミニウムをクラッ
ド（複合）した材料が多く使われている．また，高靭性，長寿命が期待でき

る A2524 あるいは A7150 などのアルミニウム合金が大幅に使用されている.
また,現在開発中の B787 機では,運行中の低燃費特性が重要との判断から,
従来機に比べ繊維強化プラスチック材料の使用割合を高め,CFRP が主構造
材料として利用するまでに至っている.

(a) ボーイング 757(写真提供 www.railstaion.net/sozai/airplane.html.　(b)ボーイング 757 の機体構造材
ボーイング７５７の写真(成田空港)　airport.worlds 社)

図 13.8　航空機の機体構造と材料

(3) 新幹線車両(SHINKANSEN rolling stock)

　新幹線の営業開始は 1964 年であり,当時の車体(0 系)の材料は普通鋼であり
ながら最高速度は 220km/hr.であった.その後高機能を求められるに伴って後
継車体には,ステンレス鋼やアルミニウム合金が一部使われてきた.近年で
は軽量化の要求からアルミニウム合金の使用比率は非常に高くなっている.
1992 年には,毎時 270km の最高速度を出せる 300 系車両を用いた東海道新
幹線「のぞみ」が登場した.その車体構造と利用された材料名を図 13.9 に示
す.A6N01 合金,A7N01 合金および A5083 合金の薄肉でかつ幅広・長尺の
押出し形材が使用されている.これらの合金は強度が高く,かつ耐食性や溶
接性がよく製造時の工数低減が可能というメリットも備えている.従来の鋼
製車両重量は約 1000 トンであったが,アルミニウム合金使用により約 30%
軽量にすることができた.

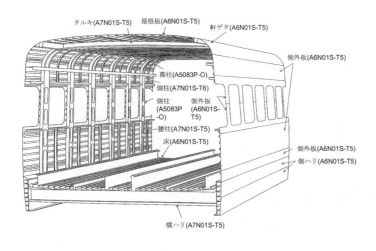

図 13.9　新幹線 300 系車体の構造と使用材料[4]

図 13.10　2007 年に登場した新幹線 N700 系
(写真提供　JR 東海㈱)

　その後開発された 500 系車体(1997 年)や N700 系車体(2007 年)(図 13.10)には，ハニカムパネル(honeycomb panel)などの構造や制振材が使用され，さらなる改良が加えられて機能性や快適性が向上した．

(4) 橋梁(bridge)

　兵庫県神戸市と淡路島を結ぶ明石海峡大橋(図 13.11)が，1998 年に完成した．橋塔高さが 283m，スパン(支間)が 1991m という巨大吊橋である(最近までは世界最長の吊橋であった)．橋梁の構造材には焼入れ，焼戻し処理された最高レベルの 80 キロ級の高張力鋼板が使われている．また，橋を吊っている 2 本のメーンロープの材料には，引張強さが 180kgf/mm² 級の直径 5mm の高強度鋼線を約 37000 本束ねてつくられ，その直径は 1m を越えている．

図 13.11　明石海峡大橋の写真とメーンロープの断面形状

(5) 軸受(bearing)

　軸受とは機械類における回転物の軸あるいは直動する軸を支持する部品である(図 13.12)．軸受に使用される材料は，主として軸受鋼 SUJ2 やクロムモリブデン鋼(たとえば SCM420)である．高荷重，高速運転のもとで高精度を保ち，かつ摩擦，摩耗，騒音が少なく，長期間の使用に耐える必要がある．そのため，材料中の酸化物，硫化物，炭化物や非金属介在物を限りなく低減する必要がある．

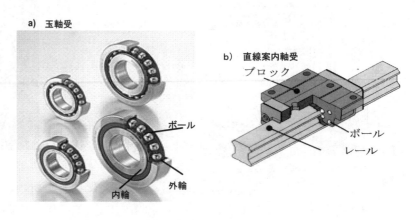

図 13.12　軸受 (写真提供　a) NTN㈱ b) THK㈱)

13・5　各種製品における機械材料

(6) 半導体接続極細線（ボンディングワイヤ）(bonding wire for semiconductor)

パソコン，自動車の電子制御機器や携帯電話および IC カードなどには集積回路が入っている．その回路の接続線(図 13.13)の材料は，純金や高純度の銅，アルミニウムが使われているが，品質の面からそのほとんどは 99.99%の金(gold)である．高集積と省体積化が求められ，金線の直径は年々細径化が要求され，現在では 15 から 30μm の線材が多く使われている．

(7) ハンドル車(handwheel)

図 13.14 に示すハンドル車がいろいろな機械に使われる．一例として，ダムの水門や貯水槽の水の出し入れの弁を動かすのに使われる．ハンドル車の形状は複雑であり，バルクから機械加工で製作することは非経済的である．このような製品は，鋳造により製造されることが多く，代表的な材料としてねずみ鋳鉄があげられる．

(8) 金属製モニュメント(metal monument)

国内外の公園などには金属製モニュメントが見られる．このような芸術作品では使用される材料は作者により決められており，それらは明示されていないのが通例である．図 13.15 はアメリカのワシントン DC にあるモニュメントである．このモニュメントの材料は，形状から見て一般構造用圧延鋼材であると推測される．

＊＊＊＊＊＊＊＊＊＊＊＊＊＊＊＊＊＊＊＊＊＊＊

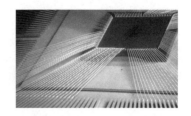

図 13.13　金ボンディングワイヤ

図 13.14　ねずみ鋳鉄でできた
ハンドル車

図 13.15　金属製モニュメント
(米国ワシントン DC にて撮影)

===== 練習問題 =====================

【13・1】下記の JIS 表記された機械材料はどのような材料か，またそれらの用途について説明しなさい．

(a) S45C　　　(b) FC200　　　(c) SUS304　　　(d) SKH2

【13・2】軽量化の目的から機械の剛性（$E \times I$）の向上を要求されるため，材料の縦弾性係数 E を大幅に上げたい．炭素鋼において，化学成分，熱処理，塑性加工により E を大幅に向上させる可能性について述べなさい．

【13・3】Give some materials about high corrosion resistant and those chemical compositions.

【13・4】Describe a typical chemical element what developed in the following material.

(a) free-machining steel, (b) duralumin

【解答】

【13・1】

(a) S45C：機械構造用炭素鋼と呼ばれ，炭素含有量が約 0.45%含まれる代表的な機械材料である．焼入れも可能であり，機械の構造材，シャフトやボル

トなどに使われる.

(b) FC200：ねずみ鋳鉄と呼ばれ，材料が持つ引張り強さの下限値が200MPa
である．バルブ，ハンドル車やマンホールの蓋の材料として使われる.

(c) SUS304：ステンレス鋼であり，流し台，ナイフやスプーン，化学装置の
材料として使用される．主な化学成分として，Cr が 18%，Ni が 8%である
ため 18-8 ステンレスと呼ばれる．しかし，焼入れができないので材料強化
には塑性加工による加工硬化しかない.

(d) SKH51：高い速度で切削しても刃先が高温軟化しない材料で，高速度鋼(ハ
イス)と呼ばれ，工具材料として利用される．代表的な成分は
18mass%W-4%Cr-1%V-0.8%C である.

【13・2】縦弾性係数 E は，金属原子間引力に基づく材料固有の性質である．
炭素鋼の範囲では化学成分，熱処理条件，塑性加工により E の大幅な向上は
望めない.

【13・3】　ステンレス鋼(Cr18%-Ni8%-Fe)とチタンは高耐食性材料として知ら
れている．アルミニウムは酸化しやすい材料であるが，大気に触れると表面
に安定な酸化皮膜が形成するので耐食性材料として選択しても誤りではない.

【13・4】

(a) 快削鋼は硫黄(P)，鉛(Pb)，カルシウム(Ca)あるいはその化合物を含む鋼で
ある．SUM31 は 0.18%C, 1.15%Mn, 0.1%S, P は 0.04%以下の化学成分とな
っている(第 9 章)．これらの添加元素は強度低下の原因となるが，切削チ
ップを分断するので，NC 旋盤のような自動工作機械による切削に適する.

(b) ジュラルミンは時効硬化性 Al-Cu 合金である(第 10 章)．Cu を含有すると，
過飽和固溶体から G-P ゾーンや θ'相が析出するので粒子分散強化の役割
を成す(第 6 章).

＊＊＊＊＊＊＊＊＊＊＊＊＊＊＊＊＊＊＊＊＊＊＊

第 13 章の文献

(1) ロバート・E・パー(井沢実訳)，機械の設計原理，(1974)，産業図書.

(2) W. D. Callister, Jr., Materials Science and Engineering an Introduction, (2000),
John Wiley & Sons.

(3) 手塚則雄，米山猛，設計者に必要な材料の基礎知識，(2003)，日刊工業新
聞社.

(4) 塩谷義，先進機械材料，(2002)，培風館.

第１４章

環境と材料

Materials for Sustainability

* *
これまでの章では，機械工学の視点から材料について学んできた．しかし，われわれは地球という自然の中で生き続けていかなければならない．そして，われわれは地球資源から材料をつくり出す原料を得ている．そこで，本章では，人間社会という，さらに広い視点から材料について考えてみる．

* *

14・1 材料への環境要請 (material selection from the aspect of sustainability)

材料の選択において，地球環境問題とのかかわりからの選択の視点が重視されるようになった．この地球環境とのかかわりとは，単に周囲の環境を汚す，という問題だけではなく，「現在の豊かさの追求が将来の世代の可能性を妨げるようにさせない」という意味で持続可能性(sustainability)の問題といわれる．

図 14.1 に示すように，材料は自然(地球環境圏や生物圏)から人間圏に汲み出され，最終的には地球環境圏に戻されるものである．材料と地球環境とのかかわりには，①物質循環の観点，②プロセス負荷の観点，③新規人工物質の観点がある．地球環境中に存在していた自然物を原料とし，これを人工的に加工して有用物にしたものが材料である．また，材料は幾度か使用された後に，最終的には廃棄物となって地球環境に戻される．このように，材料は地球環境との物質のやり取りがなされている，したがって，環境問題を考えることなく，材料を使用し続けると，資源枯渇問題，廃棄物問題等が物質循環の観点からの問題なってくる．また，材料を加工，処理，利用する際にエネルギー資源や水資源等を投入し，大気中，水中，土壌中に放出する．ここで起きる公害や汚染，CO_2 ガスの排出などの問題がプロセス負荷の観点からの問題にもなる．また，新しく生み出される材料は，これまで自然界に存在しなかった物質であったり，存在しても希薄であったものが多く，生体等への影響が未知数であったりする．これらが時として生命体に悪影響を及ぼす場合があり，これが新規人工物質の観点からの問題である．さらに近年では，これらとともに，積極的な④環境浄化の観点も加えられることもある．

影響を受ける環境にとっては，図 14.2 に示すように，①CO_2 等温暖化ガス(greenhouse effect gas)，砂漠化(desertification)，熱帯雨林(rainforest)の破壊等による気候変動(global climate change)の問題，②資源の枯渇(resource depletion)，廃棄物(waste)の増大の問題，③有害化学物質(hazardous chemicals)等による人間健康，生態系への影響の問題として現れる．そこで，これらに対する材料

図 14.1 地球環境圏と物質の循環[1]

図 14.2 地球環境への影響

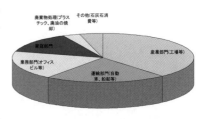

図 14.3 わが国の分野別 CO_2 排出
(環境白書 2006 年度版)

選択の方向性として，どのように対処すべきか考えてみよう．

＊＊＊＊＊＊＊＊＊＊＊＊＊＊＊＊＊＊＊＊＊＊＊

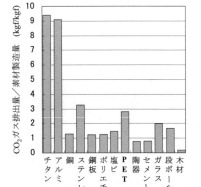

図 14.4　わが国の材料別 CO_2 排出量

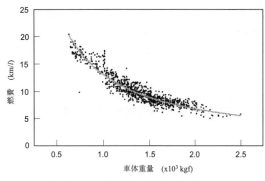

図 14.5　自動車の重量と燃費

14・2　CO_2 発生の抑制 (reduction of CO_2 emission)

　気候変動の問題での最大の課題は，地球温暖化の原因である CO_2 ガスの発生を抑制することである．図 14.3 に示すように，2003 年のわが国の温暖化のためのガス排出量は，CO_2 ガス換算で 13,000GN(1,340x10^6 トン)であるが，素材産業部門はその約 20%を占めており，素材技術の転換により温暖化ガスを削減すれば，大きく寄与することになる．この中には，特にわが国で大量に使用されているセメント(石灰石からの CO_2)，鉄鋼(コークスからの CO_2)が含まれている(図 14.4)．これらの素材の高強度・長寿命・高付加価値化すれば，同じ性能をもつ素材質量当りの CO_2 ガスの発生を少なくすることができる．たとえば，石灰石やコークスへの依存度を低減するために，廃プラスチック等の人工廃棄物を原燃料として利用することが進められている．一方，材料の選択としては，各素材の単位量あたりの製造にともなう CO_2 ガスの発生量(CO_2 原単位)を把握し，不必要に CO_2 原単位の高い素材を使用しない配慮が求められる．

　CO_2 ガス排出の約 20%は運輸部門である．輸送機械用材料は動力機構や移動機械の構成要素であり，軽量化による動力負荷の軽減，耐熱性の向上，摩擦や潤滑の制御による損失削減による効率運転などを通じて，運輸部門のエネルギーに由来する CO_2 ガスの削減に役立つことができる．図 14.5 は，その一例として，自動車の車体重量と燃費の関係を示している．車体の軽量化によって燃費効率を高めることで，CO_2 ガスの削減となる．

　このような省エネルギー効果が期待できるのは運輸部門だけでなく，近年，全 CO_2 ガス排出の 30%近くまで増加してきた家庭部門においても省エネルギーが期待される．この場合，各種の機能性素子や新素材の開発によって冷暖房や照明機器あるいは温水，加熱，冷蔵機器などが効率化し，省エネルギーに寄与している．また，壁や窓などの断熱材や光応答性，太陽熱吸収，湿度維持などによる生活環境や住居の設計・製造にかかわる場合も，これらの要素として材料を勘案すべきである．

　これらのエネルギー消費部門とともに，発生部門の設備設計での材料の役割も重要である．現在，多用されている動的エネルギー変換の場合，熱力学の原理から，高温運転が効率的に働くエネルギー変換が必要であり，そのための耐熱強度の高い素材を用いることも，その役割のひとつである．自然エネルギーへの転換のためには，周囲の環境変動に耐える耐環境性とメンテナンスが容易な素材を選択することが不可欠となる．さらに燃料電池のような化学エネルギーや太陽エネルギーの利用では，物質そのものが反応体であり，高機能を引き出す材料の選択が求められる．また，これらのエネルギー発生端と消費端をつなぐ間で生じるエネルギー損失も，できる限り低減することが重要で，電磁鋼板や超伝導材料などを利用することが考えられよう．

＊＊＊＊＊＊＊＊＊＊＊＊＊＊＊＊＊＊＊＊＊＊＊

14・3　循環型社会 (material circulating society)

　資源の枯渇，廃棄物の増大の問題は，基本的に資源制約に如何に対応し，人間の経済圏内部での循環の割合を増やして，資源採取や廃棄物処理などとしての地球環境とのやり取りを如何に減らすかという問題である(図 14.6)．この問題解決のために循環型社会(material circulating society)への方向が模索されている．この循環型社会に向けた取り組みは，リユース(Reuse)，リサイクル(Recycle)，リデュース(Reduce)の頭文字をとって 3R と呼ばれている．リユースとは，使用済みの製品や部品を再使用すること，リサイクルは使用済み製品を新たな資源として再利用すること，リデュースは使用量自体を削減していくことである．わが国では，既に 1990 年代から各種のリサイクル法が整備され，現在では，ほとんどの製品が 3R 対応を必至としており，そのための材料選択が求められている(図 14.7)．

　リユースのためには材料の長寿命化と信頼性が求められる．これはリユースにより，製品の使用が指定の期間に達しても，保守等によって再使用することで，寿命が数倍長くなるためである．特に部品リユースの場合は，有用な部品を容易に取り出すための解体のし易さ，さらに機能劣化等が容易に検出できる検査のし易さも配慮する必要がある．

　リサイクルには，素材に戻すマテリアルリサイクル(material recycle)，化学成分として活用するケミカルリサイクル(chemical recycle)，可燃成分などを燃料として利用するサーマルリサイクル(thermal recycle)がある．また，同一の素材に戻るものをクローズドリサイクル(closed recycle)，他の素材や用途に用いられるものをオープンリサイクル(opened recycle)という．クローズドのマテリアルリサイクルは原料資源の削減にもつながる．

　リサイクル率の表し方は素材によってまちまちであるが，原料素材の中にリサイクル材料を投入する割合で表す場合が多い．そのようにして表したリサイクル率では，金属，紙，ガラス等のリサイクル率が高く，一般にリサイクル性の高い素材とされている．図 14.8 に代表的な素材のリサイクル率を国内年間需要との関係で示した．プラスチックは加工や使用段階で劣化が起こるためマテリアルリサイクルのリサイクル率は低い．金属でも合金化により複数の成分が混ざることで，それらが不純物となり，リサイクル性が損なわれることもしばしば起こる．そのため部材設計においては，Fe に対する Cu，Al に対する Fe 等のリサイクル阻害成分の回避，分離性に配慮する必要があ

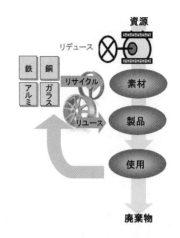

図 14.6　循環型社会に向けた 3 R

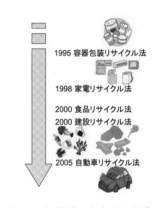

図 14.7 わが国のリサイクル法

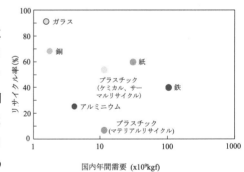

図 14.8 素材の年間需要とリサイクル率

表 14.1 リサイクル材の回避成分と理由

鉄		アルミニウム		銅	
混入元素	理由	混入元素	理由	混入元素	理由
Cu	熱間加工時の割れ	Fe	析出物形成、破壊の原因	Pb	伸線性不良
Sn				Ni	加工性、機械的性質低下
Ni	機械的性質劣化	Cu	耐食性低下	Fe	機械的性質低下、低導電率
Mo		Zn			
P	粒界偏析による脆化	Si	晶出による硬化	Sn	伸展性、加工性
Sb					

る．表 14.1 は鋼，アルミ，銅の合金における回避すべき成分の例を示す．ま
た複合材料は，材料性能の面では優れているが，リサイクルの面では注意を
要する．FRP は，その優れた強度特性のために，分離の際の破砕等でリサイ
クル処理に負荷がかかる．ラミネートで表面処理された紙や金属も表面層の
異物質がリサイクル不純物になる場合が多い．これらの複合素材は適度な解
体性や分離性など，設計段階で考慮することが好ましい．

　　リデュースのためには，目的の機能を発現させつつ，必要な材料の減量化
が求められる．そのためには材料単位あたりの性能向上，効率的な設計に合
致できる加工性の向上，素材の加工時の歩留まり(yield)の向上が求められる．

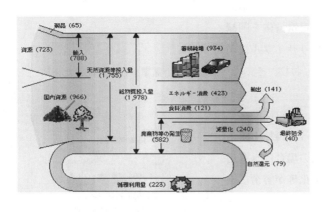

図 14.9 わが国の物質流通(単位 100 万トン)[4]

　　リデュースは，基本的に図 14.9 に示すような物質流
通(material flow)をより少なくし，効率化する行為であ
る．2005 年度におけるわが国の年間の一人当たりの直
接物質流通は約 16 トンである．さらに，資源採取国に
残してきた物質流通を考慮した関与物質総量(total
materials requirement)は一人当たり 190 トンにもなる．
ここで，関与物質総量とは 1 トンの素材を得るために
手を加える地球資源の総量を比で表した値である．素
材の選択においてその成分を構成する元素の選択は地
球から掘り出す資源量を左右する．図 14.10 に各元素
を 1 トン得るための採掘量（関与物質総量）と，元素
1 トンの取得が資源の枯渇として鉄の何トンに相当す
るかで表した資源枯渇加速度(relative acceleration rate of depletion)を用いて表
した，各元素の資源的貴重さの例を示している．特に，電子機器や燃料電池
などに用いられる機能性の素材では，これらの数値の大きい元素が用いられ
る場合が多く，微量であっても無視せずに，減量や代替材料の追及をせねば
ならない．

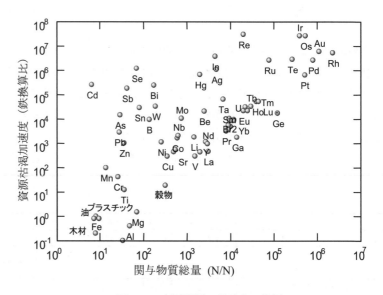

図 14.10 金属資源の貴重さの指標

＊＊＊＊＊＊＊＊＊＊＊＊＊＊＊＊＊＊＊＊＊＊＊＊＊

14・4　有害懸念物質(suspicious hazardous substance)

　材料選択における有害懸念物質への対応は，材料中への有害懸念物質の含有と加工プロセスでの有害懸念物質の使用・管理に大別される．材料中への含有は，近年その規制が厳しくなってきており，2003 年採択の欧州連合(EU)で行われている RoHS (Restriction of Hazardous Substances，一般に"ローズ"と呼ばれる)規制が世界的に影響を与えており，2006 年には中国においても中国版 RoHS とも呼ばれる「電子信息産品汚染控制管理弁法」が公布された．これらの RoHS は，電気・電子機器を対象とするものであるが，鉛，水銀，カドミウム，6 価クロム，ポリ臭化ビフェニル (PBB) ，ポリ臭化ジフェニルエーテル (PBDE)を特定有害物質と定めて，「指定の範囲の蛍光ランプ中の水銀」のように極めて限定された例外を除いて，許容限度以上の含有を禁じている(図 14.11)．また，EU においては 2007 年から，年産 1 トン以上の化学物質に関しては，生体・環境への影響の調査と登録を義務付けるリーチ (registration, evaluation, authorization and restriction of chemicals, REACH)が施行されている．

　めっき工程での重金属，塗装工程での揮発性有機化合物(volatile organic compounds, VOC)，および洗浄水，洗浄油，潤滑油などに含まれ環境中に排出される化学物質の管理も素材の加工プロセスとの関連で重要である．わが国では 2001 年から化学物質排出把握管理促進法で PRTR(pollutant release and transfer register)制度が実施されている．

＊＊＊＊＊＊＊＊＊＊＊＊＊＊＊＊＊＊＊＊＊＊

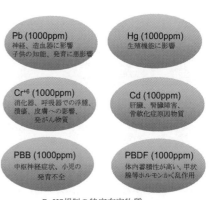

RoHS規制の特定有害物質

図 14.11 RoHS 規制対象物質

14・5　LCA (life-cycle assessment)

　LCA とは，図 14.12 に示すように，製品に対して資源採取から廃棄に至るまでの環境負荷を調べ上げて，その総和を評価する方法である．ここまで取り上げてきたように，地球環境問題に対して配慮すべき材料選択の要素は多面に亘っている．さらに，製品化する工場のみで，これらの環境配慮が問われるのではなく，市場に流布したのちも，原材料に立ち返って問われる．使用段階や廃棄物処理段階など市場に流布した後の製品のリサイクルや含有物質の環境影響に対して，製造者が責任を持つことを拡大製造者責任(extended producer responsibility)と呼ばれている．また，原材料の供給元においても，製造段階での素材中の不純物混入等を含め，調達素材や調達部品の管理が調達経路であるサプライチェーンマネージメント(supply chain management)を通じて行われ，そのための環境情報の提示が素材や製品の仕様と同様に求められるようになってきている．

　このような素材や製品の環境管理・評価の手法として LCA が国際標準の方法として用いられる．これからは製品の設計の段階から LCA による事前の環境影響評価が組み込まれ，製品における環境配慮がより一層具体化する

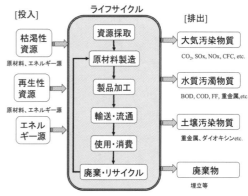

図 14.12 LCA の概念図

方向に進んでいくことが予想される．

＊　＊　＊　＊　＊　＊　＊　＊　＊　＊　＊　＊　＊　＊　＊　＊　＊

＝＝＝＝＝　練習問題　＝＝＝＝＝＝＝＝＝＝＝＝＝＝＝＝＝＝＝＝

【14・1】　自動車の軽量化は燃費を向上するため，CO_2 ガスの排出量を低減するが，その他の CO_2 ガス低減法を考えてみよう．

【14・2】　日用品のオープンリサイクルについて考えてみよう．

【14・3】　鉛，水銀，カドミウム，クロムが含まれる可能性のある製品，もしくは工程にはどのようなものがあるか調べてみよう．

【14・4】　電気自動車や太陽電池，原子力発電は使っているときには CO_2 をほとんど排出しませんが，LCA で考えると CO_2 排出はゼロではありません．ライフサイクルのどこで CO_2 を出しているか考えてみよう．

【解答】

【14・1】　たとえば，水素自動車，電気自動車，燃料電池自動車など．

【14・2】　使用できなくなった日用品がどのような素材かを調べ，あるいは複合素材であれば，分離性についても調べて，素材機能ごとに分別してリサイクルする．

【14・3】　鉛；はんだ，快削鋼の一部等，　　水銀；多くの蛍光灯等，　　カドミウム；特殊な電気接点等，　　クロム；メッキ工程等．

【14・4】　電気自動車；供給電力の発生時
　　　　　　太陽電池；太陽電池の原料製造
　　　　　　原子力発電；核燃料の精製

第 14 章の文献

(1) 物質循環と人間活動，(2006)，放送大学教育振興会．

(2) 環境白書 2006 年版，(2006)，環境省．

(3) 土肥，原田，鈴木編，エコマテリアルハンドブック，(2006)，丸善．

(4) 資源循環型社会白書 2006 年版，(2006)，環境省．

(5) WEEE&RoHS 研究会編，よくわかる WEEE&RoHS 指令，(2004)，日刊工業新聞社．

(6) LCA 実務入門，(1998)，産業環境管理協会．

付　録

Appendix

A・1　結晶構造の幾何学（geometrical relation in crystallography）

A・1・1　結晶面の間隔

　ミラー指数(hkl)で示される結晶面と，その隣接する結晶面との間の距離 d は，つぎのような式を用いて求めることができる．

(1) 立方晶の場合，格子定数を a とすると

$$\frac{1}{d^2} = \frac{h^2 + k^2 + l^2}{a^2} \qquad (A.1)$$

(2) 正方晶の場合，格子定数を a と c とすると，

$$\frac{1}{d^2} = \frac{h^2 + k^2}{a^2} + \frac{l^2}{c^2} \qquad (A.2)$$

(3) 六方晶の場合，格子定数を a と c とすると，

$$\frac{1}{d^2} = \frac{4}{3}\left(\frac{h^2 + hk + k^2}{a^2}\right) + \frac{l^2}{c^2} \qquad (A.3)$$

(4) 斜方晶の場合，格子定数を a, b, c とすると，

$$\frac{1}{d^2} = \frac{h^2}{a^2} + \frac{k^2}{b^2} + \frac{l^2}{c^2} \qquad (A.4)$$

A・1・2　二つの結晶面の間の角度

　面間隔 d_1 の結晶面$(h_1 k_1 l_1)$と面間隔 d_2 の結晶面$(h_2 k_2 l_2)$の間のなす角度は，つぎのような式を用いて求めることができる．

(1) 立方晶の場合，

$$\cos\phi = \frac{h_1 h_2 + k_1 k_2 + l_1 l_2}{\sqrt{(h_1^2 + k_1^2 + l_1^2)} \cdot \sqrt{(h_2^2 + k_2^2 + l_2^2)}} \qquad (A.5)$$

(2) 正方晶の場合，格子定数を a と c とすると，

$$\cos\phi = \frac{(h_1 h_2 + k_1 k_2)/a^2 + (l_1 l_2)/c^2}{\sqrt{(h_1^2 + k_1^2)/a^2 + l_1^2/c^2} \cdot \sqrt{(h_2^2 + k_2^2)/a^2 + l_2^2/c^2}} \qquad (A.6)$$

(3) 六方晶の場合，格子定数を a と c とすると，

$$\cos\phi = \frac{h_1 h_2 + k_1 k_2 + 1/2(h_1 k_2 + h_2 k_1) + (3a^2/4c^2)(l_1 l_2)}{\sqrt{\{h_1^2 + k_1^2 + h_1 k_1 + (3a^2 l_1^2)/4c^2\}} \cdot \sqrt{\{h_2^2 + k_2^2 + h_2 k_2 + (3a^2 l_2^2/4c^2)\}}}$$

$$(A.7)$$

(4) 斜方晶の場合，格子定数を a, b, c とすると，

$$\cos\phi = \frac{(h_1 h_2 / a^2) + (k_1 k_2 / b^2) + (l_1 l_2 / c^2)}{\sqrt{(h_1^2 / a^2) + (k_1^2 / b^2) + (l_1^2 / c^2)} \cdot \sqrt{(h_2^2 / a^2) + (k_2^2 / b^2) + (l_2^2 / c^2)}}$$

$$(A.8)$$

【発展例題1】　＊＊＊＊＊＊＊＊＊＊＊＊＊＊＊＊＊＊＊＊＊＊＊

　　アルミニウムの結晶構造は面心立方晶(fcc)で，格子定数は a=0.4049nm であり，そのすべり面は(111)である．すべり面の面間隔を求めなさい．

【解答】

　　(A.1)式より，h=1, k=1, l=1 とおくと，

$$d = a / \sqrt{(h^2 + k^2 + l^2)} = 0.4049 / \sqrt{3} = 0.2337 nm$$

＊＊＊＊＊＊＊＊＊＊＊＊＊＊＊＊＊＊＊＊＊＊＊

A・2　ポテンシャルエネルギーと弾性定数（potential energy and elastic constant）

　　この付録では，第2章，第3章で述べた弾性係数について微視的性質から説明してみよう．ポテンシャル曲線を用いるのが弾性定数の本質的理解に最も適している．

$$V(r) = 4\varepsilon\left[\left(\frac{\sigma}{r}\right)^{12} - \left(\frac{\sigma}{r}\right)^{6}\right] \tag{A.9}$$

で表されるレナード・ジョーンズポテンシャル(Lennard-Jones Potential: L-J Potential)は，2つの原子の間に働く力のポテンシャルの経験的なモデルとしてファンデル・ワールス結合の表現に良く用いられる．これを図 A.1 に示す．一方，イオン結合の場合にはクーロン力が吸引の駆動力，すなわち引力となるので，吸引エネルギーは距離の-1乗に比例することとなる．反発エネルギーは電子殻の重畳の影響により，距離の-8から-11乗に比例する(n=-8~-11)ことが多いので，n=-10とすればポテンシャルエネルギー曲線は

$$V(r) = 4\varepsilon\left[\left(\frac{\sigma}{r}\right)^{10} - \left(\frac{\sigma}{r}\right)\right] \tag{A.10}$$

となる．

　　次に，力を考えよう．ポテンシャルエネルギーを微分して逆符号をとれば力になる．すなわち，

$$\boldsymbol{F} = -\nabla V = -\mathrm{grad} V \tag{A.11}$$

であって，O-xyz 座標系における各方向への力は

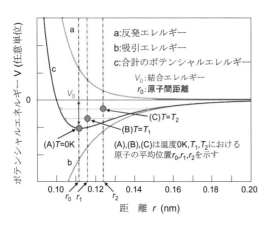

図 A.1　レナード・ジョーンズ（L-J）ポテンシャル　$V(r) = 4\varepsilon\left[\left(\frac{\sigma}{r}\right)^{12} - \left(\frac{\sigma}{r}\right)^{6}\right]$.

　　後に述べるように（A）(B)(C)はある温度による原子位置を示す．ε と σ は物質に特有の係数である．12乗に比例する反発のエネルギーは，簡単には電子雲同士及び核同士の重なりに対する反発であると考えて良い．r=0 はとりもなおさず核融合に相当するので，反発エネルギーが r の小さい領域で極めて大きくなることは容易に予想できる．また，吸引エネルギーが6乗に比例しているのは，分極により作用する二つの双極子間の力がある距離の6乗に反比例したポテンシャルエネルギーを有することから理解される．二原子の距離は，ポテンシャルの一番小さい r_0 の位置に定まり，結合エネルギーは r_0 におけるポテンシャルの深さ V_0 で与えられる．

$$F_x = -\frac{\partial V}{\partial x}, F_y = -\frac{\partial V}{\partial y}, F_z = -\frac{\partial V}{\partial z} \tag{A.12}$$

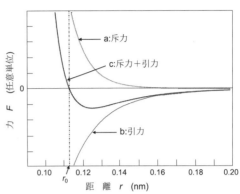

図 A.2 L-J ポテンシャルから得られる力と2原子間の距離との関係.

である. 原子間に加わる力に限らず, クーロン力, 引力など保存力には全てこの関係が成り立つ. 図 A.1 のポテンシャルエネルギー曲線を微分して斥力と引力及びそれらの合力を示したのが図 A.2 である. 2原子のみを対象としているので, r 方向のみのエネルギー変化を扱っている. 原子間距離 r が r_0 より小さいと斥力が働き, r_0 より大きい場合には引力が働く. すなわち, 本来の位置 r_0 に原子がない場合, r_0 の位置に引き戻そうとすることとなる. したがって, 図 A.1 の(A)点においては, 温度 T=0K において, 格子振動が無視できる状態となるので, 原子はポテンシャルエネルギーが最小の位置 $r=r_0$ で安定となり, 原子は留まり動かない. しかし, 我々が材料を利用するとき, 温度 T は有限の値をとり, たとえば, 常温であるならば T=293K である. このように有限の温度の場合, 原子は, 図 A.1 に示すポテンシャルエネルギー曲線での点(B)の位置にある. そして, 図 A.1 の(B)点を通る赤色矢印の範囲内で振動していて, 平均の原子位置は $r=r_1$ の位置になっている. さらに温度を上昇させて T=T_2 となると, 振動の幅は大きくなり, 平均の原子間距離も $r=r_2$ と大きくなる. このように原子の位置が振動するのは, 力が常に $r=r_0$ の位置に戻そうとするからであり, 平均原子位置の移動は, 熱膨張に相当している.

さて, 外力が小さい場合, 原子の変位 $\Delta r = r - r_0$ は小さく, 力 F に比例している. この Δr だけ変位した原子のポテンシャルエネルギー$V(\Delta r)$は, テイラー展開することによって以下のように表すことができる.

$$V(r) = V_{r_0} + \left(\frac{dV}{dr}\right)_{r_0} \Delta r + \frac{1}{2}\left(\frac{d^2V}{dr^2}\right)_{r_0} \Delta r^2 + \frac{1}{6}\left(\frac{d^3V}{dr^3}\right)_{r_0} \Delta r^3 + \cdots \tag{A.13}$$

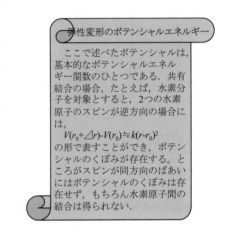

弾性変形のポテンシャルエネルギー

ここで述べたポテンシャルは, 基本的なポテンシャルエネルギー関数のひとつである. 共有結合の場合, たとえば, 水素分子を対象とすると, 2つの水素原子のスピンが逆方向の場合には,

$$V(r_0 + \triangle r) - V(r_0) \fallingdotseq k(r - r_0)^2$$

の形で表すことができ, ポテンシャルのくぼみが存在する. ところがスピンが同方向のばあいにはポテンシャルのくぼみは存在せず, もちろん水素原子間の結合は得られない.

ここで V_{r_0} は $r=r_0$ におけるポテンシャルエネルギーであり, すべての微分項も $r=r_0$ における値である. 弾性変形では Δr が十分に小さい($\Delta r < 0.01 r_0$)ので, 高次の項を無視し, 右辺の第3項までを考慮すれば,

$$V(r) = V_{r_0} + \left(\frac{dV}{dr}\right)_{r_0} \Delta r + \frac{1}{2}\left(\frac{d^2V}{dr^2}\right)_{r_0} \Delta r^2 \tag{A.14}$$

である. ここで, $r=r_0$ において $\frac{dV}{dr} = 0$ であるから,

$$V(r) = V_{r_0} + \frac{1}{2}\left(\frac{d^2V}{dr^2}\right)_{r_0} \Delta r^2 \tag{A.15}$$

となる. ポテンシャルを距離で微分して符号を逆にすると力が得られるので, Δr で微分すれば,

$$F(\Delta r) = -\frac{dV(\Delta r)}{d\Delta r} = -\left(\frac{d^2V}{dr^2}\right)_{r_0} \Delta r \tag{A.16}$$

と表すことができる. ここで重要なのは, 力が変位 Δr に比例していることであって, その比例定数はポテンシャル関数の二次微分,

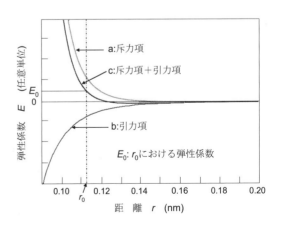

図 A.3 L-J ポテンシャルから得られる弾性係数.

すなわち井戸(くぼみ)の曲率になっていることである．さらに，フックの法則と比較してみれば，$-(d^2V/dr^2)_{r_0}$ は弾性定数そのものであることがわかる．図 A.3 に弾性係数が原子間距離によってどのように変化するかを示す．この図で r_0 における E が $T=0K$ における弾性係数となる．従って，材料の機械的性質の本質はポテンシャル関数にある．近年，分子軌道法で材料の微視的挙動を予測することが行われているが，その礎はポテンシャルにあり，どのようなポテンシャル関数を仮定するかで力学的特性の予測値が大きく変化する．

【発展例題2】　＊＊＊＊＊＊＊＊＊＊＊＊＊＊＊＊＊＊＊＊＊＊

　図 A.4 に 4 つのポテンシャルエネルギー曲線を示す．このうち，

① 最も弾性係数の大きいと思われるものはどれか．また最も小さいものはどれか．

② 熱膨張率が最も大きいと思われるものはどれか，また最も小さいものはどれか．

③ 結合エネルギーが最も小さいものはどれか．

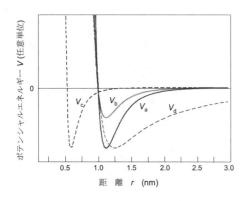

図 A.4　ポテンシャルエネルギー曲線のモデル

【解答】　弾性係数はポテンシャルエネルギー曲線のくぼみの曲率で定義されるから，V_c が最も大きく，V_d が最も小さい．熱膨張率は原子の平均位置がエネルギーの上昇にともなって移動する量が大きいので，最も小さいものは V_c であり，最も大きいものは V_d となる．また，結合エネルギーの最も小さいのは，くぼみの位置が最も高い V_b で，V_a, V_c, V_d はほぼ等しい結合エネルギーを有している．

＊＊＊＊＊＊＊＊＊＊＊＊＊＊＊＊＊＊＊＊

A・3　ぜい性破壊に関するグリフィスの理論（Griffith criterion for brittle fracture）

　第 3 章で述べたように，材料がぜい性破壊を起こすことは絶対に避けなければならない．ここでは，材料がぜい性破壊を起こすための条件について，1921 年に Griffith, A.A.が提案したグリフィスの理論について述べる．この理論の特徴は，あらかじめ材料中にき裂の存在を仮定したこと，系全体のエネルギーの釣合からき裂が進展するか否かを論じたところにある．

　き裂がわずかにその大きさを拡げることを仮定する．その間に系全体のポテンシャルエネルギーが ΔU だけ変化し，また，その際の破面の増加にともなう表面エネルギーの増加量を $\Delta \Gamma$ とする．ここで，き裂がその面積を広げた場合，負荷条件にかかわらず，系全体のポテンシャルエネルギーは減少することとなるので注意されたい．したがって $\Delta U < 0$ であり，負号をつけた $-\Delta U$ をき裂の進展に伴って解放されるポテンシャルエネルギーと解釈することができる．

(i) き裂の進展に伴って解放されるポテンシャルエネルギー $-\Delta U$ が新しく形成される破面の表面エネルギー $\Delta \Gamma$ を補うことができるとき，すなわち，

$$-\Delta U > \Delta \Gamma \quad \text{あるいは} \quad \Delta U + \Delta \Gamma < 0 \qquad (A.17)$$

のとき，き裂は実際に進展することとなる.

(ii) 逆に，解放されるポテンシャルエネルギー$-\Delta U$が新しく形成される破面の表面エネルギー$\Delta \Gamma$を補うことができない，すなわち，

$$-\Delta U < \Delta \Gamma \quad \text{あるいは} \quad \Delta U + \Delta \Gamma > 0 \qquad (A.18)$$

のとき，き裂は実際には進展しない.

　ひずみエネルギーについて言えば，負荷条件によっては，き裂が拡がる際に減少することもある. ここで，ポテンシャルエネルギーと定義しているのは，弾性論におけるポテンシャルエネルギーのことであって，ひずみエネルギーの他に外力のポテンシャルを考慮しなければならない.

　以上，グリフィスの理論は，今なお，線形破壊力学(linear fracture mechanics)における「輝ける指導標」(岡村弘之，線形破壊力学，(1971),p.138,培風館)としての役割を果たし続けている.

　簡単な例として，図 A.5 に示すような，無限の広さを有する薄板(平面応力状態と考えてよい)に長さ$2a$のき裂が存在し，遠方でき裂に垂直な方向の一様応力σを受ける二次元問題を考える. 単位厚さ当たりの系全体のポテンシャルエネルギーUは，弾性論により，

$$U = U_0 - \frac{\pi \sigma^2 a^2}{E} \qquad (A.19)$$

と表せることが知られている. ここで，Eは板のヤング率，U_0はき裂が存在しないときの系全体のポテンシャルエネルギーであり，定数とみなしてよい. また，き裂面における表面エネルギーΓ(単位厚さ当たり)は，

$$\Gamma = 4\gamma a \qquad (A.20)$$

と表すことができる. ここで，γは比表面エネルギー(単位面積当たりの表面エネルギー)である. 今，き裂が左右にΔaずつ進展したと仮定すると，その間のポテンシャルエネルギーの変化ΔU，表面エネルギーの変化$\Delta \Gamma$は次式のように表せることが知られている.

$$\Delta U = -\frac{2\pi \sigma^2 a}{E} \Delta a \qquad (A.21)$$

したがって，き裂が進展しないための条件（$\Delta U + \Delta \Gamma > 0$）は，

$$-\frac{2\pi \sigma^2 a}{E} \Delta a + 4\gamma \Delta a > 0 \qquad (A.22)$$

となり，き裂が進展しないための限界の応力σ_{cr}は

$$\sigma_{\mathrm{cr}} = \sqrt{\frac{2E\gamma}{\pi a}} \qquad (A.23)$$

であることがわかる.

　これまでは，γとして純粋に破面の比表面エネルギーγ_sのみを考えてきたが，実際の問題においては，き裂先端で大きな応力集中が生じるので塑性変形に費やされるエネルギー(単位面積当たりγ_pとする)も無視できないことが多い. そのような意味で，

$$\gamma = \gamma_s + \gamma_p \qquad (A.24)$$

と修正して，

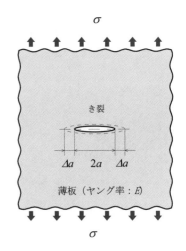

図 A.5　遠方で一様応力 σ を受ける薄板中のき裂（初期長さ $2a$ のき裂が両側に Δa づつ進展した場合を仮定する）

$$\sigma_{cr} = \sqrt{\frac{2E(\gamma_s + \gamma_p)}{\pi a}} \qquad (\mathrm{A}.25)$$

の形で用いることが多い．この式をグリフィス・オロワン・アーウィン
(Griffith-Orowan-Irwin)の条件と呼ぶ．なお，実際の材料では$\gamma_s \ll \gamma_p$と考え
ることもある．

付 表

Subjoined Tables

S・1 ギリシャ文字の読み方（reading of Greek letter）

大文字	小文字	読み方	大文字	小文字	読み方
A	α	アルファ　(alpha)	N	ν	ニュー　　(nu)
B	β	ベータ　(beta)	Ξ	ζ	クシィ　(xi)
Γ	γ	ガンマ　(gamma)	O	o	オミクロン　(omicron)
Δ	δ	デルタ　(delta)	Π	π	パイ　(pi)
E	ε	イプシロン　(epsilon)	P	ρ	ロー　(rho)
Z	ζ	ゼータ　(zeta)	Σ	σ	シグマ　(sigma)
H	η	イータ　(eta)	T	τ	タウ　(tau)
Θ	θ	シータ　(theta)	Y	υ	ウプシロン　(upsilon)
I	ι	イオタ　(iota)	Φ	φ	ファイ　(phi)
K	κ	カッパ　(kappa)	X	χ	カイ　(chi)
Λ	λ	ラムダ　(lambda)	Ψ	ψ	プサイ　(psi)
M	μ	ミュー　(mu)	Ω	ω	オメガ　(omega)

S・2 主な物理定数（values of selected physical constants）（岩波理化学辞典(第4版)より抜粋）

量	記号	ＳＩ単位	量	記号ＳＩ	単位
ボルツマン定数	k	1.38×10^{-23} J/K	陽子の静止質量	m_p	1.6726×10^{-24} g
アボガドロ数	N_A	6.023×10^{23} /mol	中性子の静止質量	m_n	1.6749×10^{-24} g
気体定数	R	8.31 J/mol・K	電子の静止質量	m_e	9.109×10^{-28} g
プランク定数	h	6.63×10^{-34} J・s	電気素量	e	1.602×10^{-19} C
万有引力定数	G	6.673×10^{-11} m³/s²・kg	真空中の光の速度	c	2.9979×10^8 m/s

S・3 主な金属元素の結晶構造（crystal structure of selected elements）

（日本金属学会編，金属データブックより抜粋）

元素		構造	格子定数 (nm)			元素		構造	格子定数 (nm)		
			a	b	c				a	b	c
亜鉛	Zn	最密六方	0.2665		0.49468	炭素(黒鉛)	C	最密六方	0.246		0.671
アルミニウム	Al	面心立方	0.40495			チタン	α-Ti	最密六方	0.2951		0.46843
カドミウム	Cd	最密六方	0.298		0.562	鉄	α-Fe	体心立方	0.28664		
カリウム	K	体心立方	0.5247			銅	Cu	面心立方	0.36147		
ガリウム	Ga	斜方	0.4523	0.7661	0.4524	ナトリウム	β-Na	体心立方	0.42906		
金	Au	面心立方	0.40785			鉛	Pb	面心立方	0.49502		
銀	Ag	面心立方	0.40862			ニオブ	Nb	体心立方	0.33066		
クロム	Cr	体心立方	0.2884			ニッケル	Ni	面心立方	0.35238		
ケイ素	Si	ダイヤモンド	0.5431			白金	Pt	面心立方	0.3924		
コバルト(α)	α-Co	最密六方	0.2507		0.4070	バナジウム	V	体心立方	0.3023		
ジルコニウム	α-Zr	最密六方	0.3231		0.51477	ベリリウム	α-Be	最密六方	0.2286		0.3584
スカンジウム	α-Sc	最密六方	0.3309		0.5273	ホウ素	B	正方	0.880		0.505
錫	β-Sn	正方	0.4686		0.2585	マグネシウム	Mg	最密六方	0.32094		0.52105
セシウム	Cs	体心立方	0.6079			マンガン	α-Mn	体心立方	0.89139		
セレン	Se	六方	0.4366		0.4959	モリブデン	Mo	体心立方	0.31468		
ビスマス	Bi	菱面体	0.4736			リチウム	β-Li	体心立方	0.3510		
タングステン	W	体心立方	0.3195			リン	P	菱面体	0.3524		

S・4 元素記号の読み方（reading of element symbols）

（S・5 の周期表と対比する）

原子番号	記号	読み方（英名）	原子番号	記号	読み方（英名）
1	H	水素（Hydrogen9	38	Sr	ストロンチウム（Strontium）
2	He	ヘリウム（Helium）	39	Y	イットリウム（Yttrium）
3	Li	リチウム（Lithium）	40	Zr	ジルコニウム（Zirconium）
4	Be	ベリリウム（Beryllium）	41	Nb	ニオブ（Niobium）
5	B	ホウ素（Boron）	42	Mo	モリブデン（Molybdenum）
6	C	炭素（Carbon）	43	Tc	テクネチウム（Technetium）
7	N	窒素（Nitrogen）	44	Ru	ルテニウム（Ruthenium）
8	O	酸素（Oxygen）	45	Rh	ロジウム（Rhodium）
9	F	フッ素（Fluorine）	46	Pd	パラジウム（Palladium）
10	Ne	ネオン（Neon）	47	Ag	銀（Silver）
11	Na	ナトリウム（Sodium）	48	Cd	カドニウム（Cadmium）
12	Mg	マグネシウム（Magnesium）	49	In	インジウム（Indium）
13	Al	アルミニウム（Aluminum）	50	Sn	錫（Tin）
14	Si	ケイ素（Silicon）	51	Sb	アンチモン（Antimony）
15	P	リン（Phosphorus）	52	Te	テルル（Tellurium）
16	S	硫黄（Sulfur）	53	I	ヨウ素（Iodine）
17	Cl	塩素（Chlorine）	54	Xe	キセノン（Xenon）
18	Ar	アルゴン（Argon）	55	Cs	セシウム（Cesium）
19	K	カリウム（Potassium）	56	Ba	バリウム（Barium）
20	Ca	カルシウム（Calcium）	57〜71		*ランタンノイド
21	Sc	スカンジウム（Scandium）	72	Hf	ハフニウム（Hafnium）
22	Ti	チタン（Titanium）	73	Ta	タンタル（Tantalum）
23	V	バナジウム（Vanadium）	74	W	タングステン（Tungsten）
24	Cr	クロム（Chromium）	75	Re	レニウム（Rhenium）
25	Mn	マンガン（Manganese）	76	Os	オスミウム（Osmium）
26	Fe	鉄（Iron）	77	Ir	イリジウム（Iridium）
27	Co	コバルト（Cobalt）	78	Pt	白金（Platinum）
28	Ni	ニッケル（Nickel）	79	Au	金（Gold）
29	Cu	銅（Copper）	80	Hg	水銀（Mercury）
30	Zn	亜鉛（Zinc）	81	Tl	タリウム（Thallium）
31	Ga	ガリウム（Gallium）	82	Pb	鉛（Lead）
32	Ge	ゲルマニウム（Germanium）	83	Bi	ビスマス（Bismuth）
33	As	ヒ素（Arsenic）	84	Po	ポロニウム（Polonium）
34	Se	セレン（Selenium）	85	At	アステチン（Astatine）
35	Br	臭素（Bromine）	86	Rn	ラドン（Radon）
36	Kr	クリプトン（Krypton）	87	Fr	フランシウム（Francium）
37	Rb	リビジウム（Rubidium）	88	Ra	ラジウム（Radium）
			89〜103		*アクチノイド

S・5　周期表（periodic table）

凡例：原子番号　元素記号／元素名／原子量

- 室温で気体
- 半導体
- 室温で液体
- 放射性同位元素
- 放射性同位元素（超ウラン元素）
- 軽金属（密度 $4 \times 10^3\,\mathrm{kg/m^3}$ 以下）

周期＼族	IA	IIA	IIIB	IVB	VB	VIB	VIIB	VIII	VIII	VIII	IB	IIB	IIIA	IVA	VA	VIA	VIIA	O
1	1 H 水素 1.008																	2 He ヘリウム 4.003
2	3 Li リチウム [6.941]	4 Be ベリリウム 9.0122											5 B ホウ素 10.811	6 C 炭素 12.011	7 N 窒素 14.007	8 O 酸素 15.999	9 F フッ素 18.998	10 Ne ネオン 20.179
3	11 Na ナトリウム 22.989	12 Mg マグネシウム 24.305											13 Al アルミニウム 26.982	14 Si ケイ素 28.086	15 P リン 30.974	16 S 硫黄 32.065	17 Cl 塩素 35.453	18 Ar アルゴン 39.948
4	19 K カリウム 39.098	20 Ca カルシウム 40.078	21 Sc スカンジウム 44.956	22 Ti チタン 47.867	23 V バナジウム 50.942	24 Cr クロム 51.996	25 Mn マンガン 54.938	26 Fe 鉄 55.845	27 Co コバルト 58.933	28 Ni ニッケル 58.693	29 Cu 銅 63.546	30 Zn 亜鉛 65.39	31 Ga ガリウム 69.723	32 Ge ゲルマニウム 72.64	33 As ヒ素 74.922	34 Se セレン 78.96	35 Br 臭素 79.904	36 Kr クリプトン 83.80
5	37 Rb ルビジウム 85.468	38 Sr ストロンチウム 87.62	39 Y イットリウム 88.91	40 Zr ジルコニウム 91.224	41 Nb ニオブ 92.906	42 Mo モリブデン 95.94	43 Tc テクネチウム [99]	44 Ru ルテニウム 101.07	45 Rh ロジウム 102.91	46 Pd パラジウム 106.42	47 Ag 銀 107.87	48 Cd カドミウム 112.41	49 In インジウム 114.82	50 Sn 錫 118.71	51 Sb アンチモン 121.76	52 Te テルル 127.60	53 I ヨウ素 126.90	54 Xe キセノン 131.29
6	55 Cs セシウム 132.91	56 Ba バリウム 137.33	57-71 ランタノイド	72 Hf ハフニウム 178.49	73 Ta タンタル 180.95	74 W タングステン 183.84	75 Re レニウム 186.21	76 Os オスミウム 190.23	77 Ir イリジウム 192.22	78 Pt 白金 195.08	79 Au 金 196.97	80 Hg 水銀 200.59	81 Tl タリウム 204.38	82 Pb 鉛 207.2	83 Bi ビスマス 208.98	84 Po ポロニウム [210]	85 At アスタチン [210]	86 Rn ラドン [222]
7	87 Fr フランシウム [223]	88 Ra ラジウム [226]	89-103 アクチノイド	104 Rf ラザホージウム [261]	105 Db ドブニウム [262]	106 Sg シーボーギウム [263]	107 Bh ボーリウム [264]	108 Hs ハッシウム [265]										

ランタノイド

57 La ランタン 138.9	58 Ce セリウム 140.1	59 Pr プラセオジム 140.9	60 Nd ネオジム 144.2	61 Pm プロメチウム [145]	62 Sm サマリウム 150.4	63 Eu ユウロピウム 152.0	64 Gd ガドリニウム 157.3	65 Tb テルビウム 158.9	66 Dy ジスプロシウム 162.5	67 Ho ホルミウム 164.9	68 Er エルビウム 167.3	69 Tm ツリウム 168.9	70 Yb イッテルビウム 173.0	71 Lu ルテチウム 175.0

アクチノイド

89 Ac アクチニウム [227]	90 Th トリウム 232.0	91 Pa プロトアクチニウム 231.0	92 U ウラン 238.0	93 Np ネプツニウム [237]	94 Pu プルトニウム [239]	95 Am アメリシウム [243]	96 Cm キュリウム [247]	97 Bk バークリウム [247]	98 Cf カリホルニウム [252]	99 Es アインスタイニウム [252]	100 Fm フェルミウム [257]	101 Md メンデレビウム [258]	102 No ノーベリウム [259]	103 Lr ローレンシウム [262]

184

S·6 主な元素の特性（characteristics of selected elements）

(日本機械学会編，機械工学便覧，デザイン編，β2，より抜粋)

元素名	記号	原子番号	融点 K	密度(293K) x10³ kg/m³	比熱(293K) J/(kg·K)	熱膨張係数(293-313K) K⁻¹	熱伝導率(293K) W/(m·K)	固有抵抗(273-293K) Ω·m	縦弾性係数 GPa
亜鉛	Zn	30	692.65	7.133(298K)	384	39.7(293-523K)	113(298K)	5.916×10^{-8}	92
アルミニウム	Al	13	933	2.699	903(273K)	23.6(293-373K)	220	2.655×10^{-8}	72
硫黄	S	16	397.2	2.07	785	64	2650×10^{-4}	2×10^{15}	—
塩素	Cl	17	172.2	0.00321	487	—	72.2×10^{-4}	—	—
カドミウム	Cd	48	594.1	8.65	231	29.8	8	6.83(273K)	56-98
カリウム	K	19	336.9	0.86	743	83	100	6.15(273K)	—
ガリウム	Ga	31	302.9	5.907	332	18(273-303K)	30-40(303K)	17.4	—
金	Au	79	1336.2	19.32	131(301K)	14.2	300(273K)	2.35×10^{-8}	82
銀	Ag	79	1233.95	10.49	235(273K)	19.68(273-373K)	420(273K)	1.59×10^{-8}	72-79
クロム	Cr	24	2148	7.19	462	6.2	67	12.9×10^{-8}	250
ケイ素	Si	14	1683	2.33(298K)	680	2.8-7.3	84	10	110
コバルト	Co	27	1768	8.85	416	13.5	69	6.24×10^{-8}	210
酸素	O	8	54.32	0.00143	916	—	250×10^{-4}	—	—
ジルコニウム	Zr	40	2125	6.489	269	5.85	21.1	40×10^{-8}	96
水銀	Hg	80	234.8	13.546	139	—	8.23(273K)	98.1×10^{-8}	—
水素	H	1	13.96	0.000899	14490	—	1710×10^{-4}	—	—
スカンジウム	Sc	21	1812	2.99	563	—	—	6.1×10^{-8}	—
錫	Sn	50	505	7.298	227	23(273-373K)	63(273K)	11×10^{-8}(273K)	42-46
セシウム	Cs	55	301.9	1.903(273K)	202.3	97(273-299K)	—	20×10^{-8}	—
セレン	Se	34	490	4.79	353	37	$2940\text{-}7690 \times 10^{-4}$	12×10^{-8}(273)	59
ビスマス	Bi	83	544.5	9.8	123	13.3	84	106.8×10^{-8}	32
タングステン	W	74	3683	19.3	139	4.6	167(273K)	5.65×10^{-8}	350
炭素(黒鉛)	C	6	4000昇華	2.25	693	0.6-4.3(293-373K)	24	1.375×10^{-5}	5
チタン	Ti	22	1941	4.507	521	8.41	22	4.2×10^{-8}	118
窒素	N	7	63.18	0.00125	1037	—	252×10^{-4}	—	—
鉄	Fe	26	1809.7	7.87	462	11.76(298K)	76(273K)	9.71×10^{-8}	200
銅	Cu	29	1356	8.96	399	16.5	395	1.673×10^{-8}	110
ナトリウム	Na	11	370.97	0.971	239	12.5(298-373K)	38(373K)	49-70	—
鉛	Pb	82	600.6	11.36	129(273K)	29.3(290-373K)	35(273K)	20.65×10^{-8}	14
ニオブ	Nb	41	2741	8.57	273(273K)	7.31	52.5(273K)	12.5×11010^{-8}	110
ニッケル	Ni	28	1726	8.902(298K)	441	13.3(273-373K)	92(298K)	6.84×10^{-8}	210
白金	Pt	78	2042	21.45	132(273K)	8.9	69.3(290K)	10.6×10^{-8}	150
バナジウム	V	23	2495	6.1	500(273-373K)	8.3(296-373K)	31(373K)	$24.8\text{-}26.0 \times 10^{-8}$	130-140
ベリリウム	Be	4	1550	1.848	1890	11.6(293-373K)	147	4×10^{-8}	28-31
ホウ素	B	5	2303	2.34	1298	8.3(293-373K)	27.6	1.8×10^{-4}	—
マグネシウム	Mg	12	923	1.74	1029	27.1(a軸)	154.1	4.45×10^{-8}	45
マンガン	Mn	25	1518	7.43	483	22	7.7×10^{-2}	185×10^{-8}	160
モリブデン	Mo	42	2883	10.22	227	4.9(293-373K)	143	5.2×10^{-8}	420
リチウム	Li	3	453.7	0.534	3318	56	14	57×10^{-8}(301K)	70-77
リン	P	15	317.4	1.83	743	125	—	1×10^{-9}(284K)	—

S・7　実用金属材料の物理的性質（physical properties of engineering metallic materials）

(日本機械学会編，機械工学便覧，デザイン編，β2，より抜粋)

合金名	密度 (x10³)kg/m³	融点 K	縦弾性係数 GPa	横弾性係数 GPa	熱伝導率 W/(m·K)	熱膨張係数 (x10⁻⁶)1/K	固有抵抗 (x10⁻²)μΩ·m	比熱 J/(kg·K)
アームコ鉄	7.88	1812	205	81	80.5	11.7	9.35	0.448
低炭素鋼	7.86	1770	206	79	5760	11.3~11.6	13.3~13.4	0.474~0.477
中炭素鋼	7.84	1660~1690	205	82	44	10.7	19.2~19.7	0.489~0.494
高炭素鋼	7.81~7.83	1600~1720	196~202	80~81	37~43	9.6~10.9	20.4~24.4	0.506~0.519
高張力鋼(HT80)	―	―	203	73	49	12.7	―	0.44
マンガン鋼	7.81~7.83	1670~1770	―	―	35~37	14.6	―	―
クロム鋼	7.84	―	―	―	44.8	12.6	―	0.452
クロム・モリブデン鋼(SCM440)	7.83		―	―	42.7	12.3	23	0.477
マルエージング鋼(250)	7.8	1720~1780	204	―	34~44	13.3	―	―
ステンレス鋼(SUS410)	7.8	1650~1700	200	―	24.9	9.9	57	0.46
ステンレス鋼(SUS405)	7.8	1650~1700	200	―	27.0	10.8	60	0.46
ステンレス鋼(SUS304)	8.03	1670~1700	197	73.7	15.0	17.3	72	0.502
ステンレス鋼(SUS631)	7.81	1670~1710	204	―	16.4	11.0	83	0.46
インコネル600	8.41	1628~1688	214	75.9	14.8	13.3	103.0	0.445
ハステロイX	8.21	1533~1628	197	74.6	9.1	13.9	118.3	0.485
工具鋼(SKD6)	7.78	16441700	206	82	42.2	10.8	―	0.46
ケイ素鋼	7.65~7.75	1750~1790	―	―	16~45	12~15	20~62	―
ねずみ鋳鉄	7.05~7.3	1420~1550	73.6~127.5	28.4~39.2	44.0~58.6	9.2~11.8	70~120	0.54~0.57
球状黒鉛鋳鉄	7.1	1390~1450	161	78	33.5~37.7	10	57~66	0.47
黒心可鍛鋳鉄	7.35	1390~1670	172	86	63.1	11.6	32	―
超硬合金(94WC-6Co)	14.8	―	607	―	80	5.0	20	0.21
超硬合金(88WC-5TiC-7Co)	13.3	―	510	―	63	5.0	25	0.21
超硬合金(78WC-16TiC-6Co)	11.2	―	531	―	38	6.0	43	0.25
純アルミニウム(A1100-H18)	2.71	919~930	69	27	222	23.6	3.03	1.00
ジュラルミン(A2017-T4)	2.79	889~927	69	―	201	23.4	―	―
超ジュラルミン(A2024-T4)	2.77	775~911	74	29	121	23.2	5.75	0.921
超々ジュラルミン(A7075-T6)	2.80	749~901	72	28	130	23.6	5.8	0.963
耐食アルミニウム合金(A5083-H32)	2.66	852~914	72	―	116	23.4	5.9	0.963
耐食アルミニウム合金(A6063-T6)	2.7	889~927	69	―	134	23.6	―	―
シルミン(AC3A-F)	2.66	855	71	―	121	20.4	5.56	0.963
アルミニウム鋳物用合金(AC4CH-T6)	2.68	830~886	72	―	151	21.5	4.21	0.879
無酸素銅(C1020)	8.92	1356	117	―	384	17.6	1.71	0.38
タフピッチ銅(C1100)	8.89	1338~1356	117	―	38.4	17.6	1.72	0.38
7-3黄銅	8.53	1189~1227	110	41.4	119	19.9	6.2	0.37
65-35黄銅	8.47	1177~1205	103	―	114	20.3	6.4	0.37
6-4黄銅	8.39	1172~1177	103	38.3	121	20.8	6.2	0.37
快削黄銅(C2200)	8.40	1161~1172	103	―	117	20.6	6.4	0.37
ネーバル黄銅(C4621)	8.40	1161~1172	103	―	114	21.2	6.7	0.37
リン青銅(C5212)	8.80	1227~1322	110	―	61	18.2	13.0	0.37
洋白(C7521)	8.7	1294~1383	120	―	115	17.1	29.0	0.37
青銅鋳物(BC2)	8.7	1127~1273	96	―	58	19.0	14.9	0.37
ニッケル(NNC)	8.89	1739	204	81	70	13	95	0.46
モネルメタル400	8.84	1573~1623	179	66	30	14	48.2	0.53
パーマロイ	8.6~8.7	1710~1730	186	―	―	12	60	―
ニクロム(80Ni-20Cr)	8.4	1673	214	―	13.4	17.3	107.9	0.45
純チタン(99.8~99.9Ti)	4.57	1942	106	44.5	18	8.4	42	0.52
6Al-4V合金	4.43	1933	109	42.5	8	8.4	17	0.51
亜鉛ダイガスト用合金(ZDC-2)	6.6	653.9	89	―	113	27.4	6.40	0.42
バビットメタル	10.1	520~625	29.0	―	―	24	―	―
ホワイトメタル	7.5	512~641	53	―	19	22.8	―	―

S·8 絶縁材料の電気的特性（electric properties of insulator materials）

(日本機械学会編，機械工学便覧，デザイン編，β2，より抜粋)

物質	内部抵抗 Ω·m	表面抵抗 (湿度50~60%) Ω	絶縁破損の強さ (x10^6) V·m^{-1}	物質	内部抵抗 Ω·m	表面抵抗 (湿度50~60%) Ω	絶縁破損の強さ (x10^6) V·m^{-1}
雲母(成形)	5×10^{12}	5×10^{12}	—	大理石	10^7~10^9	109	—
ガラス(石英)	$>10^{16}$	3×10^{12}	20~40	パラフィン	10^{13}~10^{17}	1015	8~12
ガラス(ソーダ)	10^9~10^{11}	10^{10}~10^{12}		プラスチック			
ガラス(パイレックス)	5×10^{12}	—		アクリル	$>10^{13}$	$>10^{14}$	16~22
ゴム(クロロプレン)	10^{10}~10^{11}	—	10~15	エポキシ	10^{12}~1013	3×10^7~10^{14}	10~30
ゴム(シリコーン)	10^{12}~10^{13}	—	5~25	PVC(軟)	5×10^6~10^{12}	$>10^{14}$	17~50
ゴム(天然)	10^{13}~10^{15}	—	20~30	PVC(硬)	10^{15}~10^{19}	10^{12}~10^{15}	20
セラミックス				テフロン	10^8~10^{13}	4×10^{12}~10^{17}	15~20
アルミナ	10^9~10^{12}	—	10~16	ナイロン	$>10^{14}$	10^{11}~10^{15}	18~28
ステアタイト	10^{11}~10^{13}	—	8~14	ポリエチレン	10^{15}~10^{19}		20~30
長石磁器	10^{10}~10^{12}	109	10~15	ポリスチレン	10^{14}~10^{15}	$>10^{14}$	—

S·9 主なプラスチックスの強度特性（mechanical properties of plastic materials）

(日本機械学会編，機械工学便覧，デザイン編，β2，より抜粋)

種類	略号	透明性	比重	引張強さ MPa	伸び %	縦弾性係数 MPa	圧縮強さ MPa	曲げ強さ MPa	硬さ
熱可塑性									
ポリエチレン	PE								
低密度(LD)		透~不	0.91~0.925	4~16	90~800	96~261	—	—	R10
高密度(HD)		透~不	0.941~0.965	21~38	20~1300	412~1240	19~25	—	D60~70
ポリプロピレン	PP	半	0.90~0.91	29~38	200~700	1100~1550	38~55	41~55	R80~110
塩化ビニル樹脂(硬)	PVC	透~不	1.30~1.58	41~52	40~80	2400~4120	55~89	69~110	D65~85
四フッ化エチレン樹脂	PTFE	不	2.14~2.20	14~34	200~400	398	12	—	D50~55
メタクリル樹脂(一般用)	PMMA	透	1.17~1.20	48~76	2.0~1.0	2610~3090	82~55	89~130	M85~105
ポリスチレン(一般用)	PS	透	1.04~1.09	34~82	1.0~6.0	2740~4120	79~110	55~96	M65~80
ABS樹脂(耐衝撃用)	ABS	半~不	1.03~1.06	45~52	5.0~25	2060~3090	17~86	75~89	R107~115
ポリカーボネート	PC	透	1.2	55~66	100~130	2060~2400	86	93	M70~78
ポリアセタール(単独重合)	POM	半~不	1.42	69	25~75	3570	123(10%)	97	M94
ポリアミド(ナイロン樹脂)	PA								
ナイロン6		半~不	1.12~1.14	69dry~81	200~300	—	89	—	R119
ナイロン6.6		半~不	1.13~1.15	82dry~76	60~300	—	103(降伏)	117dry~42	M83
ナイロン12		半~不	1.01~1.02	55~64	900	1240	—	—	R106
ポリサルホン	PSU	透~不	1.24	70(降伏)	50~100	2470	95(降伏)	106(降伏)	R120
熱硬化性									
フェノール樹脂	PF								
有機質入り		不	1.34~1.45	34~62	0.4~0.8	5490~11660	151~247	48~96	M100~115
ガラス繊維入り		不	1.69~1.95	34~13	0.2	13000~22600	110~480	69~411	E54~101
ユリア樹脂(αセルロース入り)	UF	半~不	1.47~1.52	38~89	0.5~1.0	6860〜10300	172~310	69~123	M110~120
エポキシ樹脂(無充填)	EP	透	1.11~1.40	27~89	3~6	2400	103~172	91~144	M80~110
メラミン樹脂(αセルロース入り)	MF	半	1.47~1.52	48~83	0.6~0.9	8230~9600	274~309	69~110	M115~125
ポリウレタン(熱可塑性)	PUR	透~不	1.05~1.25	31~58	100~650	690~3400	137	4.9~62	A65~D80

Subject Index

A

α-brass　α 黄銅　126
A₁ transformation　A₁ 変態　59,109
sintering　焼結　63,142
strain induced martensite transformation　加工(ひずみ)誘起マルテンサイト変態　154
A₃ transformation　A₃ 変態　109
abrasion　摩耗　89,160
accelerating creep　加速クリープ　70
accelerating voltage　加速電圧　17
activation energy for diffusion　拡散の活性化エネルギー　64
active pass corrosion　活性経路割れ　91
age hardening　時効硬化　60,83
aging　時効　83
aging treatment　時効処理　83
allotropic transformation　同素変態　59,79,130
allowable stress　許容応力　159
alloy　合金　2,15
alloy tool steel　合金工具鋼　115
alloying element　合金元素　88
alternating load　両振荷重　43
alumina　アルミナ　143,153
aluminum　アルミニウム　7,121
aluminum alloy　アルミニウム合金　122
aluminum alloy for castings　鋳物用アルミニウム合金　123
aluminum brass　アルミニウム黄銅　127
aluminum bronze　アルミニウム青銅　128
aluminum nitride　窒化アルミニウム　143
aluminum-copper alloy phase diagram　アルミニウム—銅合金状態図　60
alumite treatment　アルマイト処理　125
amorphous　非晶質　3
amorphous alloy　アモルファス合金　155
amorphous plastics　非晶性プラスチック　135
anionic polymerization　アニオン重合　21
anisotropic materials　異方性材料　147
anisotropy　異方性　24
annealing　焼なまし　77
annealing　焼鈍　77
anodic reaction　アノード反応　89
anodic oxide treatment　陽極酸化処理　125,163
anodizing　陽極酸化処理　122,125,163
anticorrosive aluminum alloy　耐食性アルミニウム合金　125
antiplane mode　面外せん断モード　40
arc welding　アーク溶接　104
Arrhenius plot　アレニウスプロット　65
artificial aging　人工時効　83
atomic arrangement　原子配列　8
austempering　オーステンパ　80
austenite　オーステナイト　59,109
austenite former　オーステナイト生成元素　110

austenitic stainless steel　オーステナイト系ステンレス鋼　118
autoclave method　オートクレーブ成形法　151

B

β-cristobalite structure　β-クリストバライト構造　18
backward extrusion　後方押出し　97
bainite　ベイナイト　77
basal plane　(六方晶)の基面　13
bearing　軸受　166
bending test　曲げ試験　45
beryllium bronze　ベリリウム銅　128
billet　ビレット　94
binary phase diagram　二元合金状態図　52
bio-affinity　生体親和性　145
bio-ceramics　バイオセラミックス　145
biopolymer　生体高分子　20
bismuth　ビスマス　133
blanking　打抜き　100
blast furnace　溶鉱炉　93
blow molding　ブロー成形　139
body-centered cubic　体心立方晶　10
Boltzmann-Matano analysis　ボルツマン—マタノの解析法　68
bonding　接合　104
bonding wire in semiconductor　半導体接続極細線　167
boride ceramics　ホウ化物系セラミックス　144
boron nitride　窒化ホウ素　144
Bragg angle　ブラッグ角　14
Bragg's formula　ブラッグの式　14
branched polymer　枝分かれ高分子　21
brass　黄銅　15,126
Bravais lattice　ブラベー格子　9
brazing　ろう接　104
bridge　橋梁　166
bright annealing　光輝焼なまし　77
Brinell hardness　ブリネル硬さ　46
brittle fracture　ぜい性破壊　37
brittle material　ぜい性材料　27
brittle-ductile transition temperature　ぜい性—延性遷移温度　38
brittleness　ぜい性　27,160
bronze　青銅　127
bronze casting　青銅鋳物　127
Burgers circuit　バーガース回路　31
Burgers vector　バーガースベクトル　31
burnished surface　せん断面　100
burr　かえり　100

C

C/C composite　C/C コンポジット　157
caliber rolling　孔形圧延　97

188

camber　そり	101
carbon boride　ホウ化炭素	144
carbon fiber　炭素繊維	144
carbon fiber reinforced composite　炭素繊維強化炭素	157
carbon fiber reinforced plastics　炭素繊維強化プラスチック	148
carbon nano-tube　カーボンナノチューブ	144
carbon steel　炭素鋼	59,109
carbon tool steel　炭素工具鋼	114
carbon-system ceramics　炭素系セラミックス	144
carburizing　浸炭法	63
cast iron　鋳鉄	59,113,155
cast steel　鋳鋼	113
casting　鋳造	94
casting sand　鋳物砂	95
cathodic protection　電気防食	91
cathodic reaction　カソード反応	89
cationic polymerization　カチオン重合	21
cavity　巣	95
CCT curve　CCT 曲線	75,111
cementite　セメンタイト	59
ceramic matrix composite　セラミック基複合材料	148
chain polymer　鎖状高分子	21
chain reaction　連鎖反応	20
Charpy impact test　シャルピー衝撃試験	47
Charpy impact value　シャルピー衝撃値	47
chemical diffusion　化学拡散	68
chemical milling　ケミカルミリング	164
chemical potential　化学ポテンシャル	64,89
chemical property　化学的性質	3,88
chemical recycle　ケミカルリサイクル	171
chemical stability　化学的安定性	89
chill zone　チル層	95
chromia　クロミア	143
Clarke number　クラーク数	6
clearance　クリアランス	100
cleavage fracture　へき開破壊	38
climbing　(転位の)上昇運動	37,72
climbing motion　上昇運動	72
closed die forging　密閉型鍛造	99
closed recycle　クローズドリサイクル	171
Coble diffusion　コブルクリープ	72
cold forging　冷間鍛造	99
cold rolling　冷間圧延	96
cold working　冷間加工	69
columnar structure　柱状組織	95
component　成分	51
composite materials　複合材料	3,147
composite strengthening　複合強化	35
composition　組成	15,51
compression test　圧縮試験	45
Computer Aided Engineering　コンピュータ支援技術	163
condensation polymerization　縮合重合	138
conducting band　伝導帯	87
continuous casting　連続鋳造法	94
continuous cooling transformation diagram　連続冷却変態図	75

converter　転炉	93
coordination number　配位数	10
copper　銅	126
corrosion　腐食	89,161
corrosion fatigue　腐食疲労	45,91
Cottrell effect　コットレル効果	79
covalent bond　共有結合	8
creep　クリープ	70,129
creep curve　クリープ曲線	70
creep deformation　クリープ変形	70
creep fracture　クリープ破壊	38
creep test　クリープ試験	45,70
critical length of fiber　臨界繊維長	150
critical resolved shear stress　臨界せん断応力	25
critical stress intensity factor　臨界応力拡大係数	42
critical temperature　臨界温度	156
cross slip　交叉すべり	72
crystal grain　結晶粒	14
crystal lattice　結晶格子	8,87
crystal plane　結晶面	11
crystal structure　結晶構造	3
crystal system　結晶系	9
crystalline plastic　結晶性プラスチック	135
crystallization　晶出	55
crystallographic direction　結晶方向	11
crystallographic plane　結晶面	11
cup-and-cone fracture surface　カップ・アンド・コーン破断面	39
cupping　カッピング	99
cyclic compound　環状化合物	20

D

damping capacity　減衰能	131,155,160
damping plate　制振鋼板	155
Darken's equation　ダーケンの式	68
dead metal　デッドメタル	97
decarburization　脱炭	93
deformation mechanism map　変形機構図	71
degree of freedom　自由度	52
delayed fracture　遅れ破壊	163
dendrite structure　樹枝状組織	95
deoxidization　脱酸	93
desertification　砂漠化	169
dezincification　脱亜鉛現象	127
diamond lattice　ダイヤモンド格子	19
diamond like carbon　ダイヤモンド類似炭素	144
die bending　型曲げ	101
die forging　型鍛造	99
die pressing　金型プレス成形	103
dies steel　ダイス鋼	115
diffraction angle　回折角	14
diffusion　拡散	63
diffusion annealing　拡散焼なまし	63,77
diffusion bonding　拡散接合	63
diffusion coefficient　拡散係数	64
diffusion equation　拡散方程式	66
diffusion flux　拡散流束	64
diffusional creep　拡散クリープ	71
diffusionless transformation　無拡散変態	76

diffusivity paths　拡散経路　67
discontinuous fiber　不連続繊維　149
dislocation　転位　15,29,88
dislocation diffusion　転位拡散　67
dislocation loop　転位ループ　32
dislocation ring　転位環　35
dispersion strengthening　分散強化　35
dissolved oxygen　溶存酸素　89
double phase brass　二相黄銅　126
draw　外引け　95
drawing, swaging　伸ばし　99
driving force　駆動力　64
ductile fracture　延性破壊　37
ductile material　延性材料　27
ductility　延性　29
dumet wire　ジュメット線　129
duplex stainless steels　二相ステンレス鋼　118
duralmin　ジュラルミン　60,83,125
dynamic recovery　動的回復　69
dynamic recrystallization　動的再結晶　69
dynamic restoration　動的復旧　69

E

edge dislocation　刃状転位　30
elastic constants　弾性定数　23
elastic deformation　弾性変形　23
electric conductivity　電気伝導度　87
electric resistance　電気抵抗　87
electrical properties　電気的性質　3,87
electrode potential　電極電位　89
electrodeposition process　電着法, 電析法　152
electrolytic cathode copper　電気銅　126
electrolytic refining process　電解精錬法　94
electron probe microanalyzer　電子線マイクロアナライザー　17
emission source　電子源　17
energy release rate　エネルギー解放率　42
engineering materials　機械材料　1
engineering plastics　エンジニアリングプラスチック　20
epoxide　エポキシ樹脂　138
equiaxed grain　等軸晶　95
equilibrium state　平衡状態　51,55
erosion-corrosion　エロージョン腐食　128
eutectic reaction　共晶反応　52
eutectic system　共晶型　56
eutectoid reaction　共析反応　53
eutectoid steels　共析鋼　109
Evans diagram　エバンス図　89
extended producer responsibility　拡大製造者責任　173
extra super duralumin　超々ジュラルミン　125
extrusion　押出し成形法　103
extrusion　突出し　44
extrusion ratio　押出し比　97

F

face-centered cubic　面心立方晶　10
failure　損傷　89
fatigue　疲れ　43

fatigue　疲労　43,89,160
fatigue fracture　疲れ破壊, 疲労破壊　38,43
fatigue limit　疲労限, 疲労限度　43
fatigue strength　疲労強度　43
fatigue test　疲労試験　45
Fermi level　フェルミ準位　90
ferrite　フェライト　59
ferrite former　フェライト生成元素　110
ferritic stainless steels　フェライト系ステンレス鋼　118
fiber reinforced composite　繊維強化複合材料　147
fiber reinforced plastics　繊維強化プラスチック　148
fibrous fracture　繊維状破壊　39
Fick's first law　フィックの第1法則　64
Fick's second law　フィックの第2法則　65
filament winding method　フィラメントワインディング法　151
fine blanking　精密せん断加工法　100
fine ceramics　ファインセラミックス　141
flow stress　変形抵抗　156
fluorite structure　ホタル石型　19
fluorocarbon polymers　フッ素樹脂　138
forging　鍛錬　99
form rolling　転造　102
forming　塑性加工　96
forward extrusion　前方押出し　97
forward slip　先進率　96
fractography　破面観察　17
fracture　破壊　27,37
fracture criterion　破壊規準　42
fracture toughness　破壊じん性　42
fracture toughness test　破壊じん性試験　42
fractured surface　破面, 破断面　37,100
Frank-Read source　フランク－リード源　33
free cutting brass　快削黄銅　127
free cutting steels　快削鋼　113
free electron　自由電子　8,87
Frenkel defect　フレンケル欠陥　67
frequency factor　振動因子　65
full annealing　完全焼なまし　77
functional materials　機能性材料　3,153
fusion welding　融接　104

G

galvanic corrosion　異種金属接触腐食　92
gas assist molding　ガスアシスト成形　106
gas holes　気泡　95
gas welding　ガス溶接　104
general purpose engineering plastics　汎用エンジニアリングプラスチック　137
general purpose plastic　汎用プラスチック　20,137
german silver　洋銀　127
Gibbs' free energy　ギブスの自由エネルギー　89
Gibbs' phase rule　ギブスの相律　52
global climate change　気候変動　169
gold　金　89,126,167
G-P zone　G-P帯　84
grain boundary　結晶粒界　14,88
grain boundary diffusion　粒界拡散　67

grain boundary diffusion creep　粒界拡散クリープ　72

grain boundary sliding　粒界すべり　73

grain growth　結晶粒粗大化　82

grain size　結晶粒径　14

granular fracture　粒状破壊　38

graphite　黒鉛　19,144

greenhouse effect gas　温暖化ガス　169

Griffith criterion　グリフィスの理論　39,178

Guinier - Preston zone　ギニエ・プレストン帯　83

H

Hall-Patch relation　ホール－ペッチの式　36

handwheel　ハンドル車　167

hard leaded castings　硬鉛鋳物　133

hardenability　焼入性　78

hardening by low temperature annealing　低温焼なまし硬化　126

hardness　硬さ　46

hazardous chemicals　有害化学物質　169

heat treatment　熱処理　3,77

heat-resistant nickel alloy　耐熱ニッケル合金　129

heat-resisting steel　耐熱鋼　119

heat-treatmentable wrought aluminum alloy　熱処理型展伸用アルミニウム合金　125

hexagonal close-packed　最密六方晶　10

high damping material　高減衰能材料　155

high diffusivity paths　高速拡散路　67

high speed tool steels　ハイス　115

high speed tool steels　高速度工具鋼　115

high temperature deformation　高温変形　69

high temperature super- conductor material　高温超電導材料　156

high tensile strength steel　ハイテン　164

high tensile strength steel　高張力鋼　164

homogeneous temperature　相対温度　28,69,81

homogenizing　均質化処理　63,77

honeycomb panel　ハニカムパネル　166

Hooke's Law　フックの法則　23

hot forging　熱間鍛造　99

hot hydrostatic press　熱間静水圧プレス法　143

hot rolling　熱間圧延　96

hot working　熱間加工　69

hydrogen embrittlement　水素ぜい性　91

hydrogen induced cracking　水素誘起割れ　91

hydrogen storage alloy　水素貯蔵合金　155

hydrostatic extrusion　静水圧押出し　97

hydroxyl apatite　水酸化アパタイト　145

hypereutectoid stccl　過共析鋼　109

hypoeutectoid steel　亜共析鋼　109

I

impact fracture　衝撃破壊　38

impact test　衝撃試験　45

impingement　接触　82

impurity　不純物　14

impurity diffusion　不純物拡散　68

indenter　圧子　46

inert gas　不活性ガス　7

infiltration process　含浸法　152

infiltration process　溶浸法　152

infusion molding　インフュージョン成形　151

ingot　インゴット　94

ingot making　造塊　93

inhibitor　腐食抑制剤　91

injection compression molding　射出圧縮成形　106

injection molding　射出成形　106,138

inplane mode　面内せん断モード　40

insulator　絶縁体　87

intelligent material　知的材料　157

intercalation compound　層間化合物　144

interdiffusion　相互拡散　68

interdiffusion coefficient　相互拡散係数　68

interface　界面　147,149

intergranular fracture　粒界破壊　37

intermetallic compound　金属間化合物　15

internal friction　内部摩擦　155

internal porosity　内引け　95

international annealed copper standard　国際標準焼なまし銅　126

interstitial diffusion　格子間拡散　67

interstitial solid solution　侵入型固溶体　15

intrinsic diffusion coefficient　固有拡散係数　68

intrusion　入込み　44

ionic bond　イオン結合　8

ionic polymerization　イオン重合　21

ionization tendency　イオン化傾向　90

iron　鉄　2

iron and steel　鉄鋼材料　2

iron-carbon alloy phase diagram　鉄-炭素合金状態図　59

ironing　しごき加工　102

isomorphous system　全率固溶型　53,55

isostatic pressing　静水圧成形法　103

isostatic state　静水圧状態　24

isotropy　等方性　24,147

Izod impact test　アイゾット衝撃試験　47

J

Japanese Industrial Standards, JIS　日本工業規格　45,109,162

Jominy test　ジョミニー試験　79

K

Kanthal wire　カンタル線　88

Kelmet　ケルメット合金　58

Kirkendall effect　カーケンドール効果　68

Kirkendall void　カーケンドールボイド　68

Knoop hardness　ヌープ硬さ　46

L

ladder polymer　はしご状高分子　21

ladle　とりべ　95

laminar composite　積層複合材料　147

laser welding　レーザー溶接　104

lattice constant　格子定数　8

lattice defect　格子欠陥　15,87

lattice diffusion　格子拡散　67

lattice parameter　格子定数　8
law of mixtures　複合則　149
lead　鉛　133
leaded brass　鉛入り黄銅　127
lead-free soft solder　鉛フリーはんだ　133
Lennard-Jones potential　レナード・ジョーンズポテンシャル　176
lever rule　てこの関係　54,109
life　寿命　2
limiting drawing ratio　限界絞り比　101
line defect　線欠陥　15
linear fracture mechanics　線形破壊力学　39,179
linear polymer　線状高分子　21
liquid metal infiltration　溶融金属浸透法　152
liquidus　液相線　53
localized corrosion　局部腐食　92
low cycle fatigue　低サイクル疲労　45
low temperature brittleness, cold shortness　低温ぜい性　38
low temperature temper brittleness　低温焼もどしぜい性　80
lower bainaite　下部ベイナイト　77
lower yield stress　下降伏応力　28
low-temperature melting metal　低融点金属　133
Lüders band　リューダース帯　37

M

machine structural steel　機械構造用鋼　111
machine structural alloy steel　機械構造用合金鋼　112
machine structural carbon steel　機械構造用炭素鋼　112
macromolecule　高分子　19
magnalium　マグナリウム　123
magnesia　マグネシア　143
magnesium　マグネシウム　131
magnesium alloy　マグネシウム合金　131
magnesium alloy for castings　鋳物用マグネシウム合金　131
magnetic transformation　磁気変態　59
mandrel drawing　マンドレル引き　98
Mannesmann effect　マンネスマン効果　97
Manson-Coffin law　マンソン・コフィン則　45
marquenching　マルクエンチ　80
martempering　マルテンパ　81
martensite　マルテンサイト　76
martensite transformation　マルテンサイト変態　76
martensitic stainless steel　マルテンサイト系ステンレス鋼　118
mass effect　質量効果　78,163
matched-die molding　(FRP の)プレス成形　150
material circulating society　循環型社会　171
material flow　物質流通　172
material recycle　マテリアルリサイクル　171
materials selection　材料選択　159
materials testing　材料試験　45
matrix　母材　147
mechanical joining　機械的結合　105
mechanical property　機械的性質　3,23
mechanical property　力学的特性　23

mechanism of stress transfer　応力伝達機構　149
melamine resin　メラミン樹脂　138
metal active gas welding　マグ溶接　104
metal inert gas welding　ミグ溶接　104
metal matrix composite　金属基複合材料　148,152
metal monument　金属製モニュメント　167
metal powder injection molding　金属粉末射出成形法　103
metallic bond　金属結合　8,87
Miller indices　ミラー指数　11
Miner's law　マイナー則　43
mixed dislocation　混合転位　31
modification　改良処理　124
modulus of longitudinal elasticity　縦弾性係数　24,160
mold　鋳型　95
molecular weight distribution curve　分子量分布曲線　20
molybdenum silicide　ケイ化モリブデン　144
monomer　モノマー　20
monomer　単独重合体　20
monotectic reaction　偏晶反応　53
monotectic system　偏晶型　58
mullite　ムライト　143
multiplication　(転位の)増殖　33

N

Nabbaro-Herring creep　ナバロ-ヘリングクリープ　72
natural aging　自然時効　83
Naval brass　ネーバル黄銅　127
necking　くびれ　29,39,46
necking　局部収縮　46
network polymer　網目高分子　21
neutral point　中立点　96
nichrome wire　ニクロム線　88,129
nickel　ニッケル　128
nickel alloy　ニッケル合金　128
nickel silver　洋白　127
nitride ceramics　窒化物系セラミックス　143
nitriding　窒化処理　113
nitriding steel　窒化鋼　113
noble metal　貴金属　121
nominal strain　公称ひずみ　27
nominal stress　公称応力　27
nonequilibrium condition　非平衡状態　56
non-ferrous　非鉄　2
non heat-treatmentable wrought aluminum alloy　非熱処理型展伸用アルミニウム合金　124
non-oxide ceramics　非酸化物系セラミックス　143
nonsteady-state　非定常状態　65
normal stress　垂直応力　23
normalizing　焼ならし　77
nose temperature　鼻温度　76
notch brittleness　切欠ぜい性　38
number-average molecular weight　数平均分子量　20
nylon　ナイロン　137

O

Ohm's law　オームの法則　87
open die forging　自由鍛造　99
opened recycle　オープンリサイクル　171
opening mode　開口モード　40
optical microscope　光学顕微鏡　16
Ostwald ripening　オストワルド成長　84
over aging　過時効　83
oxide ceramics　酸化物系セラミックス　143
oxygen free conductivity copper　無酸素銅　126

P

Paris equation　パリス則　44
partial dislocation　部分転位　33
particle dispersion composite　粒子分散複合材料　147
parting　分断　100
passivity　不働態　91
patina　緑青　127
pattern　模型　95
pearlite　パーライト　75,109
Peierls force　パイエルス力　34
perfect crystal　完全結晶　10,29
perform　プリフォーム　152
periodic table　周期表　2,7
peritectic reaction　包晶反応　53,57
peritectic system　包晶型　57
peritectoid reaction　包析反応　53
permalloy　パーマロイ　129
permanent strain　永久ひずみ　28
perovskite structure　ペロブスカイト構造　19
phase　相　15,51
phase diagram　相図　51
phase diagram　平衡状態図　51
phase rule　相律　51
phase transformation　相変態　75
phenol-formaldehyde　フェノール樹脂　138
phosphor bronze　リン青銅　127
physical property　物理的性質　3
pig iron　銑鉄　93
pile-up　(転位の)堆積　72
pipe diffusion　パイプ拡散　73
plastic deformation　塑性変形　23,29
plastic instability　塑性不安定　29
plastics　プラスチック　135,148
plastic working　塑性加工　96
platinum　白金　126
point defect　点欠陥　15,88
Poisson's ratio　ポアソン比　24
polarization curve　分極曲線　89
poly vinyl chloride　ポリ塩化ビニル　137
polyamide　ポリアミド　137
polycarbonate　ポリカーボネイト　137
polyethylene　ポリエチレン　137
polygonization　ポリゴニゼーション　16,81
polyimide　ポリイミド　137
polymer　高分子　19
polymer matrix composite　高分子基複合材料　148
polyoxymethylene　ポリアセタール　137
polyphenylene sulfide　ポリフェニレンサルファイド　137
polypropylene　ポリプロピレン　137
potential energy　ポテンシャルエネルギー　25,176
potential energy　位置エネルギー　8
potential-pH diagram　電位－pH図　91
pouring　注湯　95
pouring basin　湯だまり　95
powder compacting　粉末成形　103
powder high speed tool steels　粉末ハイス　116
powder metallurgy　粉末冶金　63,103,142
powder molding　粉末成形　103
powder rolling　粉末圧延成形法　103
power-law creep　べき乗則クリープ　72
precipitate　析出物　88
precipitation　析出　83
precipitation hardening　析出硬化　83,118
precipitation hardening stainless steel　析出硬化系ステンレス鋼　118
precipitation strengthening　析出強化　35
prepreg　プリプレグ　150
pressure welding　圧接　104
primary creep　一次クリープ　70
primary recrystallization　一次再結晶　82
principal stress　主応力　26
process annealing　中間焼なまし　78
proeutectoid cementite　初析セメンタイト　110
proeutectoid ferrite　初析フェライト　109
proof stress　耐力　28
puckers　しわ　102
pulsating load　片振荷重　43
pultrusion method　(FRPの)引抜き法　151
punching, piercing　穴あけ　100
pure metal　純金属　2

Q

quenching　焼入れ　78

R

radical polymerization　ラジカル重合　21
rainforest　熱帯雨林　169
rare earth element　希土類元素　132
rare metal　希少金属　121
rate of growth　成長速度　82
rate of nucleation　核生成頻度　82
rate-controlling　拡散律速　69
reaction diffusion　反応拡散　69
recovery　回復　37,69,81
recovery creep　回復クリープ　70
recrystallization　再結晶　37,69,81
recrystallization temperature　再結晶温度　82
Recycle　リサイクル　171
Reduce　リデュース　171
registration, evaluation and authorization of chemicals　リーチ　173
reinforcement　強化材　147
relative acceleration rate of depletion　資源枯渇加速度　172
residual stress　残留応力　78
resin transfer molding method　RTM成形法　151

resistivity　抵抗率	87
resolving power　分解能	17
resource depletion　資源の枯渇	169
restriction of hazardous substances　ローズ	173
retained austenite　残留オーステナイト	77
Reuse　リユース	171
rigidity　剛性率	24
riser　押湯	95
rock salt structure　岩塩型	18
Rockwell hardness　ロックウェル硬さ	46
roughness　あらさ	160
rupture strain　破断ひずみ	29
rupture stress　破断応力	29
rust　さび	89
rutile structure　ルチル型	19

S

S curve　S 曲線	76
S-N curve　S-N 曲線	43
safety factor　安全率	159
sand mold　砂型	95
scanning electron microscope　走査電子顕微鏡	17
Schaeffler diagram　シェフラーの状態図	117
Schottky defect　ショットキー欠陥	67
screw dislocation　らせん転位	31
season cracking　時期割れ	125
second hardening　二次硬化	116
secondary cementite　二次セメンタイト	110
secondary creep　二次クリープ	70
secondary recrystallization　二次再結晶	82
section rolling　形材圧延	96
secular change　経年変化	159
segregation　偏析	77
self diffusion　自己拡散	68
self diffusion coefficient　自己拡散係数	68
self energy　自己エネルギー	32
semi high speed tool steel　セミハイス	116
semi-closed die forging　半密閉型鍛造	99
semi-conductor　半導体	87
shape factor　形状母数	143
shape memory alloy　形状記憶合金	154
shape memory effect　形状記憶効果	154
shear　せん断	100
shear droop　(せん断面の)だれ	100
shear fracture　せん断破壊	39
shear modulus　せん断弾性係数，ずれ弾性率	24
shear stress　せん断応力	23
shearing resistance　せん断抵抗	100
sheet polymer　板状高分子	21
sheet rolling　板圧延	96
shevron crack　シェブロンクラック	99
Shore hardness　ショア硬さ	47
shot peening　ショットピーニング加工	163
shrinkage cavity　引け巣	95
shrinkage depressin　くぼみ	95
silica　シリカ	18,19
silicide ceramics　ケイ化物系セラミックス	144
silicon carbide　炭化ケイ素	143
silicon nitride　窒化ケイ素	143
silmin　シルミン	123

sinking　空引き	98
size effect　寸法効果	38
slab　スラブ	94
slab method　スラブ法	100
sliding mode　面内せん断モード	40
slip direction　すべり方向	32
slip plane　すべり面	32
slip system　すべり系	32
small angle grain boundary　小傾角粒界	16,37,81
smart material　スマート材料	157
soft solder　はんだ	56,133
softening annealing　軟化焼なまし	78
solid solution　固溶体	15,88
solid solution strengthening　固溶強化	35
solid solution treatment　溶体化処理	83
solid state reaction　固相反応	69
solidus　固相線	53
solubility curve　溶解度曲線	56
solvus line　溶解度曲線	56
space lattice　空間格子	8
specific stiffness　比剛性	147
specific strength　比強度	147
specific tensile strength　比引張強さ	140
spheroidizing annealing　球状化焼なまし	78
spinning　スピニング	102
spring back　スプリングバック	101
stacking fault energy　積層欠陥エネルギー	70
stacking foult　積層欠陥	15,49
stainless steel　ステンレス鋼	91,117
standard electrode potential　標準電極電位	90
standard hydrogen electrode　標準水素電極	90
static fracture　静的破壊	38
static test　静的試験	45
steady creep　定常クリープ	70
steady deformation　定常変形	69,70
steady state　定常状態	65
steel　鋼	15,109
steel making process　製鋼法	93
steel use machinability　快削鋼	113
step wise reaction　遂次反応	20
stiffness　剛性	159
strain　ひずみ	23
strain aging　ひずみ時効	126
strain hardening　ひずみ硬化	28,36
strain rate exponent　ひずみ速度依存性指数	156
strain relief annealing　ひずみ取り焼なまし	78
strain relieving annealing ひずみ取り焼なまし	78
strengthening by grain size reduction　結晶粒微細強化	35
stress　応力	23
stress concentration　応力集中	23,179
stress corrosion cracking　応力腐食割れ	91,118,163
stress exponent　応力指数	72
stress intensity factor　応力拡大係数	41
stress ratio　応力比	43
stress relief annealing　応力除去焼なまし	78
stress transfer　応力伝達	149
striation　ストライエーション	44
structural insensitive property　構造鈍感性	3
structural sensitive property　構造敏感性	3

subgrain　副結晶粒	16,70,81
sub-grain boundary　亜結晶粒界	16
substitutional solid solution　置換型固溶体	15
substructure　下部組織	70
sulfide stress corrosion cracking　硫化物SCC	92
super alloy　超合金	119
super conductivity　超電導	88
super duralumin　超ジュラルミン	125
super elasticity　超弾性	154
super heat-resisting alloy　超耐熱合金	119
superplasticity　超塑性	71,133,145
superconductor　超電導材料	156
superlattice　規則格子	15
superplastic material　超塑性合金	156
supersaturated solid solution　過飽和固溶体	83
supply chain management　サプライチェーンマネージメント	173
surface crack　表面き裂	50
surface diffusion　表面拡散	67
surface treatment　表面処理	161
suspicious hazardous substance　有害懸念物質	173
sustainability　持続可能性	169
system　系	51

T

tangling　(転位の)もつれ	72
tearing mode　面外せん断モード	40
temper aging　焼もどし時効	83
temper brittleness　焼もどしぜい性	80
temper embrittlement　焼もどしぜい性	80
tempered matensite 焼もどしマルテンサイト	80
tempering　焼もどし	79
tensile strength　引張強さ	29
tensile stress　引張応力	25
tensile test　引張試験	45
tension test　引張試験	45
ternary phase diagram　三元合金状態図	60
tertiary creep　三次クリープ	70
The International System of Units　国際単位(SI)系	5
theory of reinforcement　強化理論	149
thermal durability　耐熱性	160
thermal fatigue　熱疲労	45
thermal recycle　サーマルリサイクル	171
thermal vibration　熱振動	87
thermoelastic martensitic transformation　熱弾性マルテンサイト変態	154
thermoplastic resin　熱可塑性プラスチック(樹脂)	135,148
thermosetting resin　熱硬化性プラスチック(樹脂)	138,148
thixomolding　チクソモールド法	107,131
threshold value of stress intensity factor range　下限界応力拡大係数範囲	44
time temperature transformation diagram　等温変態図	76
tin　錫	133
titanium　チタン	130
titanium alloy　チタン合金	130
titanium boride　ホウ化チタン	144

titanium carbide　炭化チタン	143
titanium nitride　窒化チタン	143
tool steel　工具鋼	114
torsion test　ねじり試験	45
total materials requirement　関与物質総量	172
toughness　じん性	29,160
transformation superplasticity　変態超塑性	156
transgranular fracture　粒内破壊	38
transient creep　遷移クリープ	70
transmission electron microscope　透過電子顕微鏡	17
troostite　トルースタイト	80
true strain　真ひずみ	27
true stress　真応力	27
TTT curve　TTT曲線	76,111
tungsten carbide　炭化タングステン	143
twin　双晶	16
twin deformation　双晶変形	34
two-phase alloy　二相合金	15

U

ultrasonic welding　超音波接合法	105
under hardening　低温焼入れ	116
uniform elongation　一様伸び	46
unit cell　単位胞	8
unit lattice　単位格子	8
unsaturated polyester　不飽和ポリエステル	138
upper bainite　上部ベイナイト	77
upper yield stress　上降伏応力	28
urea　ユリア	138
urea resin　ユリア樹脂	138
urethane resin　ポリウレタン樹脂	138

V

vacancy diffusion　空孔拡散	67
vacancy mechanism　空孔機構	71
van der Waals bond　ファン・デル・ワールス結合	8
vibroisolating material　防振材料	155
Vickers hardness　ビッカース硬さ	46
volatile organic compounds　揮発性有機化合物	173
volume diffusion　体積拡散	67
volume diffusion creep　体積拡散クリープ	72

W

warm forging　温間鍛造	99
waste　廃棄物	169
waves　うねり	160
wear　摩耗	89,160
wear debris　摩耗粉	160
wear particle　摩耗粉	160
wear resistance　耐耗性	160
weathering steel　耐候性鋼	91
Weibull factor　ワイブル係数	143
weight-average molecular weight　重量平均分子量	20
weld decay　ウェルド・ディケイ	118
welding　溶接	104
wettability　ぬれ性	152

work function　仕事関数　90

work hardening　加工硬化　28,36

working　加工　3

wrinkles　しわ　102

wrought aluminum alloy　展伸用アルミニウム合金　124

wrought high speed tool steels　溶製ハイス　116

wrought magnesium alloy　展伸用マグネシウム合金　133

wurzite structure　ウルツ鉱型　18

X

X-ray diffractometer　X線回折装置　14

Y

yield　歩留まり　163,172

yield condition　降伏条件　26

yield criterion　降伏条件　26

yield point　降伏点　23

yield strength　降伏強さ　28

yield stress　降伏応力　25,28,160

Young's modulus　ヤング率　24

Z

zinc　亜鉛　133

zinc blende structure　閃亜鉛鉱型　18

zirconia　ジルコニア　143

196

英略記号

Al$_2$O$_3$(alumina)	143
AlN(aluminum nitride)	143
APC(active pass corrosion)	91
B$_4$C(carbon boride)	144
bcc(body-centered cubic)	10
BN(boron nitride)	144
CAE(computer aided engineering)	163
C/C composite (cabon/carbon composite)	157
CCT(continuous cooling transformation diagram)	75,111
CF(corrosion fatigue)	91
CFRP(carbon fiber reinforced plastics)	148,165
Cr$_2$O$_3$(chromia)	143
CRSS(critical resolved shear stress)	25
DLC(diamond like carbon)	144
EP(epoxy)	138
EPMA(electron-probe micro-analyzer)	17
fcc(face-centered cubic)	10
FRP(fiber reinforced plastic)	148,150
hcp(hexagonal close-packed)	10
HE(hydrogen embrittlement)	91
HIC(hydrogen induced cracking)	91
HIP(hot hydrostatic press)	143
HT(high tensile strength steel)	164
IACS(international annealed copper standard)	126
JIS(Japanese Industrial Standards)	45,109,162
LCA (life-cycle assessment)	173
MF(melamine-forma ldehyde)	138
MgO(magnesia)	143
MMC(metal matrix composite)	152
MoSi$_2$(molybdenum silicide)	144
PA(polyamide)	137
PC(polycarbonate)	137
PE(polyethylene)	137
PF(phenol-forma ldehyde)	138
PI(polyimide)	137
POM(polyoxymethlene)	137
PP(polypropylene)	137
PPS(polyphenylene sulfide)	137
PRTR(pollutant release and transfer register)	173
PTFE(polytetra fluoroehylene)	138
PUR(polyurethane)	138
PVC(poly vinyl chloride)	137
REACH (registration, evaluation and authorization of chemicals)	173
RoHS (restriction of hazardous substances)	173
RTM(resin transfer molding)	151
SACM(Al-Cr-Mo steel)	113
SAP(sintered aluminum powder)	153
SCC(stress corrosion cracking)	91
SEM（scanning electron microscope）	17
SHE(standard hydrogen electrode)	90
Si$_3$N$_4$(silicon nitride)	143
SiC(silicon carbide)	143
SiO$_2$(silica)	19
SKH(wrought high speed tool steels)	116
SSCC(sulfide stress corrosion cracking)	92
SUH(steel use heat-resisting)	119
SUM(steel use machinability)	113
TEM(transmission electron microscope)	17
TiB$_2$(titanium boride)	144
TiC(titanium carbite)	143
TiN(titanium nitride)	143
TTT(time temperature transformation diagram)	76,111
UF(urea-forma ldehyde)	138
UP(urethane resin)	138
VOC(volatile organic compounds)	173
WC(tungsten carbide)	143
ZrO$_2$(zirconia)	143

索 引

あ行

A₁ 変態	A₁ transformation	59,109
A₃ 変態	A₁ transformation	109
RTM 成形法	resin transfer molding method	151
S 曲線	S curve	76
S–N 曲線	S–N curve	43
X 線回折装置	X-ray diffractometer	14
α 黄銅	α-brass	126
アイゾット衝撃試験	Izod impact test	47
アーク溶接	arc welding	104
アニオン重合	anionic polymerization	21
アノード反応	anodic reaction	89
アモルファス合金	amorphous alloy	155
アルマイト処理	alumite treatment	125
アルミナ	alumina	143,153
アルミニウム	aluminum	7,121
アルミニウムクロムモリブデン鋼 Al-Cr-Mo steel		113
アルミニウム黄銅	aluminum brass	127
アルミニウム合金	aluminum alloy	122
アルミニウム青銅	aluminum bronze	128
アルミニウム—銅合金状態図 aluminum-copper alloy phase diagram		60
アレニウスプロット	Arrhenius plot	65
イオン化傾向	ionization tendency	90
イオン結合	ionic bond	8
イオン重合	ionic polymerization	21
インゴット	ingot	94
インフュージョン成形	infusion molding	151
ウェルド・ディケイ	weld decay	118
ウルツ鉱型	wurzite structure	18
エネルギー解放率	energy release rate	42
エバンス図	Evans diagram	89
エポキシ樹脂	epoxy, epoxide	138
エロージョン腐食	erosion-corrosion	128
エンジニアリングプラスチック engineering plastics		20,135
オストワルド成長	Ostwald ripening	84
オーステナイト	austenite	59,109
オーステナイト系ステンレス鋼 austenitic stainless steel		118
オーステナイト生成元素	austenite former	110
オーステンパ	austempering	80
オートクレーブ成形法	autoclave method	151
オープンリサイクル	opened recycle	171
オームの法則	Ohm's law	87

あらさ	roughness	160
うねり	waves	160
亜鉛	zinc	133
亜共析鋼	hypoeutectoid steel	109
亜結晶粒界	sub-grain boundary	16
圧子	indenter	46
圧縮試験	compression test	45
圧接	pressure welding	104
穴あけ	punching, piercing	100
孔形圧延	caliber rolling	97
網目高分子	network polymer	21
安全率	safety factor	159
鋳型	mold	95
異種金属接触腐食	galvanic corrosion	92
板圧延	sheet rolling	96
板状高分子	sheet polymer	21
位置エネルギー	potential energy	8
一次クリープ	primary creep	70
一次再結晶	primary recrystallization	82
一様伸び	uniform elongation	46
異方性	anisotropy	24
異方性材料	anisotropic material	147
鋳物砂	casting sand	95
鋳物用アルミニウム合金 aluminum alloy for castings		123
鋳物用マグネシウム合金 magnesium alloy for castings		131
入込み	intrusion	44
内引け	internal porosity	95
打抜き	blanking	100
永久ひずみ	permanent strain	28
液相線	liquidus	53
枝分かれ高分子	branched polymer	21
延性	ductility	29
延性破壊	ductile fracture	37
延性材料	ductile material	27
黄銅	brass	15,126
応力	stress	23
応力拡大係数	stress intensity factor	41
応力指数	stress exponent	72
応力集中	stress concentration	23,179
応力除去焼なまし	stress relief annealing, stress relieving	78
応力伝達	stress transfer	149
応力伝達機構	mechanism of stress transfer	149
応力比	stress ratio	43

198

応力腐食割れ　stress corrosion cracking　91,118,163
遅れ破壊　delayed fracture　163
押出し成形法　extrusion, forging　103
押出し比　extrusion ratio　97
押湯　riser　95
温間鍛造　warm forging　99
温暖化ガス　greenhouse effect gas　169

か行

カーケンドールボイド　Kirkendall void　68
カーケンドール効果　Kirkendall effect　68
ガスアシスト成形　gas assist molding　106
ガス溶接　gas welding　104
カソード反応　cathodic reaction　89
カチオン重合　cationic polymerization　21
カッピング　cupping　99
カップ・アンド・コーン破断面
cup-and-cone fracture surface　39
カーボンナノチューブ　carbon nano-tube　144
カンタル線　Kanthal wire　88
ギニエ・プレストン帯　Guinier - Preston zone　83
ギブスの自由エネルギー　Gibbs' free energy　89
ギブスの相律　Gibbs' phase rule　52
クラーク数　Clarke number　6
クリアランス　clearance　100
クリープ　creep　70,129
クリープ曲線　creep curve　70
クリープ試験　creep test　45,70
クリープ破壊　creep fracture　38
クリープ変形　creep deformation　70
グリフィス・オロワン・アーウィンの条件
Griffith-Orowan-Irwin　180
グリフィスの理論　Griffith criterion　39,178
クローズドリサイクル　closed recycle　171
クロミア　chromia　143
ケイ化モリブデン　molybdenum silicide　144
ケイ化物系セラミックス　silicide ceramics　144
ケルメット合金　Kelmet　58
ケミカルミリング　chemical milling　164
ケミカルリサイクル　chemical recycle　171
コットレル効果　Cottrell effect　79
コブルクリープ　Coble diffusion　72
コンピュータ支援技術　Computer Aided Engineering　163
かえり　burr　100
くびれ　necking　29,39,46
くぼみ　shrinkage depressin　95
開口モード　opening mode　40
快削黄銅　free cutting brass　127
快削鋼　free cutting steels, steel use machinability　113
回折角　diffraction angle　14
回復　recovery　37,69,81
回復クリープ　recovery creep　70

界面　interface　147,149
改良処理　modification　124
化学ポテンシャル　chemical potential　63,89
化学拡散　chemical diffusion　68
化学的安定性　chemical stability　89
化学的性質　chemical property　3,88
過共析鋼　hypereutectoid steel　109
拡散　diffusion　63
拡散クリープ　diffusional creep　71
拡散の活性化エネルギー　activation energy for diffusion　64
拡散係数　diffusion coefficient　64
拡散経路　diffusivity paths　67
拡散接合　diffusion bonding　63
拡散方程式　diffusion equation　66
拡散焼なまし　diffusion annealing　63,77
拡散律速　rate-controlling　69
拡散流束　diffusion flux　64
核生成頻度　rate of nucleation　82
拡大製造者責任　extended producer responsibility　173
下限界応力拡大係数範囲　threshold value of stress intensity factor range　44
加工　working　3
加工硬化　work hardening　28,36
加工(ひずみ)誘起マルテンサイト変態　strain induced martensite transformation　154
過時効　over aging　83
硬さ　hardness　46
片振荷重　pulsating load　43
形材圧延　section rolling　96
加速クリープ　accelerating creep　70
加速電圧　accelerating voltage　17
型鍛造　die forging　99
型曲げ　die bending　101
活性経路割れ　active pass corrosion　91
金型プレス成形　die pressing　103
下部ベイナイト　lower bainaite　77
下部組織　substructure　70
過飽和固溶体　supersaturated solid solution　83
上降伏応力　upper yield stress　28
空引き　sinking　98
環状化合物　cyclic compound　20
完全結晶　perfect crystal　10,29
完全焼なまし　full annealing　77
関与物質総量　total materials requirement　172
含浸法　infiltration process　152
岩塩型　rock salt structure　18
機械構造用合金鋼　machine structural alloy steel　112
機械構造用炭素鋼　machine structural carbon steel　112
機械構造用鋼　machine structural steel　111
機械材料　engineering materials　1

機械的結合　mechanical joining　105
機械的性質　mechanical property　3,23
貴金属　noble metal　121
気候変動　global climate change　169
希少金属　rare metal　121
希土類元素　rare earth element　132
規則格子　superlattice　15
機能性材料　functional materials　3,153
揮発性有機化合物　volatile organic compound　173
気泡　gas hole　95
基面　basal plane　六方晶の－　13
球状化焼なまし　spheroidizing annealing　78
強化材　reinforcement　147
強化理論　theory of reinforcement　149
共晶型　eutectic system　56
共晶反応　eutectic reaction　52
共析鋼　eutectoid steel　109
共析反応　eutectoid reaction　53
共有結合　covalent bond　8
橋梁　bridge　166
局部収縮　necking　46
局部腐食　localized corrosion　92
許容応力　allowable stress　159
切欠ぜい性　notch brittleness　38
金　gold　89,126,167
均質化処理　homogenizing　63,77
金属間化合物　intermetallic compound　15
金属基複合材料　metal matrix composite　148,152
金属結合　metallic bond　8,87
金属製モニュメント　metal monument　167
金属粉末射出成形法　metal powder injection molding　103
空間格子　space lattice　8
空孔拡散　vacancy diffusion　67
空孔機構　vacancy mechanism　71
駆動力　driving force　64
系　system　51
形状記憶効果　shape memory effect　154
形状記憶合金　shape memory alloy　154
形状母数　shape factor　143
経年変化　secular change　159
結晶格子　crystal lattice　8,87
結晶系　crystal system　9
結晶構造　crystal structure　3
結晶性プラスチック　crystalline plastics　135
結晶粒粗大化　grain growth　82
結晶方向　crystallographic direction　11
結晶面　crystallographic plane, crystal plane　11
結晶粒　crystal grain　14
結晶粒界　grain boundary　14,88
結晶粒径　grain size　14
結晶粒微細強化　strengthening by grain size reduction　35
限界絞り比　limiting drawing ratio　101

原子配列　atomic arrangement　8
減衰能　damping capacity　131,155,160
高温超電導材料　high temperature superconductor material　156
高温変形　high temperature deformation　69
光学顕微鏡　optical microscope　16
光輝焼なまし　bright annealing　77
合金　alloy　2,15
合金元素　alloying element　88
合金工具鋼　alloy tool steel　115
工具鋼　tool steel　114
高減衰能材料　high damping material　155
黒鉛　graphite　19,144
国際基準銅　international annealed copper standard　126
国際単位(SI)系　The International System of Units　5
交叉すべり　cross slip　72
格子拡散　lattice diffusion　67
格子間拡散　interstitial diffusion　67
格子欠陥　lattice defect　15,87
格子定数　lattice constant, lattice parameter　8
公称ひずみ　nominal strain　27
公称応力　nominal stress　27
剛性　stiffness　159
剛性率　shear modulus, rigidity　24
高速拡散路　high diffusivity paths　67
高速度工具鋼　high speed tool steel　115
構造鈍感性　structural insensitive property　3
構造敏感性　structural sensitive property　3
高張力鋼　high tensile strength steel　164
硬鉛鋳物　hard leaded castings　133
降伏応力　yield stress　25,28,160
降伏条件　yield condition, yield criterion　26
降伏強さ　yield strength　28
降伏点　yield point　23
高分子　polymer, macromolecule　19
高分子基複合材料　polymer matrix composite　148
後方押出し　backward extrusion　97
固相線　solidus　53
固相反応　solid state reaction　69
固有拡散係数　intrinsic diffusion coefficient　68
固溶強化　solid solution strengthening　35
固溶体　solid solution　15,88
混合転位　mixed dislocation　31

さ行

C/C コンポジット　C/C composite　157
CCT 曲線　CCT curve　75,111
G.P.ゾーン　G-P zone　84
サーマルリサイクル　thermal recycle　171
サプライチェーンマネージメント　supply chain management　173
シェフラーの状態図　Schaeffler diagram　117
シェブロンクラック　shevron crack　99

シャルピー衝撃試験	Charpy impact test	47
シャルピー衝撃値	Charpy impact value	47
ジュメット線	dumet wire	129
ジュラルミン	duralmin, duralumin	60,83,125
ショア硬さ	Shore hardness	47
ショットキー欠陥	Schottky defect	67
ショットピーニング加工	shot peening	163
ジョミニー試験	Jominy test	79
シリカ	silica	18,19
ジルコニア	zirconia	143
シルミン	silmin	123
ステンレス鋼	stainless steel	91,117
ストライエーション	striation	44
スピニング	spinning	102
スプリングバック	spring back	101
スマート材料	smart material	157
スラブ	slab	94
スラブ法	slab method	100
セミハイス	semi high speed tool steel	116
セメンタイト	cementite	59
セラミック基複合材料	ceramic matrix composite	148
さび	rust	89
しごき加工	ironing	102
しわ	puckers, wrinkles	102
じん性	toughness	29,160
すべり系	slip system	32
すべり方向	slip direction	32
すべり面	slip plane	32
ずれ弾性率	shear modulus	24
ぜい性	brittleness	27,160
ぜい性－延性遷移温度	brittle-ductile transition temperature	38
ぜい性材料	brittle material	27
ぜい性破壊	brittle fracture	37
せん断	shear	100
せん断応力	shear stress	23
せん断弾性係数	shear modulus	24
せん断抵抗	shearing resistance	100
せん断破壊	shear fracture	39
せん断面	burnished surface	100
そり	camber	101
再結晶	recrystallization	37,69,81
再結晶温度	recrystallization temperature	82
最密六方晶	hexagonal close-packed	10
材料試験	materials testing	45
材料選択	materials selection	159
鎖状高分子	chain polymer	21
砂漠化	desertification	169
酸化物系セラミックス	oxide ceramics	143
三元合金状態図	ternary phase diagram	60
三次クリープ	tertiary creep	70
残留オーステナイト	retained austenite	77
残留応力	residual stress	78
磁気変態	magnetic transformation	59
時期割れ	season cracking	125
軸受	bearing	166
資源の枯渇	resource depletion	169
資源枯渇加速度	relative acceleration rate of depletion	172
自己エネルギー	self energy	32
時効	aging	83
時効硬化	age hardening	60,83
時効処理	aging treatment	83
自己拡散	self diffusion	68
自己拡散係数	self diffusion coefficient	68
仕事関数	work function	90
自然時効	natural aging	83
持続可能性	sustainability	169
質量効果	mass effect	78,163
下降伏応力	lower yield stress	28
射出圧縮成形	injection compression molding	106
射出成形	injection molding	106,138
周期表	periodic table	2,7
重量平均分子量	weight-average molecular weight	20
自由鍛造	open die forging	99
自由電子	free electron	8,87
自由度	degree of freedom	52
主応力	principal stress	26
縮合重合	condensation polymerization	138
樹枝状組織	dendrite structure	95
寿命	life	2
循環型社会	material circulating society	171
純金属	pure metal	2
小傾角粒界	small angle grain boundary	16,37,81
焼結	sintering	63,142
晶出	crystallization	55
衝撃試験	impact test	45
衝撃破壊	impact fracture	38
焼鈍	annealing	77
初析セメンタイト	proeutectoid cementite	110
初析フェライト	proeutectoid ferrite	109
上昇運動 転位の－	climbing, climbing motion	37,72
上部ベイナイト	upper bainite	77
真応力	true stress	27
人工時効	artificial aging	83
浸炭法	carburizing	63
振動因子	frequency factor	65
侵入型固溶体	interstitial solid solution	15
真ひずみ	true strain	27
巣	cavity	95
水酸化アパタイト	hydroxyl apatite	145
遂次反応	step wise reaction	20
水素ぜい性	hydrogen embrittlement	91
水素貯蔵合金	hydrogen storage alloy	155
水素誘起割れ	hydrogen induced cracking	91

索引 201

垂直応力　normal stress	23	
数平均分子量　number-average molecular weight	20	
錫　tin	133	
砂型　sand mold	95	
寸法効果　size effect	38	
製鋼法　steel making process	93	
制振鋼板　damping plate	155	
静水圧押出し　hydrostatic extrusion	97	
静水圧成形法　isostatic pressing	103	
静水圧状態　isostatic state	24	
生体高分子　biopolymer	20	
生体親和性　bio-affinity	145	
成長速度　rate of growth	82	
静的試験　static test	45	
静的破壊　static fracture	38	
青銅　bronze	127	
青銅鋳物　bronze casting	127	
精密せん断加工法　fine blanking	100	
成分　component	51	
析出　precipitation	83	
析出強化　precipitation strengthening	35	
析出硬化　precipitation hardening	83,118	
析出硬化系ステンレス鋼　precipitation hardening stainless steel	118	
析出物　precipitate	88	
積層欠陥　stacking foult	15,49	
積層欠陥エネルギー　stacking fault energy	70	
積層複合材料　laminar composite	147	
接合　bonding, joining	104	
接触　impingement	82	
絶縁体　insulator	87	
閃亜鉛鉱型　zinc blende structure	18	
遷移クリープ　transient creep	70	
繊維強化プラスチック　fiber reinforced plastics	148	
繊維強化複合材料　fiber reinforced composite	147	
繊維状破壊　fibrous fracture	39	
線形破壊力学　linear fracture mechanics	39,179	
線欠陥　line defect	15	
線状高分子　linear polymer	21	
先進率　forward slip	96	
銑鉄　pig iron	93	
前方押出し　forward extrusion	97	
全率固溶型　isomorphous system	53,55	
相　phase	15,51	
造塊　ingot making	93	
層間化合物　intercalation compound	144	
相互拡散　interdiffusion	68	
相互拡散係数　interdiffusion coefficient	68	
走査電子顕微鏡　scanning electron microscope	17	
双晶　twin	16	
双晶変形　twin deformation	34	
相対温度　homogeneous temperature	28,69,81	

相図　phase diagram	51
相変態　phase transformation	75
相律　phase rule	51
増殖　multiplication　転位の-	33
組成　composition	15,51
塑性加工　forming, metal working	96
塑性不安定　plastic instability	29
塑性変形　plastic deformation	23,29
外引け　draw	95
損傷　failure	89

た行

TTT 曲線　TTT curve	76,111
ダイス鋼　dies steel	115
ダイヤモンド格子　diamond lattice	19
ダイヤモンド類似炭素　diamond like carbon	144
ダーケンの式　Darken's equation	68
チクソモールド法　thixomolding	107,131
チタン　titanium	130
チタン合金　titanium alloy	130
チル層　chill zone	95
デッドメタル　dead metal	97
トルースタイト　troostite	80
だれ　shear droop　せん断面の-	100
てこの関係　lever rule	54,109
とりべ　ladle	95
耐候性鋼　weathering steel	91
体心立方晶　body-centered cubic	10
耐食性アルミニウム合金　anticorrosive aluminum alloy	125
堆積　pile-up　転位の-	72
体積拡散　volume diffusion	67
体積拡散クリープ　volume diffusion creep	72
耐熱鋼　heat-resisting steel	119
耐熱性　thermal durability	160
耐熱ニッケル合金　heat-resistant nickel alloy	129
耐摩耗性　wear resistance	160
耐力　proof stress	28
脱亜鉛現象　dezincification	127
脱酸　deoxidization	93
脱炭　decarburization	93
弾性定数　elastic constants	23
弾性変形　elastic deformation	23
縦弾性係数　modulus of longitudinal elasticity	24,160
単位格子　unit lattice	8
単位胞　unit cell	8
炭化ケイ素　silicon carbide	143
炭化タングステン　tungsten carbide	143
炭化チタン　titanium carbide	143
単独重合体　monomer	20
炭素系セラミックス　carbon-system ceramics	144
炭素鋼　carbon steel	59,109

炭素工具鋼 carbon tool steel	114	
炭素繊維 carbon fiber	144	
炭素繊維強化炭素 carbon fiber reinforced composite	157	
炭素繊維強化プラスチック carbon fiber reinforced plastics	148	
鍛錬 forging	99	
置換型固溶体 substitutional solid solution	15	
窒化アルミニウム aluminum nitride	143	
窒化ケイ素 silicon nitride	143	
窒化チタン titanium nitride	143	
窒化ホウ素 boron nitride	144	
窒化鋼 nitriding steel	113	
窒化処理 nitriding	113	
窒化物系セラミックス nitride ceramics	143	
知的材料 intelligent material	157	
中間焼なまし process annealing	78	
中立点 neutral point	96	
柱状組織 columnar structure	95	
鋳鋼 cast steel	113	
鋳造 casting	94	
鋳鉄 cast iron	59,113,155	
注湯 pouring	95	
超ジュラルミン super duralumin	125	
超音波接合法 ultrasonic welding	105	
超合金 super alloy	119	
超塑性 superplasticity	71,133,145	
超塑性合金 superplastic material	156	
超耐熱合金 super heat-resisting alloy	119	
超弾性 super elasticity	154	
超々ジュラルミン extra super duralumin	125	
超電導 super conductivity	88	
超電導材料 superconductor	156	
疲れ fatigue	43	
疲れ破壊 fatigue fracture	38,43	
突出し extrusion	44	
低温ぜい性 low temperature brittleness, cold shortness	38	
低温焼入れ under hardening	116	
低温焼なまし硬化 hardening by low temperature annealing	126	
低温焼もどしぜい性 low temperature temper brittleness	80	
低サイクル疲労 low cycle fatigue	45	
定常クリープ steady creep	70	
定常状態 steady state	65	
定常変形 steady deformation	69,70	
抵抗率 resistivity	87	
低融点金属 low-temperature melting metal	133	
鉄 iron	2	
鉄鋼材料 iron and steel	2	
鉄-炭素合金状態図 iron-carbon alloy phase diagram	59	
転位 dislocation	15,29,88	
転位ループ dislocation loop	32	
転位拡散 dislocation diffusion	67	
転位環 dislocation ring	35	
電位-pH図 potential-pH diagram	91	
展伸用アルミニウム合金 wrought aluminum alloy	124	
展伸用マグネシウム合金 wrought magnesium alloy	133	
転造 form rolling	102	
転炉 converter	93	
点欠陥 point defect	15,88	
電解精錬法 electrolytic refining process	94	
電気抵抗 electric resistance	87	
電気的性質 electrical properties	3,87	
電気伝導度 electric conductivity	87	
電気銅 electrolytic cathode copper	126	
電気防食 cathodic protection	91	
電極電位 electrode potential	89	
電子源 emission source	17	
電子線マイクロアナライザー electron probe microanalyzer	17	
伝導帯 conducting band	87	
電着法, 電析法 electrodeposition process	152	
銅 cupper	126	
等温変態図 time temperature transformation diagram	76	
等軸晶 equiaxed grain	95	
透過電子顕微鏡 transmission electron microscope	17	
同素変態 allotropic transformation	59,79,130	
等方性 isotropy	24,147	
動的回復 dynamic recovery	69	
動的再結晶 dynamic recrystallization	69	
動的復旧 dynamic restoration	69	

な行

ナイロン nylon	137	
ナバロ-ヘリングクリープ Nabbaro-Herring creep	72	
ニクロム線 nichrome wire	88,129	
ニッケル nickel	128	
ニッケル合金 nickel alloy	128	
ヌープ硬さ Knoop hardness	46	
ネーバル黄銅 Naval brass	127	
ぬれ性 wettability	152	
ねじり試験 torsion test	45	
内部摩擦 internal friction	155	
鉛 lead	133	
鉛フリーはんだ lead-free soft solder	133	
鉛入り黄銅 leaded brass	127	
軟化焼なまし softening annealing	78	
二元合金状態図 binary phase diagram	52	
二次クリープ secondary creep	70	
二次硬化 second hardening	116	
二次再結晶 secondary recrystallization	82	
二次セメンタイト secondary cementite	110	

二相ステンレス鋼　duplex stainless steels　118
二相黄銅　double phase brass　126
二相合金　two-phase alloy　15
日本工業規格　Japanese Industrial Standards, JIS　45,109,162
熱可塑性プラスチック(樹脂)　thermoplastic resin　135,148
熱間圧延　hot rolling　96
熱間加工　hot working　69
熱間静水圧プレス法　hot hydrostatic press　143
熱間鍛造　hot forging　99
熱硬化性プラスチック(樹脂)　thermosetting resin　138,148
熱処理　heat treatment　3,77
熱処理型展伸用アルミニウム合金　heat-treatable wrought aluminum alloy　125
熱振動　thermal vibration　87
熱帯雨林　rainforest　169
熱弾性マルテンサイト変態　thermoelastic martensitic transformation　154
熱疲労　thermal fatigue　45
伸ばし　drawing, swaging　99

は行

β-クリストバライト構造　β-cristobalite structure　18
バイエルス力　Peierls force　34
バイオセラミックス　bio-ceramics　145
ハイス　high speed tool steels　115
ハイテン　high tensile strength steel　164
パイプ拡散　pipe diffusion　73
バーガースベクトル　Burgers vector　31
バーガース回路　Burgers circuit　31
ハニカムパネル　honeycomb panel　166
パーマロイ　permalloy　129
パーライト　pearlite　75,109
パリス則　Paris equation　44
ハンドル車　handwheel　167
ビッカース硬さ　Vickers hardness　46
ビスマス　bismuth　133
ビレット　billet　94
ファインセラミックス　fine ceramics　141
ファン・デル・ワールス結合　van der Waals bond　8
フィックの第1法則　Fick's first law　64
フィックの第2法則　Fick's second law　65
フィラメントワインディング法　filament winding method　151
フェノール樹脂　phenol-formaldehyde　138
フェライト　ferrite　59
フェライト系ステンレス鋼　ferritic stainless steels　118
フェライト生成元素　ferrite former　110
フェルミ準位　Fermi level　90
フックの法則　Hooke's Law　23
フッ素樹脂　fluorocarbon polymer　138

プラスチック　plastics　135,148
ブラッグの式　Bragg's formula　14
ブラッグ角　Bragg angle　14
ブラベー格子　Bravais lattice　9
フランク-リード源　Frank-Read source　33
ブリネル硬さ　Brinell hardness　46
プリフォーム　perform　152
プリプレグ　prepreg　150
プレス成形　matched-die molding　FRPの－　150
フレンケル欠陥　Frenkel defect　67
ブロー成形　blow molding　139
ベイナイト　bainite　77
ベリリウム銅　beryllium bronze　128
ペロブスカイト構造　perovskite structure　19
ポアソン比　Poisson's ratio　24
ホウ化チタン　titanium boride　144
ホウ化炭素　carbon boride　144
ホウ化物系セラミックス　boride ceramics　144
ホール-ペッチの式　Hall-Patch relation　36
ホタル石型　fluorite structure　19
ポテンシャルエネルギー　potential energy　25,176
ポリアセタール　polyoxymethylene　137
ポリアミド　polyamide　137
ポリイミド　polyimide　137
ポリウレタン樹脂　urethane resin　138
ポリエチレン　polyethylene　137
ポリカーボネイト　polycarbonate　137
ポリゴニゼーション　polygonization　16,81
ポリフェニレンサルファイド　polyphenylene sulfide　137
ポリプロピレン　polypropylene　137
ポリ塩化ビニル　poly vinyl chloride　137
ボルツマン-マタノの解析法　Boltzmann-Matano analysis　68
はしご状高分子　ladder polymer　21
はんだ　soft solder　56,133
ひずみ　strain　23
ひずみ硬化　strain hardening　28,36
ひずみ速度依存性指数　strain rate exponent　156
ひずみ時効　strain aging　126
ひずみ取り焼なまし　strain relief annealing, strain relieving　78
へき開破壊　cleavage fracture　38
べき乗則クリープ　power-law creep　72
配位数　coordination number　10
廃棄物　waste　169
破壊　fracture　27,37
破壊じん性　fracture toughness　42
破壊じん性試験　fracture toughness test　42
破壊規準　fracture criterion　42
鋼　steel　15,109
刃状転位　edge dislocation　30
破断応力　rupture stress　29
破断ひずみ　rupture strain　29

白金　platinum　126

鼻温度　nose temperature　76

破面，破断面　fractured surface　37,100

破面観察　fractography　17

半導体　semi-conductor　87

半導体接続極細線　bonding wire in semiconductor　167

反応拡散　reaction diffusion　69

半密閉型鍛造　semi-closed die forging　99

汎用エンジニアリングプラスチック　general purpose engineering plastics　137

汎用プラスチック　general purpose plastic　20,137

引抜き法　pultrusion method　FRP の－　151

比強度　specific strength　147

非晶性プラスチック　amorphous plastics　135

引け巣　shrinkage cavity　95

比剛性　specific stiffness　147

非酸化物系セラミックス　non-oxide ceramics　143

非晶質　amorphous　3

非定常状態　nonsteady-state　65

非平衡状態　nonequilibrium condition　56

非鉄　non-ferrous　2

引張応力　tensile stress　25

引張強さ　tensile strength　29

引張試験　tension test, tensile test　45

比引張強さ　specific tensile strength　140

非熱処理型展伸用アルミニウム合金　non-heat-treatable wrought aluminum alloy　124

非平衡状態　nonequilibrium condition　55

標準水素電極　standard hydrogen electrode　90

標準電極電位　standard electrode potential　90

表面拡散　surface diffusion　67

表面き裂　surface crack　50

表面処理　surface treatment　161

疲労　fatigue　43,89,160

疲労強度　fatigue strength　43

疲労限，疲労限度　fatigue limit　43

疲労試験　fatigue test　45

疲労破壊　fatigue fracture　38,43

不活性ガス　inert gas　7

副結晶粒　subgrain　16,70,81

複合強化　composite strengthening　35

複合材料　composite materials　3,147

複合則　law of mixtures　149

不純物　impurity　14

不純物拡散　impurity diffusion　68

腐食　corrosion　89,161

腐食疲労　corrosion fatigue　45,91

腐食抑制剤　inhibitor　91

物質流通　material flow　172

物理的性質　physical property　3

不働態　passivity　91

歩留まり　yield　163,172

部分転位　partial dislocation　33

不飽和ポリエステル　unsaturated polyester　138

不連続繊維　discontinuous fiber　149

粉末ハイス　powder high speed tool steel　116

粉末圧延成形法　powder rolling　103

分解能　resolving power　17

分極曲線　polarization curve　89

分散強化　dispersion strengthening　35

分子量分布曲線　molecular weight distribution curve　20

分断　parting　100

粉末成形　powder compacting, powder molding　103

粉末冶金　powder metallurgy　63,103,142

平衡状態　equilibrium state　51,55

平衡状態図　phase diagram　51

偏晶型　monotectic system　58

偏晶反応　monotectic reaction　53

変形機構図　deformation mechanism map　71

変形抵抗　flow stress　156

偏析　segregation　77

変態超塑性　transformation superplasticity　156

包晶型　peritectic system　57

包晶反応　peritectic reaction　53,57

包析反応　peritectoid reaction　53

防振材料　vibroisolating material　155

母材　matrix　147

ま行

マイナー則　Miner's law　43

マグナリウム　magnalium　123

マグネシア　magnesia　143

マグネシウム　magnesium　131

マグネシウム合金　agnesium alloy　131

マグ溶接　metal active gas welding　104

マテリアルリサイクル　material recycle　171

マルクエンチ　marquenching　80

マルテンサイト　martensite　76

マルテンサイト系ステンレス鋼　martensitic stainless steels　118

マルテンサイト変態　martensite transformation　76

マルテンパ　martempering　81

マンソン・コフィン則　Manson-Coffin law　45

マンドレル引き　mandrel drawing　98

マンネスマン効果　Mannesmann effect　97

ミグ溶接　metal inert gas welding　104

ミラー指数　Miller indices　11

ムライト　mullite　143

メラミン樹脂　melamine resin　138

モノマー　monomer　20

もつれ　tangling　転位の－　72

曲げ試験　bending test　45

摩耗　wear, abrasion　89,160

摩耗粉　wear particle, wear debris　160

密閉型鍛造　closed die forging　99
無拡散変態　diffusionless transformation　76
無酸素銅　oxygen free conductivity copper　126
面外せん断モード　tearing mode, antiplane mode　40
面心立方晶　face-centered cubic　10
面内せん断モード　sliding mode, inplane mode　40
模型　pattern　95

や行

ヤング率　Young's modulus　24
ユリア　urea　138
ユリア樹脂　urea resin　138
焼入れ　quenching　78
焼入性　hardenability　78
焼なまし　annealing　77
焼ならし　normalizing　77
焼もどし　tempering　79
焼もどし時効　temper aging　83
焼もどしぜい性　temper brittleness, temper embrittlement　80
焼もどしマルテンサイト　tempered matensite　80
有害化学物質　hazardous chemicals　169
有害懸念物質　suspicious hazardous substance　173
融接　fusion welding　104
湯だまり　pouring basin　95
溶鉱炉　blast furnace　93
溶接　welding　104
洋銀　german silver　127
洋白　nickel silver　127
溶解度曲線　solvus line, solubility curve　56
溶浸法　infiltration process　152
溶製ハイス　wrought high speed tool steel　116
溶存酸素　dissolved oxygen　89
溶体化処理　solid solution treatment　83
溶融金属浸透法　liquid metal infiltration　152
陽極酸化処理　anodizing, anodic oxide treatment　122,125,163

ら行

ラジカル重合　radical polymerization　21
リサイクル　Recycle　171
リデュース　Reduce　171
リューダース帯　Lüders band　37
リユース　Reuse　171
リーチ　registration, evaluation and authorization of chemicals　173
リン青銅　phosphor bronze　127
レーザー溶接　laser welding　104
レナード・ジョーンズポテンシャル　Lennard-Jones potential　176
ルチル型　rutile structure　19
ロックウェル硬さ　Rockwell hardness　46
ローズ　restriction of hazardous substances　173
らせん転位　screw dislocation　31

ろう接　brazing　104
硫化物 SCC　sulfide stress corrosion cracking　92
粒界すべり　grain boundary sliding　73
粒界拡散　grain boundary diffusion　67
粒界拡散クリープ　grain boundary diffusion creep　72
粒界破壊　intergranular fracture　37
粒子分散複合材料　particle dispersion composite　147
粒状破壊　granular fracture　38
粒内破壊　transgranular fracture　38
両振荷重　alternating load　43
力学的特性　mechanical property　23
緑青　patina　127
臨界応力拡大係数　critical stress intensity factor　42
臨界温度　critical temperature　156
臨界繊維長　critical length of fiber　150
臨界せん断応力　critical resolved shear stress　25
冷間圧延　cold rolling　96
冷間加工　cold working　69
冷間鍛造　cold forging　99
連鎖反応　chain reaction　20
連続鋳造法　continuous casting　94
連続冷却変態図　continuous cooling transformation diagram　75

わ行

ワイブル係数　Weibull factor　143

JSME テキストシリーズ　　　　JSME Textbook Series

機械材料学　　　　Engineering Materials

2008年1月30日　初　版　発　行 2021年9月6日　初版第11刷発行 2023年7月18日　第2版第1刷発行	著作兼 発行者　一般社団法人　日本機械学会 （代表理事会長　伊藤　宏幸） 印刷者　柳　瀬　充　孝 昭和情報プロセス株式会社 東京都港区三田5-14-3

発行所　東京都新宿区新小川町4番1号
　　　　KDX 飯田橋スクエア2階
　　　　郵便振替口座　00130-1-19018番
　　　　電話 (03) 4335-7610　FAX (03) 4335-7618　https://www.jsme.or.jp

一般社団法人　日本機械学会

発売所　東京都千代田区神田神保町2-17
　　　　神田神保町ビル
　　　　電話 (03) 3512-3256　FAX (03) 3512-3270

丸善出版株式会社

ISBN 978-4-88898-338-9　C 3353

本書の内容でお気づきの点は　textseries@jsme.or.jp　へお知らせください。出版後に判明した誤植等は
http://shop.jsme.or.jp/html/page5.html　に掲載いたします。